高等院校嵌入式人才培养规划教材

嵌入式 Linux C 语言程序设计

基础教程 | 微课版

华清远见嵌入式学院 刘洪涛 苗德行 主编
杨新蕾 刘飞 副主编

人 民 邮 电 出 版 社
北 京

图书在版编目（CIP）数据

嵌入式Linux C语言程序设计基础教程 : 微课版 / 刘洪涛, 苗德行主编. -- 3版. -- 北京 : 人民邮电出版社, 2017.4
高等院校嵌入式人才培养规划教材
ISBN 978-7-115-44771-5

Ⅰ. ①嵌… Ⅱ. ①刘… ②苗… Ⅲ. ①Linux操作系统－程序设计－高等学校－教材②C语言－程序设计－高等学校－教材 Ⅳ. ①TP316.89②TP312

中国版本图书馆CIP数据核字(2017)第027726号

内容提要

本书较为全面地介绍了嵌入式开发中 C 语言编程的基础知识。全书共 11 章，内容包括嵌入式 Linux C 语言开发工具、数据、数据的输入输出、运算符和表达式、程序结构和控制语句、数组、指针、函数、用户自定义数据类型、嵌入式 C 语言的高级用法、嵌入式 Linux 内核常见数据结构。每章都提供详细的练习题和视频讲解，通过练习、操作实践及相关视频，帮助读者巩固所学的内容。

本书可以作为院校嵌入式相关专业和计算机相关专业的教材，也可以作为计算机软硬件培训班教材，还可供嵌入式研究方向的专业人员和广大计算机爱好者自学使用。

◆ 主　　编　华清远见嵌入式学院　刘洪涛　苗德行
　副 主 编　杨新蕾　刘　飞
　责任编辑　桑　珊
　执行编辑　左仲海
　责任印制　焦志炜

◆ 人民邮电出版社出版发行　　北京市丰台区成寿寺路 11 号
　邮编　100164　　电子邮件　315@ptpress.com.cn
　网址　http://www.ptpress.com.cn
　北京市艺辉印刷有限公司印刷

◆ 开本：787×1092　1/16
　印张：17.25　　　　2017 年 4 月第 3 版
　字数：449 千字　　　2024 年12月北京第19次印刷

定价：49.80 元

读者服务热线：(010)81055256　印装质量热线：(010)81055316
反盗版热线：(010)81055315

前言
Foreword

随着消费群体对产品要求的日益提高，嵌入式技术在机械器具制造、电子产品制造、通信、信息服务等领域得到了大显身手的机会，应用日益广泛，相应地，企业对嵌入式人才的需求也越来越多。近几年来，很多院校纷纷开设了嵌入式专业或方向。虽然目前市场上的嵌入式开发相关书籍比较多，但很多是针对有一定基础的行业内研发人员编写的，并不完全符合学校的教学要求。学校教学需要一套充分考虑学生现有知识基础和接受程度、明确各门课程教学目标的、便于学校安排课时的嵌入式专业教材。

针对教材缺乏的问题，我们以多年来在嵌入式工程技术领域内人才培养、项目研发的经验为基础，汇总了近几年积累的数百家企业对嵌入式研发相关岗位的真实需求，调研了数十所开设嵌入式专业的院校的课程设置情况、学生特点和教学用书现状。经过细致的整理和分析，对专业技能和基本知识进行合理划分，我们于 2013 年编写了这套高等院校嵌入式人才培养规划教材，包括以下 4 本。

《嵌入式操作系统（Linux 篇）(微课版)》

《嵌入式 Linux C 语言程序设计基础教程（微课版）》

《ARM 嵌入式体系结构与接口技术（Cortex-A9 版）(微课版)》

《嵌入式应用程序设计综合教程（微课版）》

经过了 3 年，嵌入式行业发生了巨大变化，产品也得到了升级换代，同时，高等院校嵌入式专业日臻成熟，首批教材有些已无法满足新的需要，所以本次编写对原有教材进行修订。

本书作为嵌入式专业的 C 语言教材，共分 11 章。第 1 章介绍嵌入式 Linux 下常用的 C 语言开发工具，为后面的学习打下基础。第 2 章～第 5 章讲解嵌入式 Linux C 语言中的基础知识，包括嵌入式 Linux C 语言中的数据、数据的输入输出、运算符和表达式、程序结构和控制语句。第 6 章主要讲解嵌入式 Linux C 语言中的数组，包括一维数组、多维数组、字符数组和字符串等。第 7 章主要讲解嵌入式 Linux C 语言中的指针。第 8 章主要讲解嵌入式 Linux C 语言中的函数。第 9 章主要介绍嵌入式 Linux C 语言中的用户自定义数据类型。第 10 章介绍嵌入式 Linux C 语言的高级用法。第 11 章介绍嵌入式 Linux 内核常见数据结构。

本书由刘洪涛、苗德行、杨新蕾、刘飞合作完成。本书的完成需要感谢华清远见嵌入式学院，书中内容参考了学院与嵌入式企业需求无缝对接的、科学的专业人才培养体系。同时，嵌入式学院从业或执教多年的行业专家团队也对本书的编写工作做出了贡献，季久峰、贾燕枫、关晓强、李媛媛等在书稿的编写过程中认真阅读了所有章节，提供了大量在实际教学中积累的重要素材，对教材结构、内容提出了中肯的建议，并在后期审校工作中提供了很多帮助，在此表示衷心的感谢。

本书所有源代码、PPT 课件、教学素材等辅助教学资料，请到人民邮电出版社教育社区（www.ryjiaoyu.com）免费下载。

由于作者水平所限，书中不妥之处在所难免，恳请读者批评指正。对于本书的批评和建议，可以发到 www.embedu.org 技术论坛。

编　者

2016 年 11 月

平台支撑
Platform

华清创客学院（www.makeru.com.cn）是一家创客 O2O 在线教育平台，由国内高端 IT 培训领导品牌华清远见教育集团鼎力打造。学院依托于华清远见教育集团在高端 IT 培训行业积累的十多年教学及研发经验，以及上百位优秀讲师资源，专注为用户提供高端、前沿的 IT 开发技术培训课程。以就业为导向，以提高开发能力为目标，努力让每一位用户在这里学到真本领，为用户成为嵌入式、物联网、智能硬件时代的技术专家助力！

一、我们致力于这样的发展理念

我们有一种情怀：为中国、为世界智能化变革的发展培养更多的优秀人才。

我们有一种坚持：坚持做专业教育、做良心教育、做受人尊敬的职业教育。

我们有一种变革：在互联网高速发展的时代，打造“互联网+教育”模式下的 IT 人才终身学习教学体系。

二、我们致力于提供这样的学习方式

1. 多元化的课程学习体系

（1）学习模式的多元化。您可以根据自身的实际情况选择 3 种学习模式，即在线学习、线下报班学习、线上线下结合式学习。每一种模式都有专业的学习路线指导，并有辅导老师悉心答疑，对于学完整套课程的同学有高薪就业职位推荐。

（2）学习内容的多元化。我们提供基础知识课程、会员提升课程、流行技术精品套餐课程、就业直通车课程、职业成长课程等丰富的课程体系。不管您是职场“小白”，还是 IT 从业人员，都可以在这里找到您的学习路线。

（3）直播课程的多元化。包括基础类、技术问答类、IT 人的职业素养类、IT 企业的面试技巧类、IT 人的职业发展规划类、智能硬件产品解析类。

2. 大数据支撑下的过程化学习模式

（1）自主学习课程。我们提供习题练习模式支持您的学习，每章学习完成后都有配套的练习题助您检验学习成果，整个课程学习完成后，系统会自动根据您的答题情况，分析出您对课程的整体掌握程度，帮助您随时掌握自身学习情况。

（2）报班模式下的学习课程。系统会根据您选取的班级，为您制定详细的阶段化学习路线，学习路线采用游戏通关模式，课程章节有考核测验、课程有综合检验、每阶段有项目开发任务。学习过程全程通过大数据进行数据分析，帮助您与班主任随时了解您的课程学习掌握程度，班主任会定期根据您的学习情况开放直播课程，为您的薄弱环节进行细致讲解，考核不合格则无法通过关卡进入下一个环节。

三、我们致力于提供这样的服务保障

1. 与企业岗位的无缝对接

（1）在线课程经过企业实体培训检验。华清远见是国内最早的高端 IT 定制培训服务机构，在业界享有盛誉。每年我们都会为不同的企业“量身订制”满足企业需求的高端企业内训课程，曾先后为 Intel、松下、通用电器、摩托罗拉、ST 意法半导体、三星、华为、大唐电信等众多知名企业进行员工内训。

（2）拥有独立的自主研发中心。研发中心为开发和培训提供技术和产品支持，已经研发多款智能硬件产品、实验平台、实验箱等设备，并与中南大学、中国科学技术大学等高校共建嵌入式、物联网实验室。目前已经公开出版 80 多本教材，深受读者的欢迎。

（3）平台提供企业招聘通道。学员可在线将自己的学习成果全部展现给企业 HR，增加进入大型企业的机会。众多合作企业定期发布人才需求，还有企业上门招聘，全国 11 大城市就业推荐。

2. 丰富的课程资源

华清创客学院紧跟市场需求，全新录制高质量课程，深入讲解当下热门的开发技术，包括嵌入式、Android、物联网、智能硬件课程（VR/AR、智能手表、智能小车、无人机等），希望我们的课程能帮您抓住智能硬件时代的发展机遇，打开更广阔的职业发展空间。

3. 强大的师资团队

由华清远见金牌讲师团队+技术开发“大牛”组成的上百人讲师团队，有着丰富的开发与培训经验，其中不乏行业专家和企业项目核心开发者。

4. 便捷的学习方式

下载学院 APP 学习，不论您是在学校、家里还是外面，都可以随时随地学习。与教材配套使用，利用碎片时间学习，提升求职就业竞争力！

5. 超值的会员福利

会员可免费观看学院 70%的课程，还可优先参加直播课程、新课程上线抢先试学、学习积分翻倍等活动，并有机会免费参加线下体验课。

四、我们期待您的加入

欢迎关注华清创客学院官网 www.makeru.com.cn，见证我们的成长。期待您的加入，愿与您一起打造未来 IT 人的终身化学习体系。加入华清远见图书读者 QQ 群 516633798，获得更多资源与服务。

本书配套课程视频观看方法：注册华清创客学院，手机扫描二维码即可观看课程视频；或在计算机上搜索书名，查找配套课程视频。

目录
Contents

第 9 章 用户自定义数据类型 196

第 10 章 嵌入式 C 语言的高级用法 223

第 11 章 嵌入式 Linux 内核常见数据结构 239

PART01

第1章 嵌入式Linux C语言开发工具

本章要点：

- C语言产生的历史背景。
- 嵌入式Linux下C语言的开发环境。
- 嵌入式Linux下的编辑器vi。
- 嵌入式Linux下的编译器GCC。
- 嵌入式Linux下的调试器GDB。
- 嵌入式Linux下的工程管理器make。

■ 任何应用程序的开发都离不开编辑器、编译器及调试器，嵌入式 Linux 的 C 语言开发也一样，它也有一套优秀的编辑、编译及调试工具。

掌握这些工具的使用是至关重要的，它直接影响到程序开发的效率。希望读者通过自己的实践，熟练掌握这些工具的使用。

1.1 嵌入式 Linux 下 C 语言概述

在嵌入式系统中，应用程序的主体是在宿主机中开发完成的。就嵌入式 Linux 而言，此过程则一般是在安装有 Linux 的宿主机中完成的。

本章中介绍的是嵌入式 Linux 下 C 语言的开发工具，用户在开发时往往是在 Linux 宿主机中对程序进行调试，然后再进行交叉编译。

1.1.1 C 语言简史

C 语言于 20 世纪 70 年代诞生于美国的贝尔实验室。在此之前，人们编写系统软件主要使用汇编语言。汇编语言编写的程序依赖于计算机硬件，其可读性和可移植性都比较差。而高级语言的可读性和可移植性虽然较汇编语言好，但一般又不具备低级语言的能够直观地对硬件实现控制和操作而且执行速度快等特点。

在这种情况下，人们迫切需要一种既具有一般高级语言特性，又具有低级语言特性的语言，于是 C 语言就应运而生了。由于 C 语言既具有高级语言的特点又具有低级语言的特点，因此迅速普及，成为当今最有发展前途的计算机高级语言之一。C 语言既可以用来编写系统软件，也可以用来编写应用软件。现在，C 语言已经被广泛地应用在除计算机行业外的机械、建筑、电子等各个行业中。

C 语言的发展历程如下。

① C 语言最初是美国贝尔实验室的 D. M. Ritchie 在 B 语言的基础上设计出来的，此时的 C 语言只是为了描述和实现 UNIX 操作系统的一种工作语言。在一段时间里，C 语言还只是在贝尔实验室内部使用。

② 1975 年，UNIX 第 6 版公布后，C 语言突出的优点引起人们的普遍注意。

③ 1977 年出现了可移植的 C 语言。

④ 1978 年 UNIX 第 7 版的 C 语言成为后来被广泛使用的 C 语言版本的基础，被称为标准 C 语言。

⑤ 1983 年，美国国家标准学会（ANSI）根据 C 语言问世以来的各种版本，对 C 语言进行发展和扩充，并制定了新的标准，称为 ANSI C。

⑥ 1990 年，国际标准化组织（ISO）制定了 ISO C 标准，目前流行的 C 语言编译系统都是以它为标准的。

1.1.2 C 语言特点

C 语言兼有汇编语言和高级语言的优点，既适合于开发系统软件，又适合于编写应用程序，被广泛应用于事务处理、科学计算、工业控制、数据库技术等领域。

C 语言之所以能存在和发展，并具有强大的生命力，都要归功于其鲜明的特点。这些特点如下。

1. C 语言是结构化的语言

C 语言采用代码及数据分隔的方式，使程序的各个部分除了必要的信息交流外彼此独立。这种结构化方式可使程序层次清晰，便于使用、维护以及调试。

C 语言是以函数形式提供给用户的，这些函数可被方便地调用，并具有多种循环语句、条件语句控制程序流向，从而使程序完全结构化。

2. C 语言是模块化的语言

C 语言主要用于编写系统软件和应用软件。一个系统软件的开发需要很多人经过几年的时间才能完成。一般来说，一个较大的系统程序往往被分为若干个模块，每一个模块用来实现特定的功能。

在 C 语言中，用函数作为程序的模块单位，便于实现程序的模块化。在程序设计时，将一些常用的功能模块编写成函数，放在函数库中供其他函数调用。模块化的特点可以大大减少重复编程。程序设计时，善于利用函数，可以减少劳动量，提高编程效率。

3．程序可移植性好

C 语言程序便于移植。目前 C 语言在许多计算机上的实现大都是由 C 语言编译移植得到的，不同计算机上的编译程序大约有 80%的代码是公共的。程序不做任何修改就可用于各种型号的计算机和各种操作系统。因此，特别适合在嵌入式开发中使用。

4．C 语言运算符丰富、代码效率高

C 语言共有 34 种运算符，使用各种运算符可以实现在其他高级语言中难以实现的运算。在代码质量上，C 语言可与汇编语言媲美，其代码效率仅比用汇编语言编写的程序低 10%～20%。

1.1.3 嵌入式 Linux C 语言编程环境

嵌入式 Linux C 语言程序设计与在其他环境中的 C 程序设计很类似，也涉及编辑器、编译链接器、调试器及项目管理工具的使用。现在我们先对这 4 种工具进行简单介绍，后面会一一进行讲解。

1．编辑器

嵌入式 Linux 下的编辑器就如 Windows 下的 Word、记事本等一样，完成对所录入字符的编辑功能。最常用的编辑器有 vi（vim）和 Emacs，它们功能强大、使用方便，本书重点介绍 vi。

2．编译链接器

编译过程包括词法、语法和语义的分析、中间代码的生成和优化、符号表的管理和出错处理等。在嵌入式 Linux 中，最常用的编译器是 GCC 编译器。它是 GNU 推出的功能强大、性能优越的多平台编译器，其执行效率与一般的编译器相比平均效率要高 20%～30%。

3．调试器

调试器可以方便程序员在程序运行时进行源代码级的调试，但不是代码执行的必备工具。在程序开发的过程当中，调试所消耗的时间远远大于编写代码的时间。因此，有一个功能强大、使用方便的调试器是必不可少的。GDB 可以方便地设置断点、单步跟踪等，足以满足开发人员的需要。

4．项目管理器

嵌入式 Linux 中的项目管理器“make”类似于 Windows 中 Visual C++里的“工程”管理，它是一种控制编译或者重复编译代码的工具。另外，它还能自动管理软件编译的内容、方式和时机，使程序员能够把精力集中在代码的编写上而不是在源代码的组织上。

1.2 嵌入式 Linux 编辑器 vi 的使用

vi 是 Linux 系统的第一个全屏幕交互式编辑工具。它从诞生至今一直得到广大用户的青睐，历经数十年后仍然是人们主要使用的文本编辑工具，足见其生命力之强，其强大的编辑功能可以同任何一个最新的编辑器相媲美。

vi 的基本使用（一）

虽然用惯了 Windows 中的 Word 等编辑器的读者在刚刚接触 vi 时或多或少会有些不适应，但使用过一段时间后，就能感受到它的方便与快捷。

Linux 系统提供了一个完整的编辑器家族系列，如 Ed、Ex、vi、Emacs 等，按功能它们可以分为两大类：行编辑器（Ed、Ex）和全屏幕编辑器（vi、Emacs）。行编辑器每次只能对一行进行操作，使用起来很不方便。而全屏幕编辑器可以对整个屏幕进行编辑，用户编辑的文件直接显示在屏幕上，从而克服了行编辑的那种不直观的操作方式，便于用户学习和使用，具有强大的功能。

vi 的基本使用（二）

1.2.1 vi 的基本模式

vi 编辑器具有 3 种工作模式，分别是命令行模式（command mode）、插入模式（insert mode）和底行模式（last line mode），各模式的功能区分如下。

1. 命令行模式

在命令行模式（command mode）下用户可以输入命令来控制屏幕光标的移动，删除字符、单词或行，移动复制某区段，也可以进入到底行模式或者插入模式。

2. 插入模式

用户只有在插入模式（insert mode）下才可以进行字符输入，用户按［Esc］键可回到命令行模式下。

3. 底行模式

在底行模式（last line mode）下，用户可以将文件保存或退出 vi，也可以设置编辑环境，如查找字符串、显示行号等。这一模式下的命令都是以“:”开始。

不过在一般使用时，人们通常把 vi 简化成两个模式，即将底行模式也归入命令行模式中。

1.2.2 vi 的基本操作

1. 进入与离开 vi

进入 vi 可以直接在系统提示符下键入“vi <文档名称>”，vi 可以自动载入所要编辑的文档或是创建一个新的文档。如在 shell 中键入“vi hello.c”（新建文档）即可进入 vi 画面。如图 1-1 所示。

图 1-1 在 vi 中打开/新建文档

进入 vi 后，屏幕最左边会出现波浪符号，凡是有该符号就代表该行目前是空的。此时进入的是命令行模式。

要离开 vi 可以在底行模式下键入“:q”（不保存离开），而“:wq”（保存离开）则是存档后再离开（注意冒号），如图 1-2 所示。

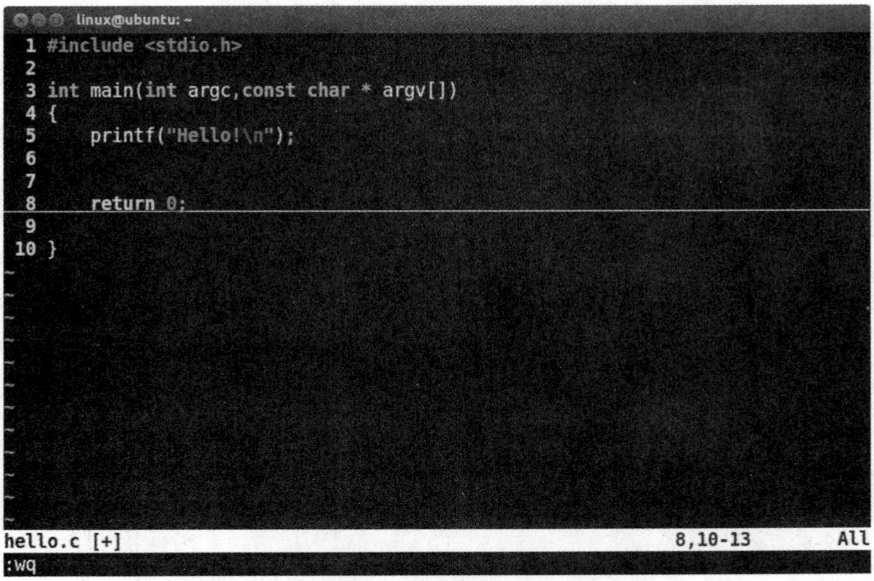

```
linux@ubuntu: ~
 1 #include <stdio.h>
 2
 3 int main(int argc,const char * argv[])
 4 {
 5     printf("Hello!\n");
 6
 7
 8     return 0;
 9
10 }
~
hello.c [+]                                    8,10-13        All
:wq
```

图 1-2　在 vi 中退出文档

2. vi 中 3 种模式的切换

在 vi 的使用中，3 种模式的切换是最为常用的。在处理的过程中，读者要时刻注意屏幕左下方的提示。在插入模式下，左下方会有“插入”字样，而在命令行或底行模式下则无提示。

（1）命令行模式、底行模式转为插入模式

在命令行模式或底行模式下转入到插入模式有 3 种方法，如表 1-1 所示。

表 1-1　命令行模式、底行模式转为插入模式

特征	指令	作用
新增	a	从光标所在位置后面开始新增资料，光标后的资料随新增资料向后移动
	A	从光标所在列最后面的地方开始新增资料
插入	i	从光标所在位置前面开始插入资料，光标后的资料随新增资料向后移动
	I	从光标所在列的第一个非空白字符前面开始插入资料
开始	o	在光标所在列下新增一列，并进入插入模式
	O	在光标所在列上方新增一列，并进入插入模式

在这里，最常用的是“i”，在转入插入模式后的界面如图 1-3 所示。

（2）插入模式转为命令行模式、底行模式

从插入模式转为命令行模式、底行模式比较简单，只需使用［Esc］键即可。

（3）命令行模式与底行模式转换

命令行模式与底行模式间的转换不需要其他特别的命令，只需要直接键入相应模式中的命令键即可。

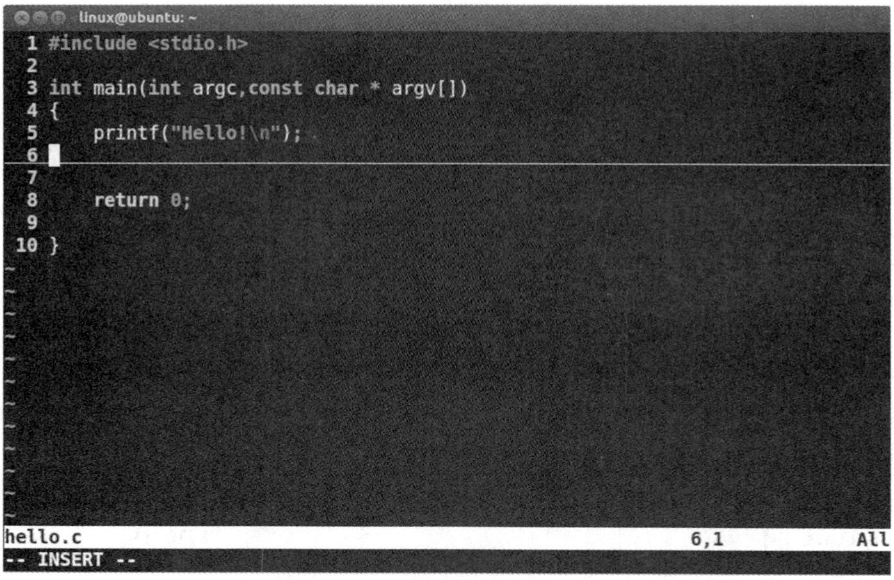

```
linux@ubuntu: ~
 1 #include <stdio.h>
 2 
 3 int main(int argc,const char * argv[])
 4 {
 5     printf("Hello!\n");
 6 
 7 
 8     return 0;
 9 
10 }
hello.c                                              6,1          All
-- INSERT --
```

图 1-3 命令模式转入插入模式

3. vi 的删除、修改与复制

在 vi 中进行删除、修改都可以在插入模式下使用键盘上的方向键及 [Delete 键]，另外，vi 还提供了一系列的操作指令，用以大大简化操作。

这些指令记忆起来比较复杂，希望读者能够配合操作进行实验。以下命令都是在命令行模式下使用的。表 1-2 所示为 vi 的删除（/剪切）、修改与复制指令。

表 1-2 vi 的删除/剪切、修改与复制指令

特征	指令	作用
剪切	*n*x	剪切从光标所在的字符开始的 *n* 个字符
	*n*cb	剪切光标所在的前 *n* 个单词
	*n*cw	剪切光标所在的后 *n* 个单词
	c$	剪切从光标所在的字符到行尾的所有字符
	*n*dd	剪切自光标所在的行开始的 *n* 行，若到文章结尾不够 *n* 行，则剪切到最后一行
	s	删除光标所在的字符，并进入输入模式
	S	删除光标所在的行，并进入输入模式
修改	r 待修改字符	修改光标所在的字符，键入 r 后直接键入待修改字符
	R	进入取代状态，可移动光标键入所指位置的修改字符，该取代状态直到按 [Esc] 键才结束
复制	*n*yb	复制光标所在的前 *n* 个单词
	*n*yw	复制光标所在的后 *n* 个单词
	y$	复制从光标所在的字符到行尾的所有字符
	*n*yy	复制光标自所在的行开始，向下的 *n* 行
	p	将缓冲区内的字符粘贴到光标所在位置
	u	取消上一次的文本编辑操作

4. vi 的光标移动

由于许多编辑功能都是通过光标的定位来实现的，因此，掌握 vi 中光标移动的方法很重要。虽然使用方向键也可以实现 vi 的操作，但 vi 的指令可以实现复杂的光标移动，只要熟悉以后都非常方便，希望读者能切实掌握。

表 1-3 所示为 vi 中的光标移动指令，这些指令都是在命令行模式下使用的。

表 1-3 vi 中光标移动的指令

指令	作用	指令	作用
0	移动到光标所在行的最前面	h	光标向前移动一个字符
$	移动到光标所在行的最后面	l	光标向后移动一个字符
Ctrl+d	光标向下移动半页	k	光标向上移动一行
Ctrl+f	光标向下移动一页	j	光标向下移动一行
H	光标移动到当前屏幕的第一行第一列	e	移动到下一个字的最后一个字母
gg	光标移动到当前屏幕的第一行第一列	^	移动到光标所在行的第一个非空白字符
M	光标移动到当前屏幕的中间行第一列	*n*-	向上移动 *n* 行
L	光标移动到当前屏幕的最后行第一列	*n*+	向下移动 *n* 行
b	移动到上一个字的第一个字母	*n*G	移动到第 *n* 行
w	移动到下一个字的第一个字母	:*n*	光标移动到第 *n* 行

5. vi 的查找与替换

vi 中的查找与替换也非常简单，其操作有些类似在 Telnet 中的使用。其中，查找的命令在命令行模式下，而替换的命令则在底行模式下（以“:”开头），其指令如表 1-4 所示。

表 1-4 vi 的查找与替换指令

特征	指令	作用
查找	/<要查找的字符>	向下查找要查找的字符
	?<要查找的字符>	向上查找要查找的字符
替换	:range s/string1/string2/gc	range：要替换的范围 s：转入替换模式 string1：这是要查找的一个正则表达式 string2：这是希望把匹配串变成的模式的正则表达式 g：可选标志，带这个标志表示替换将针对行中每个匹配的串进行，否则则只替换行中第一个匹配串 c：可选标志，表示替换前询问

关于替换范围，有很多种写法，其中：

百分号（%）表示所有行；

点（.）表示当前行；

美元符号（$）表示最末行。

举例如下。

:10,20 s/str1/str2/ 表示用字符串 str2 替换第 10 行到第 20 行中首次出现的字符串 str1。

:2,$-5 s/str1/str2/g 表示用字符串 str2 替换第二行直到全文的倒数第五行所有出现的字符串 str1。

:s/str1/str2/表示用字符串 str2 替换行中首次出现的字符串 str1。

:s/str1/str2/g 表示用字符串 str2 替换行中所有出现的字符串 str1。

:.,$ s/str1/str2/g 表示用字符串 str2 替换正文当前行到末尾所有出现的字符串 str1。

:1,$ s/str1/str2/g 表示用字符串 str2 替换正文中所有出现的字符串 str1。

:%s/str1/str2/g 表示用字符串 str2 替换正文中所有出现的字符串 str1。

类似，在进行剪切复制和粘贴操作时，也可以带上范围，即按块操作。

range y 块复制。

举例如下。

:10，20y 表示复制第 10 行到第 20 行。

:.,$y　表示复制当前行到文章最后一行。

range d 块删除。

举例如下。

:10，20d 表示剪切第 10 行到第 20 行。

:.,$d　表示剪切当前行到文章最后一行。

6. vi 的文件操作指令

vi 中的文件操作指令都是在底行模式下进行的，所有的指令都是以“:”开头，其指令如表 1-5 所示。

表 1-5　vi 的文件操作指令

指令	作用	指令	作用
：q	结束编辑，退出 vi	：wq	保存文档并退出
：q!	不保存编辑过的文档	：zz	功能与“：wq”相同
：w	保存文档，其后可加要保存的文件名	：x	功能与“：wq”相同

1.2.3　vi 的使用实例分析

本小节给出了一个 vi 使用的完整实例，通过这个实例，读者一方面可以熟悉 vi 的使用流程，另一方面也可以熟悉 Linux 的操作。希望读者能够先自己思考每一步的操作，再看后面的实例解析答案。

1. vi 使用实例内容

① 在“/home”目录下建一个名为 vi 的目录。

② 进入 vi 目录。

③ 将文件“/etc/inittab”复制到当前目录下。

④ 使用 vi 编辑当前目录下的 inittab。inittab 是/etc 下的系统配置文件。Linux 启动时会读取其内容。里面定义了默认的运行级别和要执行的程序。

⑤ 将光标移到该行。

⑥ 复制该行内容。

⑦ 将光标移到最后一行行首。

⑧ 粘贴复制行的内容。

⑨ 撤销第（8）步的动作。

⑩ 将光标移动到最后一行的行尾。

⑪ 粘贴复制行的内容。

⑫ 光标移到“si::sysinit:/etc/rc.d/rc.sysinit”。

⑬ 删除该行。

⑭ 存盘但不退出。

⑮ 将光标移到首行。

⑯ 插入模式下输入“Hello, this is vi world!”。

⑰ 返回命令行模式。

⑱ 向下查找字符串“0:wait”。

⑲ 再向上查找字符串“halt”。

⑳ 强制退出 vi，不存盘。

2. vi 使用实例解析

在该实例中，每一步的使用命令如下所示。

① mkdir /home/vi

② cd /home/vi

③ cp /etc/inittab ./

④ vi ./inittab

⑤ 17<enter>（命令行模式）

⑥ yy

⑦ G

⑧ p

⑨ u

⑩ $

⑪ p

⑫ 21G

⑬ dd

⑭ :w（底行模式）

⑮ 1G

⑯ i 并输入“Hello, this is vi world!”（插入模式）

⑰ Esc

⑱ /0:wait（命令行模式）

⑲ ?halt

⑳ :q!（底行模式）

1.3 嵌入式 Linux 编译器 GCC 的使用

1.3.1 GCC 概述

作为自由软件的旗舰项目，Richard Stallman 在刚开始编写 GCC 的时候，只是把它当作一个 C 程序的编译器，GCC 的意思也只是 GNU C Compiler 而已。

经过多年的发展，GCC 除了能支持 C 语言，目前还支持 Ada 语言、C++语言、Java 语言、Objective C 语言、PASCAL 语言、COBOL 语言，以及支持函数式编程和逻辑编程的 Mercury 语言等。GCC 也不再单指 GNU C 语言编译器，而是变成了 GNU 编译器家族。

GCC

GCC 的编译流程分为以下 4 个步骤。

① 预处理（pre-processing）。

② 编译（compiling）。

③ 汇编（assembling）。

④ 链接（linking）。

编译器通过程序的扩展名来分辨编写源程序所用的语言。由于不同的程序所需要执行编译的步骤是不同的，因此 GCC 根据不同的后缀名对它们进行相应的处理，表 1-6 所示为不同后缀名的处理方式。

表 1-6　GCC 所支持不同后缀名的处理方式

后缀名	所对应的语言	编译流程
.c	C 原始程序	预处理、编译、汇编
.C/.cc/.cxx	C++原始程序	预处理、编译、汇编
.m	Objective C 原始程序	预处理、编译、汇编
.i	已经过预处理的 C 原始程序	编译、汇编
.ii	已经过预处理的 C++原始程序	编译、汇编
.s/.S	汇编语言原始程序	汇编
.h	预处理文件（头文件）	（不常出现在指令行）
.o	目标文件	链接
.a/.so	编译后的库文件	链接

1.3.2　GCC 编译流程分析

GCC 使用的基本语法为

```
gcc [option | filename]
```

这里的 option 是 GCC 使用时的一些选项，通过指定不同的选项 GCC 可以实现强大的功能。这里的 filename 则是 GCC 要编译的文件，GCC 会根据用户所指定的编译选项以及所识别的文件后缀名来对编译文件进行相应的处理。

本小节从编译流程的角度讲解 GCC 的常见使用方法。

先来分析一段简单的 C 语言程序。该程序由两个文件组成，其中“hello.h”为头文件，在“hello.c”中包含了“hello.h”，其源文件如下所示。

```
/*hello.h*/
#ifndef _HELLO_H_
#define _HELLO_H_

typedef unsigned long val32_t;

#endif
/*hello.c*/
#include <stdio.h>
#include <stdlib.h>
#include "hello.h"

int main()
{
        val32_t i = 5;
        printf("hello, embedded world %d\n",i);
}
```

1. 预处理阶段

GCC 的选项“-E”可以使编译器在预处理结束时就停止编译，选项“-o”是指定 GCC 输出的结果，其命令格式如下：

```
gcc-E-o [目标文件] [编译文件]
```

表 1-6 指出后缀名为“.i”的文件是经过预处理的 C 原始程序。要注意，“hello.h”文件是不能进行编译的，因此，使编译器在预处理后停止的命令如下所示。

```
[root@localhost gcc]# gcc-E-o hello.i hello.c
```

在此处，选项“-o”是指目标文件，由表 1-6 可知，“.i”文件为已经过预处理的 C 原始程序。以下列出了“hello.i”文件的部分内容。

```
# 2 "hello.c" 2
# 1 "hello.h" 1

typedef unsigned long val32_t;
# 3 "hello.c" 2

int main()
{
 val32_t i = 5;
 printf("hello, embedded world %d\n",i);
}
```

由此可见，GCC 确实进行了预处理，它把“hello.h”的内容插入到“hello.i”文件中了。

2. 编译阶段

编译器在预处理结束之后使用。GCC 首先要检查代码的规范性、是否有语法错误等，以确定代码实际要做的工作，在检查无误后，就开始把代码翻译成汇编语言。GCC 的选项“-S”能使编译器在进行完编译之后就停止。由表 1-6 可知，“.s”是汇编语言原始程序，因此，此处的目标文件就可设为“.s”类型。

```
[root@localhost gcc]# gcc-S-o hello.s hello.i
```

以下列出了“hello.s”的内容，可见 GCC 已经将其转化为汇编语言了。感兴趣的读者可以分析一下这一行简单的 C 语言小程序用汇编代码是如何实现的。

```
        .file    "hello.c"
        .section         .rodata
.LC0:
        .string "hello, embedded world %d\n"
        .text
.globl main
        .type    main, @function
main:
        pushl   %ebp
        movl    %esp, %ebp
        subl    $8, %esp
        andl    $-16, %esp
        movl    $0, %eax
        addl    $15, %eax
        addl    $15, %eax
        shrl    $4, %eax
        sall    $4, %eax
        subl    %eax, %esp
```

```
        movl    $5, -4(%ebp)
        subl    $8, %esp
        pushl   -4(%ebp)
        pushl   $.LC0
        call    printf
        addl    $16, %esp
        leave
        ret
        .size   main, .-main
        .section        .note.GNU-stack,"",@progbits
        . .ident "GCC: (GNU) 4.0.0 20050519 (Red Hat 4.0.0-8)"
```

可以看到，这一小段 C 语言的程序在汇编中已经复杂很多了，这也是 C 语言作为高级语言的优势所在。

3. 汇编阶段

汇编阶段是把编译阶段生成的“.s”文件生成目标文件，读者在此使用选项“-c”就可看到汇编代码已转化为“.o”的二进制目标代码了。如下所示。

```
[root@localhost gcc]# gcc–c hello.s–o hello.o
```

4. 链接阶段

成功编译之后，就进入了链接阶段。在这里涉及一个重要的概念：函数库。

在这个程序中并没有定义“printf”的函数实现，在预编译中包含进来的“stdio.h”中也只有该函数的声明，而没有定义函数的实现，那么，是在哪里实现“printf”函数的呢？

答案是，系统把这些函数实现都已经放入名为“libc.so.6”的库文件中去了。在没有特别指定时，GCC 会到系统默认的搜索路径“/usr/lib”下进行查找，也就是链接到“libc.so.6”库函数中去，这样就能实现函数“printf”了，而这也就是链接的作用。

完成链接之后，GCC 就可以生成可执行文件，其命令如下：

```
[root@localhost gcc]# gcc hello.o–o hello
```

运行该可执行文件，出现正确的结果。

```
[root@localhost gcc]# ./hello
hello, embedded world 5
```

1.3.3 GCC 警告提示

本小节主要讲解 GCC 的警告提示功能。GCC 包含完整的出错检查和警告提示功能，它们可以帮助 Linux 程序员写出更加专业和高效的代码。

读者千万不能小瞧这些警告信息，在很多情况下，运行含有警告信息的代码往往会有意想不到的运行结果。

首先读者可以先看一下以下这段代码。

```
#include <stdio.h>

void main(void)
{
        long long tmp = 1;
        printf("This is a bad code!\n");
}
```

虽然这段代码运行的结果是正确的，但还有以下问题。

① main 函数的返回值被声明为 void，但实际上应该是 int。

② 使用了 GNU 语法扩展，即使用 long long 来声明 64 位整数，不符合 ANSI/ISO C 语言标准。

③ main 函数在终止前没有调用 return 语句。

GCC 的警告提示选项有很多种类型，主要可分为"-Wall"类和非"-Wall"类。

1. Wall 类警告提示

这一类警告提示选项占了 GCC 警告选项的 90%以上，它不仅包含打开所有警告等功能，还可以单独对常见错误分别指定警告。这些常见的警告选项如表 1-7 所示（这些选项可供读者在实际操作时查阅使用）。

表 1-7　GCC 的 Wall 类警告提示选项

选项	作用
-Wall	打开所有类型语法警告，建议读者养成使用该选项的习惯
-Wchar-subscripts	如果数组使用 char 类型变量作为下标值的话，则发出警告。因为在某些平台上可能默认为 signed char，一旦溢出，就可能导致某些意外的结果
-Wcomment	当"/*"出现在"/* …… */"注释中，或者"\"出现在"// ……"注释结尾处时，使用-Wcomment 会给出警告，它很可能会影响程序的运行结果
-Wformat	检查 printf 和 scanf 等格式化输出输入函数的格式字符串与参数类型的匹配情况，如果发现不匹配则发出警告。某些时候格式字符串与参数类型的不匹配会导致程序运行错误，所以这是个很有用的警告选项
-Wimplicit	该警告选项实际上是-Wimplicit-int 和 Wimplicit-function-declaration 两个警告选项的集合。前者在声明函数却未指明函数返回类型时给出警告，后者则是在函数声明前调用该函数时给出警告
-Wmissing-braces	当聚合类型或者数组变量的初始化表达式没有充分用括号"{}"括起时，给出警告
-Wparentheses	这是一个很有用的警告选项，它能帮助用户从那些看起来语法正确但却由于操作符优先级或者代码结构"障眼"而导致错误运行的代码中解脱出来
-Wsequence-point	关于顺序点（sequence point），在 C 标准中有解释，不过很晦涩。我们在平时编码中尽量避免写出与实现相关、受实现影响的代码便是了。而-Wsequence-point 选项恰恰可以帮我们这个忙，它可以帮我们查出这样的代码来，并给出其警告
-Wswitch	这个选项的功能浅显易懂，通过文字描述也可以清晰地说明。当以一个枚举类型（enum）作为 switch 语句的索引但却没有处理 default 情况，或者没有处理所有枚举类型定义范围内的情况时，该选项会给出警告
-Wunused-function	警告存在一个未使用的 static 函数的定义或者存在一个只声明却未定义的 static 函数
-Wunused-label	用来警告存在一个使用了却未定义或者存在一个定义了却未使用的 label
-Wunused-variable	用来警告存在一个定义了却未使用的局部变量或者非常量 static 变量
-Wunused-value	用来警告一个显式计算表达式的结果未被使用
-Wunused-parameter	用来警告一个函数的参数在函数的实现中并未被用到
-Wuninitialized	该警告选项用于检查一个局部自动变量在使用之前是否已经初始化或者在一个 longjmp 调用可能修改一个 non-volatile automatic variable 时给出警告

这些警告提示读者可以根据自己的不同情况进行相应的选择，这里最为常用的是“-Wall”，上面的这一小段程序使用该警告提示后的结果是：

```
[root@ft charpter2]# gcc -Wall wrong.c -o wrong
wrong.c:4: warning: return type of 'main' is not 'int'
wrong.c: In function 'main':
wrong.c:5: warning: unused variable 'tmp'
```

可以看出，使用“-Wall”选项找出了未使用的变量 tmp 以及返回值的问题，但没有找出无效数据类型的错误。

2. 非 Wall 类警告提示

非 Wall 类的警告提示中最为常用的有以下两种：“-ansi”和“-pedantic”。

①“-ansi”。该选项强制 GCC 生成标准语法所要求的警告信息，尽管这还并不能保证所有没有警告的程序都是符合 ANSI C 标准的。使用该选项的运行结果如下：

```
[root@ft charpter2]# gcc -ansi wrong.c -o wrong
wrong.c: In function 'main':
wrong.c:4: warning: return type of 'main' is not 'int'
```

可以看出，该选项并没有发现“long long”这个无效数据类型的错误。

②“-pedantic”。该选项允许发出 ANSI C 标准所列的全部警告信息，同样也保证所有没有警告的程序都是符合 ANSI C 标准的。使用该选项的运行结果如下：

```
[root@ft charpter2]# gcc -pedantic wrong.c -o wrong
wrong.c: In function 'main':
wrong.c:5: warning: ISO C90 does not support 'long long'
wrong.c:4: warning: return type of 'main' is not 'int'
```

可以看出，使用该选项查看出了“long long”这个无效数据类型的错误。

1.3.4 GCC 使用库函数

1. Linux 函数库介绍

函数库可以看作是事先编写的函数集合，它可以与主函数分离，使程序模块化，从而增加代码的复用性。Linux 中函数库包括两类：静态库和共享库。

静态库的代码在编译时就已链接到开发人员开发的应用程序中，而共享库是在程序开始运行时被加载。

由于在使用共享库时程序中并不包括库函数的实现代码，只是包含了对库函数的引用，因此程序代码的规模比较小。

系统中可用的库都安装在“/usr/lib”和“/lib”目录下。库文件名由前缀“lib”和库名以及后缀组成。库的类型不同，后缀名也不一样。

提示

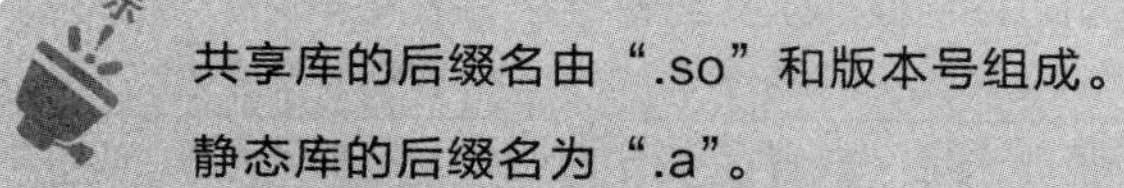

共享库的后缀名由“.so”和版本号组成。

静态库的后缀名为“.a”。

如数学共享库的库名为“libm.so.5”，这里的标识字符为 m，版本号为 5，“libm.a”则是静态数学库。

2. 相关路径选项

有些时候库文件并不存放在系统默认的路径下。因此，要通过路径选项来指定相关的库文件位置。这里首先介绍两个常用选项的使用方法。

①“-I <dir>”。GCC 使用缺省的路径来搜索头文件，如果想要改变搜索路径，用户可以使用“-I”选项。“-I<dir>”选项可以在头文件的搜索路径列表中添加<dir>目录。这样，GCC 就会到指定的目录去查找相应的头文件。

比如在“/root/workplace/gcc”下有两个文件。

```
hello.c
#include <my.h>
int main()
{
      printf("Hello!!\n");
      return 0;
}

my.h
#include <stdio.h>
```

这样，就可在 GCC 命令行中加入“-I”选项，其命令如下：

```
[root@localhost gcc] gcc hello.c–I/root/workplace/gcc/ -o hello
```

这样，GCC 就能够执行出正确结果。

在 include 语句中，“<>”表示在标准路径中搜索头文件，在 Linux 中默认为“/usr/include”。故在上例中，可把“hello.c”的“#include <my.h>”改为“#include "my.h"”，这样就不需要加上“-I”选项了

② “-L <dir>”。选项“-L <dir>”的功能与“-I <dir>”类似，其区别就在于“-L”选项是用于指明库文件的路径。例如有程序“hello_sq.c”需要用到目录“/root/workspace/gcc/lib”下的一个动态库“libsunq.so”，则只需键入如下命令即可。

```
[root@localhost gcc] gcc hello_sq.c–L/root/workspace/gcc/lib–lsunq–o hello_sq
```

“-I <dir>”和“-L< dir>”都只是指定了路径，而没有指定文件，因此不能在路径中包含文件名。

3. 使用不同类型链接库

使用不同类型的链接库的方法很相似，都是使用选项“-l”（注意这里是小写的“L”）。该选项是用于指明具体使用的库文件。由于在 Linux 中函数库的命名规则都是以“lib”开头的，因此，这里的库文件只需填写 lib 之后的内容即可。

如有静态库文件“libm.a”，在调用时只需写作“-lm”；同样对于共享库文件“libm.so”，在调用时也只需写作“-lm”即可，其整体调用命令类似如下。

```
[root@localhost gcc] gcc -o dynamic -L /root/lq/testc/lib/dynamic.o -lmydynamic
```

那么，若系统中同时存在库名相同的静态库文件和共享库文件时，该链接选项究竟会调用静态库文件还是共享库文件呢?

经测试后可以发现，系统缺省链接的是共享库，这是由于 Linux 系统中默认的是采用动态链接的方式。如果用户要链接同名的静态库，则在“-l”之前需要添加选项“-static”。例如，链接“libm.a”库文件的选项是“-static -lm”。

1.3.5 GCC 代码优化

GCC 可以对代码进行优化，它通过编译选项“-O*n*”来控制优化代码的生成，其中 *n* 是一个代表优化级别的整数。对于不同版本的 GCC 来讲，*n* 的取值范围及其对应的优化效果可能并不完全相同，比较典型的范围是从 0 到 2 或 3。

不同的优化级别对应不同的优化处理工作。如使用优化选项“-O”主要进行线程跳转（thread jump）和延迟退栈（deferred stack pops）两种优化；使用优化选项“-O2”除了完成所有“-O1”级别的优化之外，同时还要进行一些额外的调整工作，如处理器指令调度等；选项“-O3”则还包括循环展开和其他一些与处理器特性相关的优化工作。

虽然优化选项可以加快代码的运行速度，但对于调试而言将是一个很大的挑战。因为代码在经过优化之后，原先在源程序中声明和使用的变量很可能不再使用，控制流也可能会突然跳转到其他的地方，循环语句也有可能因为循环展开而变得到处都有，所有这些都将使调试工作异常艰难。

建议开发人员在调试程序的时候不使用任何优化选项，只有当程序完成调试，最终发行的时候再考虑对其进行优化。

1.4 嵌入式 Linux 调试器 GDB 的使用

GDB

在程序编译通过生成可执行文件之后，就进入了程序的调试环节。调试一直是程序开发的重中之重，如何使程序员迅速找到错误的原因是一款调试器的首要目标。

GDB 是 GNU 开源组织发布的一个 Linux 下的程序调试工具，它是一种强大的命令行调试工具。

一个出色的调试器需要有以下几项功能。

① 能够运行程序，设置所有能影响程序运行的参数。

② 能够让程序在指定的条件下停止运行。

③ 能够在程序停止时检查所有参数的情况。

④ 能够根据指定条件改变程序的运行。

1.4.1 GDB 使用实例

下面是一个简单的实例，希望读者对 GDB 有一个感性的认识。这里所介绍的指令都是 GDB 中最为基本也是最为常用的指令，希望读者能够动手操作，掌握 GDB 的使用方法。

首先，有以下程序段。

```
#include <stdio.h>

/*子函数add：将自然数从1～m相加*/
int add(int m)
{
        int i,n=0;
        for(i=1; i<=m;i++)
            n += i;
        printf("The sum of 1-%d in add is %d\n", m,n);
}

int main()
{
        int i,n=0;
        add(50);
        for(i=1; i<=50; i++)
            n += i;
        printf("The sum of 1-50 is %d \n", n );
}
```

注意，将此程序用 GCC 进行编译时要加上“-g”选项。

1. 进入 GDB

进入 GDB 只需输入 GDB 和要调试的可执行文件即可，如下所示。

```
[root@localhost gdb]# gdb test
GNU gdb Red Hat Linux (6.3.0.0-1.21rh)
Copyright 2004 Free Software Foundation, Inc.
GDB is free software, covered by the GNU General Public License, and you are
welcome to change it and/or distribute copies of it under certain conditions.
Type "show copying" to see the conditions.
There is absolutely no warranty for GDB.  Type "show warranty" for details.
This GDB was configured as "i386-redhat-linux-gnu"...Using host libthread_db library "/lib/libthread_db.so.1".
(gdb)
```

可以看出，在 GDB 的启动画面中指出了 GDB 的版本号、使用的库文件等信息，接下来就进入由“(gdb)”开头的命令行界面了。

2. 查看文件

在 GDB 中键入“l”(list) 就可以查看所载入的文件，如下所示。

```
(gdb) l
4    {
5              int i,n=0;
6              for(i=1; i<=m;i++)
7                 n += i;
8              printf("The sum of 1-%d in add is %d\n", m,n);
9    }
10
11   int main()
12   {
13       int i,n=0;
(gdb) l
14       add(50);
15       for(i=1; i<=50; i++)
16        {
17          n += i;
18         }
19        printf("The sum of 1-50 is %d \n", n );
20
21     }
22
```

可以看出，GDB 列出的源代码中明确地给出了对应的行号，这样可以大大地方便代码的定位。

在一般情况下，源代码中的行号与用户书写程序中的行号是一致的，但有时用户的某些编译选项会导致行号不一致的情况，因此，一定要查看在 GDB 中的行号。

3. 设置断点

设置断点可以使程序执行到某个位置时暂时停止，程序员在该位置处可以方便地查看变量的值、堆栈情况等，从而找出问题的症结所在。

在 GDB 中设置断点非常简单，只需在“b”后加入对应的行号即可 (这是最常用的方法)，其命令如下所示。

```
(gdb) b 6
Breakpoint 1 at 0x804846d: file test.c, line 6.
```

要注意的是，在 GDB 中利用行号设置断点是指代码运行到对应行之前暂停，如上例中，代码运行到第 6 行之前暂停（并没有运行第 6 行）。

4. 查看断点处情况

在设置完断点之后，用户可以键入“info b”来查看断点设置情况。在 GDB 中可以设置多个断点。

```
(gdb) info b
Num Type           Disp Enb Address    What
1    breakpoint    keep y   0x0804846d in main at test.c:6
```

5. 运行代码

接下来就可运行代码了，GDB 默认从首行开始运行代码，可键入“r”（run）即可，在“r”后面加上行号即可从程序中指定行开始运行。

```
(gdb) r
Starting program: /home/yul/book/test

Breakpoint 1, add (m=50) at test.c:6
6              for(i=1; i<=m;i++)
```

可以看到，程序运行到断点处就停止了。

6. 查看变量值

在程序停止运行之后，程序员可以查看断点处的相关变量值，在 GDB 中只需键入“p 变量名”即可，如下所示。

```
(gdb) p n
$1 = 0
(gdb) p i
$2 = 134518440
```

在此处，为什么变量 i 的值是如此奇怪的一个数字呢？原因就在于程序是在断点设置的对应行之前停止的，此时代码没有把变量 i 的值赋为 0，而只是一个随机的数字。但变量 n 是在程序第 5 行赋值的，所以此时 n 的值已经为 0。

GDB 在显示变量值时都会在对应值之前加上“$N”标记，它是当前变量值的引用标记，所以以后若想再次引用此变量就可以直接写作“$N”，而无需写冗长的变量名。

7. 观察变量

在某一循环处，程序员往往希望能够观察一个变量的变化情况，这时就可以键入命令“watch”来观察变量的变化情况，如下所示。

```
(gdb) watch n
Hardware watchpoint 2: n
```

可以看到，GDB 在“n”设置了观察点。

在此处必须键入完整的命令“watch”，因为在 GDB 中有不少以“w”开头的命令，如“where”“while”等。

8. 单步运行

单步运行是指一次只运行一条语句，这样可以方便程序员来查看程序运行的结果，在此处只需键入

“n”（next）即可。

```
(gdb) n
7                    n += i;
(gdb) n
Hardware watchpoint 2: n

Old value = 15
New value = 21
```

可以看到，随着程序的单步运行，当变量 n 的值发生变化时，GDB 就会自动显示出 n 的变化情况。

9. 程序继续运行

命令“c”（continue）可以使程序继续往下运行，直到再次遇到断点或程序结束，如下所示。

```
(gdb) c
Continuing.
The sum of 1-50 is 1275

Program exited with code 031.
```

10. 退出 GDB

退出 GDB 只需使用指令“q”（quit）即可，如下所示。

```
(gdb) q
[root@localhost gcc]
```

以上所介绍的是 GDB 中最为常见的命令，下面几小节将会详细讲解其他的一些命令。

1.4.2 设置/删除断点

GDB 中有丰富的断点设置/删除命令，可以满足用户各个方面的需求。表 1-8 所示为 GDB 中常见的断点设置与删除命令。

表 1-8 GDB 中常见断点设置与删除命令

命令格式	作用
break+设置断点的行号	用于在程序中对应行设置断点
tbreak+行号或函数名	设置临时断点，到达后被自动删除
break+filename+行号	用于在指定文件的对应行设置断点
break+<0x...>	用于在内存某一位置处暂停
break+行号+if+条件	用于设置条件断点，在循环中使用非常方便
info breakpoints/watchpoints	查看断点/观察点的情况
clear+要清除断点的行号	用于清除对应行的断点
delete+要清除断点的编号	用于清除断点和自动显示的表达式的命令。与 clear 的不同之处：clear 要给出断点的行号，delete 要给出断点的编号。用 clear 命令清除断点时 GDB 会给出提示，而用 delete 清除断点时 GDB 不会给出任何提示
disable+断点编号	让所设断点暂时失效。如果要让多个编号处的断点失效可将编号之间用空格隔开
enable+断点编号	与 disable 相反
awatch+变量	设置一个观察点，当变量被读出或写入时程序被暂停
rwatch+变量	设置一个观察点，当变量被程序读时，程序被暂停
watch+变量	同 awatch

在多线程的程序中，观察点的作用很有限，GDB 只能观察在一个线程中的表达式的值。如果用户确信表达式只被当前线程所存取，那么使用观察点才有效。GDB 不能注意一个非当前线程对表达式值的改变。

1.4.3 数据相关命令

GDB 中也有丰富的数据显示相关命令，它们可以使用户以各种形式显示所要查看的数据，数据相关命令如表 1-9 所示。

表 1-9 GDB 中数据相关命令

命令格式	作用
display+表达式	该命令用于显示表达式的值。使用该命令后，每当程序运行到断点处都会显示表达式的值
info display	用于显示当前所有要显示值的表达式的有关情况
delete+display 编号	用于删除一个要显示值的表达式，调用这个命令删除一个表达式后，被删除的表达式将不被显示
disable+display 编号	使一个要显示的表达式暂时无效
enable+display 编号	disable display 的反操作
undisplay+display 编号	用于结束某个表达式值的显示
whatis+变量	显示某个表达式的数据类型
print(p)+变量或表达式	用于打印变量或表达式的值
set+变量 = 变量值	改变程序中一个变量的值

在使用 print 命令时，可以对变量按指定格式进行输出，其命令格式为：print /变量名+格式，其中格式有以下几种形式。

X：十六进制；d：十进制；u：无符号数；o：八进制；

T：二进制；a：十六进制打印；c：字符格式；f：浮点数。

1.4.4 调试运行环境相关命令

在 GDB 中控制程序的运行也是非常方便的，用户可以自行设定变量值、调用函数等，其具体命令如表 1-10 所示。

表 1-10 GDB 调试运行环境相关命令

命令格式	作用
set args	设置运行参数
show args	显示运行参数
set width+数目	设置 GDB 的行宽

续表

命令格式	作用
cd+工作目录	切换工作目录
run	程序开始执行
step（s）	进入式（会进入到所调用的子函数中）单步执行
next（n）	非进入式（不会进入到所调用的子函数中）单步执行
finish	一直运行到函数返回
until+行数	运行到函数某一行
continue（c）	执行到下一个断点或程序结束
return<返回值>	改变程序流程，直接结束当前函数，并将指定值返回
call+函数	在当前位置执行所要运行的函数

1.4.5 堆栈相关命令

GDB 中也提供了多种堆栈相关的命令，可以查看堆栈的情况、寄存器的情况等，其具体命令如表 1-11 所示。

表 1-11 GDB 中堆栈相关命令

命令格式	作用
backtrace 或 bt	用来打印栈帧指针，也可以在该命令后加上要打印的栈帧指针的个数
frame	该命令用于打印栈帧
info reg	查看寄存器使用情况
info stack	查看堆栈情况
up	跳到上一层函数
down	与 up 相对

1.5 make 工程管理器

前面几节主要介绍如何在 Linux 环境下使用文本编辑器，如何使用 GCC 编译出可执行文件，以及如何使用 GDB 来调试程序。既然所有的工作都已经完成了，为什么还需要 make 这个工程管理器呢？

工程管理器可以用来管理较多的文件。读者可以试想一下：一个由上百个源文件构成的项目，如果其中只有一个或少数几个文件进行了修改，按照之前所学的 GCC 的用法，就不得不把所有的文件重新编译一遍。原因就在于编译器并不知道哪些文件是最近更新的，所以，程序员就不得不处理所有的文件来完成重新编译工作。

显然，开发人员需要一个能够自动识别出那些被更新的代码文件并实现整个工程自动编译的工具。

Makefile

实际上，make 就是一个自动编译管理器，能够根据文件时间戳自动发现更新过的文件从而减少编译的工作量。同时，它通过读入 Makefile 文件的内容来执行大量的编译工作，用户只需编写一次简单的编译语句即可。它大大提高了项目开发和维护的工作效率，几乎所有嵌入式 Linux 下的项目编程均会涉及 make 管理器，希望读者能够认真学习本节内容。

1.5.1 Makefile 基本结构

Makefile 用来告诉 make 如何编译和链接一个程序，它是 make 读入的唯一配置文件。本小节主要讲解 Makefile 的编写规则。

在一个 Makefile 中通常包含如下内容。

① 需要由 make 工具创建的目标体（target），目标体通常是目标文件、可执行文件或是一个标签。

② 要创建的目标体所依赖的文件（dependency_file）。

③ 创建每个目标体时需要运行的命令（command）。

它的格式为

```
target: dependency_files
    command
```

例如，有两个文件分别为“hello.c”和“hello.h”，希望创建的目标体为“hello.o”，执行的命令为 GCC 编译指令“gcc–c hello.c”，那么，对应的 Makefile 就可以写为以下形式。

```
#The simplest example
hello.o: hello.c hello.h
    gcc–c hello.c–o hello.o
```

接着就可以使用 make 了。使用 make 的格式为“make target”，这样 make 就会自动读入 Makefile（也可以是首字母小写 makefile）执行对应 target 的 command 语句，并会找到相应的依赖文件，如下所示。

```
[root@localhost makefile]# make hello.o
gcc–c hello.c–o hello.o
[root@localhost makefile]# ls
hello.c   hello.h   hello.o   Makefile
```

可以看到，Makefile 执行了“hello.o”对应的命令语句，并生成了“hello.o”目标体。

在 Makefile 中的每一个 command 前必须有“Tab”符，否则在运行 make 命令时会出错。

上面实例中的 Makefile 在实际中是几乎不存在的，因为它过于简单，仅包含两个文件和一个命令，在这种情况下完全不需要编写 Makefile，只需在 Shell 中直接输入命令即可。在实际中使用的 Makefile 往往是包含很多命令的，一个项目也会包含多个 Makefile。

下面就对较复杂的 Makefile 进行讲解。以下这个工程包含有 3 个头文件和 8 个 C 文件，其 Makefile 如下：

```
edit : main.o kbd.o command.o display.o insert.o search.o files.o utils.o
        gcc -o edit main.o kbd.o command.o display.o \
        insert.o search.o files.o utils.o

main.o : main.c defs.h
        gcc -c main.c–o main.o
kbd.o : kbd.c defs.h command.h
        gcc -c kbd.c–o kbd.o
command.o : command.c defs.h command.h
        gcc -c command.c–o command.o
display.o : display.c defs.h buffer.h
        gcc -c display.c–o display.o
```

```
insert.o : insert.c defs.h buffer.h
            gcc -c insert.c-o insert.o
search.o : search.c defs.h buffer.h
            gcc -c search.c-o search.o
files.o : files.c defs.h buffer.h command.h
          gcc -c files.c-o files.o
utils.o : utils.c defs.h
          gcc -c utils.c-o utils.o
clean :
          rm edit main.o kbd.o command.o display.o \
             insert.o search.o files.o utils.o
```

这里的反斜杠“\”是换行符的意思，用于增加 Makefile 的可读性。读者可以把这些内容保存在文件名为“Makefile”或“makefile”的文件中，然后在该目录下直接输入命令“make”就可以生成可执行文件“edit”。如果想要删除可执行文件和所有的中间目标文件，只需要简单地执行一下“make clean”即可。

在这个“makefile”中，目标文件（target）包含以下内容：可执行文件“edit”和中间目标文件“*.o”，依赖文件（dependency_file）就是冒号后面的那些“*.c”文件和“*.h”文件。

每一个“.o”文件都有一组依赖文件，而这些“.o”文件又是可执行文件“edit”的依赖文件。依赖关系表明目标文件是由哪些文件生成的。换言之，目标文件是由哪些文件更新的。

在定义好依赖关系后，后面的一行命令定义了如何生成目标文件。请读者注意，这些命令都是以一个“Tab”键作为开头的。

值得注意的是，make 工程管理器并不关心命令是如何工作的，它只负责执行用户事先定义好的命令。同时，make 还会比较目标文件和依赖文件的最后修改日期，如果依赖文件的日期比目标文件的日期新，或者目标文件并不存在，那么，make 就会执行后续定义的命令。

这里要说明一点，clean 不是一个文件，它只不过是一个动作名称，也可称其为标签，不依赖于其他任何文件。

若用户想要执行其后的命令，就要在 make 命令后显式地指出这个标签的名字。这个方法非常有用，通常用户可以在一个 Makefile 中定义一些和编译无关的命令，比如程序的打包、备份或删除等。

1.5.2 Makefile 变量

为了进一步简化 Makefile 的编写和维护，make 允许在 Makefile 中创建和使用变量。变量是在 Makefile 中定义的名字，用来代替一个文本字符串，该文本字符串称为该变量的值。

变量的值可以用来代替目标体、依赖文件、命令以及 Makefile 文件中的其他部分。在 Makefile 中的变量定义有两种方式：一种是递归展开方式，另一种是简单扩展方式。

递归展开方式定义的变量是在引用该变量时进行替换的，即如果该变量包含了对其他变量的引用，则在引用该变量时一次性将内嵌的变量全部展开。虽然这种类型的变量能够很好地完成用户的指令，但是它也有严重的缺点，如不能在变量后追加内容，因为语句“CFLAGS = $(CFLAGS) -O”在变量扩展过程中可能导致无穷循环。

为了避免上述问题，简单扩展型变量的值在定义处展开，并且只展开一次，因此它不包含任何对其他变量的引用，从而消除了变量的嵌套引用。

递归展开方式的定义格式为 VAR=var。

简单扩展方式的定义格式为 VAR：=var。

Make 中的变量使用格式为$(VAR)。

变量名是不包括“:”，“#”，“=”，结尾空格的任何字符串。同时，变量名中包含字母、数字以及下划线以外的情况应尽量避免，因为它们可能在将来被赋予特别的含义。

变量名是大小写敏感的，例如变量名“foo”“FOO”和“Foo”代表不同的变量。

推荐在 Makefile 内部使用小写字母作为变量名，预留大写字母作为控制隐含规则参数或用户重载命令选项参数的变量名。

在上面的例子中，先来看看 edit 这个规则。

```
edit : main.o kbd.o command.o display.o \
            insert.o search.o files.o utils.o
        gcc -o edit main.o kbd.o command.o display.o \
                insert.o search.o files.o utils.o
```

读者可以看到“.o”文件的字符串被重复了两次，如果在工程需要加入一个新的“.o”文件，那么用户需要在这两处分别加入（其实应该是有 3 处，另外一处在 clean 中）。

当然，这个实例的 Makefile 并不复杂，所以在这两处分别添加也没有太多的工作量。但如果 Makefile 变得复杂，用户就很有可能会忽略一个需要加入的地方，从而导致编译失败。所以，为了使 Makefile 易维护，推荐在 Makefile 中尽量使用变量这种形式。

这样，用户在这个实例中就可以按以下的方式来定义变量。

```
OBJS = main.o kbd.o command.o display.o \
        insert.o search.o files.o utils.o
```

这里是以递归展开的方式来进行定义的。在此之后，用户就可以很方便地在 Makefile 中以“$(OBJS)”的方式来使用这个变量了，于是改良版 Makefile 就变为如下形式。

```
OBJS = main.O kbd.o command.o display.o \
        insert.o search.o files.o utils.o

edit : $(OBJS)
        gcc -o edit $(OBJS)
main.o : main.c defs.h
        gcc -c main.c–o main.o
kbd.o : kbd.c defs.h command.h
        gcc -c kbd.c–o kbd.o
command.o : command.c defs.h command.h
        gcc -c command.c–o command.o
display.o : display.c defs.h buffer.h
        gcc -c display.c–o display.o
insert.o : insert.c defs.h buffer.h
        gcc -c insert.c–o insert.o
search.o : search.c defs.h buffer.h
        gcc -c search.c–o search.o
files.o : files.c defs.h buffer.h command.h
        gcc -c files.c–o files.o
utils.o : utils.c defs.h
        gcc -c utils.c–o utils.o
clean :
        rm edit $(OBJS)
```

可以看到，如果这时又有新的“.o”文件需要加入，用户只需简单地修改一下变量 OBJS 的值就可以了。

Makefile 中的变量分为用户自定义变量、预定义变量、自动变量及环境变量。如上例中的 OBJS 就属于用户自定义变量，其值由用户自行设定。预定义变量和自动变量无需定义就可以在 Makefile 中使用，其中部分有默认值，当然用户也可以对其进行修改。

预定义变量包含了常见编译器、汇编器的名称及编译选项，表 1-12 所示为 Makefile 中常见预定义变量及其部分默认值。

表 1-12　Makefile 中常见预定义变量

命令格式	含义
AR	库文件维护程序的名称，默认值为 ar
AS	汇编程序的名称，默认值为 as
CC	C 编译器的名称，默认值为 cc
CPP	C 预编译器的名称，默认值为$(CC) –E
CXX	C++编译器的名称，默认值为 g++
FC	FORTRAN 编译器的名称，默认值为 f77
RM	文件删除程序的名称，默认值为 rm–f
ARFLAGS	库文件维护程序的选项，无默认值
ASFLAGS	汇编程序的选项，无默认值
CFLAGS	C 编译器的选项，无默认值
CPPFLAGS	C 预编译的选项，无默认值
CXXFLAGS	C++编译器的选项，无默认值
FFLAGS	FORTRAN 编译器的选项，无默认值

上例中的 CC 和 CFLAGS 是预定义变量，其中由于 CC 没有采用默认值，因此，需要把“CC=gcc”明确列出来。

由于常见的 GCC 编译语句中通常包含了目标文件和依赖文件，而这些文件在 Makefile 文件中目标体的一行已经有所体现，因此，为了进一步简化 Makefile 的编写，引入了自动变量。

自动变量通常可以代表编译语句中出现的目标文件和依赖文件等，并且具有本地含义（即下一语句中出现的相同变量代表的是下一语句的目标文件和依赖文件），表 1-13 所示为 Makefile 中常见自动变量。

表 1-13　Makefile 中常见自动变量

命令格式	含义
$*	不包含扩展名的目标文件名称
$+	所有的依赖文件，以空格分开，并以出现的先后为序，可能包含重复的依赖文件
$<	第一个依赖文件的名称
$?	所有时间戳比目标文件晚的依赖文件，并以空格分开
$@	目标文件的完整名称
$^	所有不重复的依赖文件，以空格分开
$%	如果目标是归档成员，则该变量表示目标的归档成员名称

自动变量的书写比较难记，但是在熟练了之后会非常方便，请读者结合下例中的自动变量改写的 Makefile 进行记忆。

```
OBJS = main.o kbd.o command.o display.o \
       insert.o search.o files.o utils.o
```

```
CC = gcc
CFLAGS = -Wall -O -g
edit : $(OBJS)
		$(CC) $^ -o $@
main.o : main.c defs.h
		$(CC) $(CFLAGS) -c $< -o $@
kbd.o : kbd.c defs.h command.h
		$(CC) $(CFLAGS) -c $< -o $@
command.o : command.c defs.h command.h
		$(CC) $(CFLAGS) -c $< -o $@
display.o : display.c defs.h buffer.h
		$(CC) $(CFLAGS) -c $< -o $@
insert.o : insert.c defs.h buffer.h
		$(CC) $(CFLAGS) -c $< -o $@
search.o : search.c defs.h buffer.h
		$(CC) $(CFLAGS) -c $< -o $@
files.o : files.c defs.h buffer.h command.h
		$(CC) $(CFLAGS) -c $< -o $@
utils.o : utils.c defs.h
		$(CC) $(CFLAGS) -c $< -o $@
clean :
		rm edit $(OBJS)
```

另外，在 Makefile 中还可以使用环境变量。使用环境变量的方法相对比较简单，make 在启动时会自动读取系统当前已经定义的环境变量，并且会创建与之具有相同名称和数值的变量。但是，如果用户在 Makefile 中定义了相同名称的变量，那么用户自定义变量将会覆盖同名的环境变量。

1.5.3 Makefile 规则

Makefile 的规则包括目标体、依赖文件及其间的命令语句，是 make 进行处理的依据。Makefile 中的一条语句就是一个规则。

在上面的例子中显式地指出了 Makefile 中的规则关系，如“$(CC) $(CFLAGS) -c $< -o $@”。为了简化 Makefile 的编写，make 还定义了隐式规则和模式规则，下面就分别对其进行讲解。

1. 隐式规则

隐式规则能够告诉 make 怎样使用传统的技术完成任务，这样，当用户使用它们时就不必详细指定编译的具体细节，而只需把目标文件列出即可。make 会自动搜索隐式规则目录来确定如何生成目标文件，如上例可以写成如下形式。

```
OBJS = main.o kbd.o command.o display.o \
		insert.o search.o files.o utils.o
CC = gcc
CFLAGS = -Wall -O -g
edit :$(OBJS)
	$(CC) $^ -o $@
main.o : main.c defs.h
kbd.o : kbd.c defs.h command.h
command.o : command.c defs.h command.h
display.o : display.c defs.h buffer.h
insert.o : insert.c defs.h buffer.h
search.o : search.c defs.h buffer.h
files.o : files.c defs.h buffer.h command.h
utils.o : utils.c defs.h
```

```
clean :
                rm edit $(OBJS)
```

为什么可以省略“$(CC) $(CFLAGS) -c $< -o $@”这句呢?

因为 make 的隐式规则指出：所有“.o”文件都可自动由“.c”文件使用命令“$(CC) $(CPPFLAGS) $(CFLAGS) -c file.c–o file.o”生成。因此，Makefile 就可以进一步地简化了。

在隐式规则只能查找到相同文件名的不同后缀名文件，如“kang.o”文件必须由“kang.c”文件生成。

表 1-14 所示为常见的隐式规则目录。

表 1-14　Makefile 中常见隐式规则目录

对应语言后缀名	规则
C 编译：“.c”变为“.o”	$(CC) –c $(CPPFLAGS) $(CFLAGS)
C++编译：“.cc”或“.C”变为“.o”	$(CXX) -c $(CPPFLAGS) $(CXXFLAGS)
Pascal 编译：“.p”变为“.o”	$(PC) -c $(PFLAGS)
Fortran 编译：“.r”变为“.o”	$(FC) -c $(FFLAGS)

2. 模式规则

模式规则不同于隐式规则，是用来定义相同处理规则的多个文件的，模式规则能引入用户自定义变量，为多个文件建立相同的规则，简化 Makefile 的编写。

模式规则的格式类似于普通规则，这个规则中的相关文件前必须用“%”标明，然而在这个实例中，并不能使用这个模式规则。

1.5.4　make 使用

使用 make 管理器非常简单，只需在 make 命令的后面键入目标名即可建立指定的目标。如果直接运行 make，则建立 Makefile 中的第一个目标。

此外，make 还有丰富的命令行选项，可以完成各种不同的功能，表 1-15 所示为常用的 make 命令行选项。

表 1-15　make 的命令行选项

命令格式	含义
-C dir	读入指定目录下的 Makefile
-f file	读入当前目录下的 file 文件作为 Makefile
-i	忽略所有的命令执行错误
-I dir	指定被包含的 Makefile 所在目录
-n	只打印要执行的命令，但不执行这些命令
-p	显示 make 变量数据库和隐式规则
-s	在执行命令时不显示命令
-w	如果 make 在执行过程中改变目录，打印当前目录名

小 结

熟练使用开发工具是进行嵌入式 Linux C 语言开发的第一步。本章详细介绍了嵌入式 Linux C 语言开发常见的编辑器 vi、编译器 GCC、调试器 GDB、工程管理器 make。

对于这些工具的使用方法，读者一定要通过实际动手操作来熟练掌握。本章在每个工具的讲解中都提供了完整的实例供读者参考。

思考与练习

在 vi 中编辑如下代码（命名为“test.c”），并自行编写 Makefile 运行该程序。

```
#include <stdio.h>
#include <stdlib.h>

int x = 0;
int y = 5;

int fun1()
{
        extern p, q;
        printf("p is %d, q is %d\n", p, q);
        return 0;
}

int p = 8;
int q = 10;

int main()
{
        fun1();
        printf("x is %d, y is %d\n", x, y);
}
```

PART02

第2章

数据

本章要点：

- ANSI C与GNU C。
- C语言的基本数据类型。
- 变量的定义、作用域及存储方式。
- 常量的定义方式。
- 预处理。
- 字长和数据类型。
- 数据对齐。
- 字节序。

■ 在上一章中，读者了解了嵌入式的基本概念，学习了嵌入式 Linux C 语言相关开发工具。本章主要介绍嵌入式 Linux C 语言的数据的相关知识。

2.1 ANSI C 与 GNU C

2.1.1 ANSI C 简介

C 语言是国际上广泛流行的一种计算机高级编程语言，它具有丰富的数据类型以及运算符，并为结构程序设计提供了各种数据结构和控制结构，同时具有某些低级语言的特点，可以实现大部分汇编语言功能，非常适合编写系统程序，也可用来编写应用程序。而且，C 语言程序具有很好的可移植性。

1983 年，美国国家标准协会（ANSI）根据 C 语言问世以来各种版本对 C 的发展和扩充制定了新的标准，并于 1989 年颁布，被称为 ANSI C 或 C89。目前流行的 C 编译系统都是以它为基础的。

2.1.2 GNU C 简介

GNU 项目始创于 1984 年，旨在开发一个类似 UNIX，且为自由软件的完整的操作系统。GNU 项目由很多独立的自由/开源软件项目组成，其官方站点为 http://www.gnu.org。如今，这些 GNU 中的软件项目已经和 Linux 内核一起成为 GNU/Linux 的组成部分。

GCC 是 GNU 的一个项目，是一个用于编程开发的自由编译器。最初，GCC 只是一个 C 语言编译器，它是 GNU C Compiler 的英文缩写。随着众多自由开发者的加入和 GCC 自身的发展，如今的 GCC 已经是一个支持众多语言的编译器了，其中包括 C、C++、Ada、Object C 和 Java 等。所以，GCC 也由原来的 GNU C Compiler 变为 GNU Compiler Collection，也就是 GNU 编译器家族的意思。

在 Linux 下编程最常用的 C 编译器就是 GCC，除了支持 ANSI C 外，还对 C 语言进行了很多扩展，这些扩展对优化、目标代码布局、更安全地检查等方面提供了很强的支持。本文把支持 GNU 扩展的 C 语言称为 GNU C。本章主要介绍 GNU C 的基本语法，最后会简单介绍一些常用的扩展。GNU C 可以理解为在标准 C 的基础上进行了扩展。在了解这些扩展之前，我们先简单回顾一下标准 C 语言。

C 语言的数据类型根据其不同的特点，可以分为基本类型、构造类型和空类型，其中每种类型都还包含了其他一系列数据类型，它们之间的关系如图 2-1 所示。

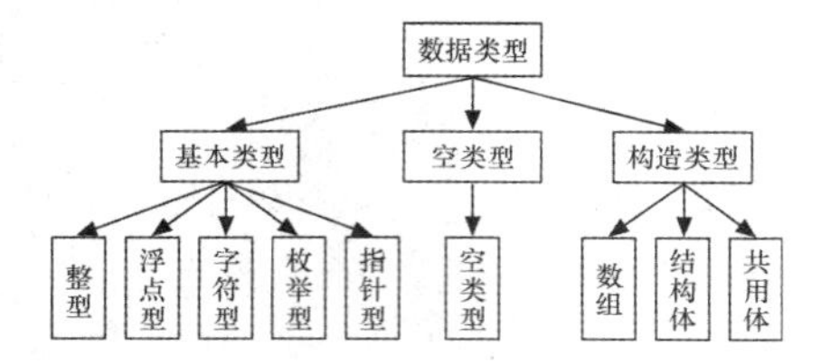

图 2-1 常见数据类型分类

1. 基本类型

基本类型是 C 语言程序设计中的最小数据单元，可以说是原子数据类型，而其他数据类型（如结构体、共用体等）都可以使用这些基本类型。

2. 构造类型

构造类型正如其名字一样，是在基本数据类型的基础上构造而成的复合数据类型，它可以用于表示更为复杂的数据。

3. 空类型

空类型是一种特殊的数据类型，它是所有数据类型的基础。要注意的是，空类型并非无类型，它本身也是一种数据结构，常用在数据类型的转换和参数的传递过程中。

在C语言中，所有的数据都必须指定它的数据类型，它们大多有自己的类型标识符，如表2-1所示。

表2-1 数据类型及其标识符

数据类型	标识符	数据类型	标识符
整型	int	结构体	struct
字符型	char	共用体	union
浮点型	float（单精度）	空类型	void
	double（双精度）	数组类型	无
枚举型	enum	指针类型	无

2.2 基本数据类型

2.2.1 整型家族

变量是指在程序运行过程中其值可以发生变化的量。

1. 整型变量

整型变量包括短整型（short int）、整型（int）和长整型（long int），它们都分为有符号（signed）和无符号（unsigned）两种，在内存中是以二进制的形式存放的。每种类型的整数占有一定大小的地址空间，因此它们所能表示的数值范围也有所限制。

整型家族

要注意的是，不同的计算机体系结构中这些类型所占比特数有可能是不同的，表2-2列出的是常见的32位机中整型家族各数据类型所占的比特数。

表2-2 整型家族各类型所占的比特数

类型	比特数	取值范围
[signed] int	32	-2147483648～2147483647
unsigned int	32	0～4294967295
[signed] short [int]	16	-32768～32767
unsigned short [int]	16	0～65535
long [int]	32	-2147483648～2147483647
unsigned long [int]	32	0～4294967295

表2-2中“[]”内的部分是可以省略的，如短整型可写作“short”。它们三者之间只是遵循如下的简单规则。

```
短整型≤整型≤长整型
```

若要查看适合当前计算机的各数据类型的取值范围，可查看文件“limits.h”（通常在编译器相关的目录下），如下是“limits.h”的部分示例。

```
#include <features.h>
#include <bits/wordsize.h>%
/* 一个“char”的位数  */
#   define CHAR_BIT        8

/* 一个“signed char”的最大值和最小值 */
#   define SCHAR_MIN       (-128)
```

```
# define SCHAR_MAX        127

/* 一个“signed short int”的最大值和最小值 */
# define SHRT_MIN         (-32768)
# define SHRT_MAX          32767

/* 一个“signed int”的最大值和最小值 */
# define INT_MIN          (-INT_MAX - 1)
# define INT_MAX          2147483647

/* 一个“unsigned int”的最大值和最小值 */
# define UINT_MAX         4294967295U

/* 一个“signed long int”的最大值和最小值 */
/*若是64位机*/
# if __WORDSIZE = = 64
#  define LONG_MAX        9223372036854775807L
# else
#  define LONG_MAX        2147483647L
# endif
# define LONG_MIN         (-LONG_MAX - 1L)

/* 一个“unsigned long int”的最大值和最小值 */
/*若是64位机*/
# if __WORDSIZE = = 64
#  define ULONG_MAX       18446744073709551615UL
# else
#  define ULONG_MAX       4294967295UL
# endif
```

在嵌入式开发中，经常需要考虑的一点就是可移植性的问题。通常，字符是否为有符号数会带来两难的境地，因此，最佳妥协方案就是把存储于 int 型变量的值限制在 signed int 和 unsigned int 的交集中，这可以获得最大程度上的可移植性，同时又不牺牲效率。

2. 整型常量

常量就是在程序运行过程中其值不能被改变的量。在 C 语言中，使用整型常量可以有八进制整数、十进制整数和十六进制整数 3 种，其中十进制整数的表示最为简单，不需要有任何前缀，在此就不再赘述。

八进制整数需要以“0”作为前缀开头，如下所示。

```
010    0762    0537    -0107
```

十六进制的整数需要以“0x”作为前缀开头，由于在计算机中数据都是以二进制来进行存放的，数据类型的表示范围位数也一般都是 4 的倍数，因此，将二进制数据用十六进制表示是非常方便的，在 Linux 的内核代码中，到处都可见到采用十六进制表示的整数。

下面示例的几句代码就是从 Linux 内核源码中摘录出来的（/arch/arm/ mach-s3c2410）。读者在这里不用知道这些代码的具体含义，而只需了解这些常量的表示方法。

```
unsigned long s3c_irqwake_eintallow = 0x0000fff0L; ( irq.c )
if (pinstate = = 0x02) {……}  ( pm.c )
config &= 0xff;  ( gpio.c )
```

可以看到，第 1 句代码是使用常量“0x0000fff0L”对变量 s3c_irqwake_ eintallow 进行赋初值，第 2 句是比较变量 pinstate 的值和 0x02 是否相等，而第 3 句则是对 config 进行特定的运算。

细心的读者可以看到，常量“0x0000fff0L”在最后有大写的“L”，这并不是十六进制的表示范围，那么这个“L”又是什么意思呢?

这就是整型常量的后缀表示。正如前文中所述，整型数据还可分为“长整型”“短整型”“无符号数”，整型常量可在结尾加上“L”或“l”代表长整型，“U”或“u”代表无符号整型。前面的第一句代码中由于指明了该常量 0x0000fff0 是长整型的，因此需要在其后加上“L”。

要注意变量 s3c_irqwake_eintallow 声明为“unsigned long”并不代表赋值的常量也一定是“unsigned long”数据类型。

2.2.2 实型家族

实型家族也就是通常所说的浮点数，在这里也分别就实型变量和实型常量进行讲解。

1. 实型变量

实型变量又可分为单精度（float）、双精度（double）和长双精度（long double）3 种。表 2-3 列出的是常见的 32 位机中实型家族各数据类型所占的比特数。

表 2-3 实型家族各类型所占比特数

类型	比特数	有效数字	取值范围
float	32	6～7	-3.4×10^{-38}～3.4×10^{38}
double	64	15～16	-1.7×10^{-308}～1.7×10^{308}
long double	64	18～19	-1.2×10^{-308}～1.2×10^{308}

要注意的是，这里的有效数字是指包括整数部分的全部数字总数。它在内存中的存储方式是以指数的形式表示的，如图 2-2 所示。

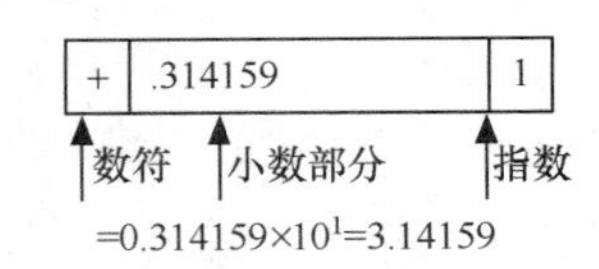

图 2-2 实型变量的存储方式

由图 2-2 可以看出，小数部分所占的位（bit）越多，数的精度就越高；指数部分所占的位数越多，则能表示的数值范围就越大。下面程序就显示了实型变量的有效数字位数。

```
#include <stdio.h>

int main()
{
    float a;
    double b;

    a = 33333.33333;
    b = 33333.333333;

    printf("a=%f,b=%lf\n", a, b);

    return 0;
}
```

程序执行结果如下：

```
linux@ubuntu:~/book/ch2$ cc float.c  -Wall
linux@ubuntu:~/book/ch2$./a.out
a=33333.332031,b=33333.333333
```

可以看出，由于 a 为单精度类型，有效数字长度为 7 位，因此 a 的小数点后 4 位并不是原先的数据，而由于 b 为双精度类型，有效数字为 16 位，因此 b 的显示结果就是实际 b 的数值。

2. 实型常量

浮点常量又称为实数，一般含有小数部分。

在 C 语言中，实数只有十进制的实数，它又分为单精度实数和双精度实数，它们的表示方法基本相同。实数有两种表示方法，即一般形式和指数形式，所有浮点常量都被默认为 double 类型。表 2-4 概括了实型常量的表示方法。

表 2-4　实型常量的表示方法

形式	表示方法	举例
十进制表示	由数码 0～9 和小数点组成	0.0，0.25，5.789，0.13，5.0，300.
指数形式	<尾数>E(e) <整型指数>	3.0E5，-6.8e18

从表 2-4 可以看出，一般形式的实数基本形式如下：

```
[+|-]M.N
```

例如：3.1，-23.1112，3.1415926。

指数形式的实数一般是由尾数部分、字母 e 或 E 和指数部分组成。当一个实数的符号为正号时，可以省略不写，其表示的一般形式如下：

```
[+|-]M.N<e|E>[+|-]T
```

例如：

```
1.17    6e+10表示1.176×1010
- 3.5789e-8表示 -3.5789×10^-8
```

通常表示特别大或特别小的数。

举例：一个水分子的质量约为 3.0×10^{-23}g，1 夸脱水大约有 950g，编写一个程序，要求输入水的夸脱数，然后显示这么多水中包含多少水分子。

示例程序如下：

```
#include <stdio.h>

int main(int argc,char **argv)
{
    float mass_mol = 3.0e-23;
    float mass_qt = 950;
    float quarts;
    float molecules;

    printf("mass_mol=%f %e\n", mass_mol, mass_mol);
    printf("Enter the number of quarts of water: ");
    scanf("%f", &quarts);
    molecules = quarts * mass_qt / mass_mol;
    printf("%f quarts of water contain %e(%f) molecules.\n",
          quarts, molecules, molecules);

     return 0;
}
```

程序执行结果如下：

```
linux@ubuntu:~/book/ch2$ cc water.c -o water-Wall
```

```
linux@ubuntu:~/book/ch2$./water
mass_mol=0.000000 3.000000e-23
Enter the number of quarts of water: 1
1.000000 quarts of water contain 3.166667e+25(31666665471894750551343104.0000 00) molecules.
```

可以看出，float 不是一个确定的数值，比如写一个很小的数，用科学记数法可以表示出来，但以%f 输出时显示为 0。对于一些特别大的数据，使用实数的指数形式更简洁，可读性更好。

2.2.3 字符型家族

1. 字符变量

字符变量可以看作是整型变量的一种，它的标识符为“char”，一般占用一个字节（8bit），它也分为有符号和无符号两种，读者完全可以把它当成一个整型变量。当它用于存储字符常量时（稍后会进行讲解），实际上是将该字符的 ASCII 码值（无符号整数）存储到内存单元中。

字符型家族

实际上，一个整型变量也可以存储一个字符常量，而且也是将该字符的 ASCII 码值（无符号整数）存储到内存单元中。但由于取名上的不同，字符变量则更多地用于存储字符常量。以下一段小程序显示了字符变量与整型变量实质上是相同的。

```
#include <stdio.h>
int main()
{
    char a,b;
    int c,d;
    /*赋给字符变量和整型变量相同的整数常量*/
    a = c = 65;
    /*赋给字符变量和整型变量相同的字符常量*/
    b = d = 'a';
    /*以字符的形式打印字符变量和整型变量*/
    printf("char a = %c, int c = %c\n", a, c);
    /*以整数的形式打印字符变量和整型变量*/
    printf("char b = %d, int d = %d\n", b, d);

    return 0;
}
```

程序执行结果如下：

```
linux@ubuntu:~/book/ch2$ cc char.c -o char -Wall
linux@ubuntu:~/book/ch2$./char
char a = A, int c = A
char b = 97, int d = 97
```

由此可见，字符变量和整型变量在内存中存储的内容实质是一样的。

表 2-5 显示了字符型数据占用的比特数。

表 2-5　字符型所占的比特数

类型	比特数	取值范围
[signed] char	8	-128～127
unsigned char	8	0～255

示例程序如下：

```
#include <stdio.h>
```

```
int main()
{
    char ch1 = 129;
    unsigned ch2 = -1;

    printf("ch1=%c-%d,ch2=%c-%d\n",
           ch1, ch1, ch2, ch2);

    return 0;
}
```

程序执行结果如下：

```
linux@ubuntu:~/book/ch2$ cc char.c -o char -Wall
linux@ubuntu:~/book/ch2$./char
ch1=�--127,ch2=�--1
```

从程序结果可以看出，给字符型变量赋值越界时，编译程序没有语法错误，但是结果不准确。但是，当越界后如何处理，这和编译器有关，在这里，就不再进一步解释。

2. 字符常量

字符常量是指用单引号括起来的一个字符，如'a'、'D'、'+'、'?'等都是字符常量。以下是使用字符常量时容易出错的地方，请读者仔细阅读。

① 字符常量只能用单引号括起来，不能用双引号或其他括号。

② 字符常量只能是单个字符，不能是字符串。

③ 字符可以是字符集中任意字符。但数字被定义为字符型之后就不能参与数值运算。如'5'和 5 是不同的。'5'是字符常量，不能直接参与运算，而只能以其 ASCII 码值（053）来参与运算。

除此之外，C 语言中还存在一种特殊的字符常量——转义字符。转义字符以反斜线“\”开头，后跟一个或几个字符。转义字符具有特定的含义，不同于字符原有的意义，故称“转义”字符。

例如，在前面各例题 printf 函数的格式串中用到的“\n”就是一个转义字符，其意义是“回车换行”。转义字符主要用来表示那些用一般字符不便于表示的控制代码。表 2-6 就是常见的转义字符以及它们的含义。

表 2-6　转义字符及其含义

字符形式	含义	ASCII 代码
\n	回车换行	10
\t	水平跳到下一制表位置	9
\b	向前退一格	8
\r	回车，将当前位置移到本行开头	13
\f	换页，将当前位置移到下页开头	12
\\	反斜线符“\”	92
\'	单引号符	39
\ddd	1～3 位八进制数所代表的字符	
\xhh	1～2 位十六进制数所代表的字符	

示例程序如下：

```
#include <stdio.h>

int main()
```

```
{
    char c1 = 'a', c2 = 'b', c3 = 'c';
    char c4 = '\101', c5 = '\116';

    printf("a%c b%c\tabc%c\n", c1, c2, c3);
    printf("\t\b%c %c\n", c4, c5);

    return 0;
}
```

程序执行结果如下：

```
linux@ubuntu:~/book/ch2$ cc char2.c -Wall
linux@ubuntu:~/book/ch2$./a.out
aa bb        abcc
        A N
```

2.2.4 枚举家族

在实际问题中，有些变量的取值被限定在一个有限的范围内。例如，一个星期内只有 7 天，一年只有 12 个月，一个班每周有 6 门课程等。如果把这些量说明为整型、字符型或其他类型显然是不妥当的。

为此，C 语言提供了一种称为枚举的类型。在枚举类型的定义中列举出所有可能的取值，被定义为该枚举类型的变量取值不能超过定义的范围。

枚举类型是一种基本数据类型，而不是一种构造类型，因为它不能再分解为任何基本类型。

枚举类型定义的一般形式如下。

```
enum枚举名
{
    枚举值表
};
```

在枚举值表中应罗列出所有可用值，这些值也称为枚举元素。

下例中是嵌入式 Linux 的存储管理相关代码“/mm/sheme.c”中的实例，“sheme.c”中实际实现了一个 tmpfs 文件系统。

```
/* Flag allocation requirements to shmem_getpage and shmem_swp_alloc */
enum sgp_type {
        SGP_QUICK,                    /*不要尝试更多的页表*/
        SGP_READ,                     /*不要超过i_size,不分配页表*/
        SGP_CACHE,                    /*不要超过i_size,可能会分配页表*/
        SGP_WRITE,                    /*可能会超过i_size,可能会分配页表*/
};
```

sgp_type 具体含义的说明比较冗长，在此读者主要学习 enum 的语法结构。这里的 sgp_type 是一个标识符，它所有可能的取值有 SGP_QUICK、SGP_READ、SGP_CACHE、SGP_WRITE，也就是枚举元素。这些枚举元素的变量实际上是以整型的方式存储的，这些符号名的实际值都是整型值。

比如，这里的 SGP_QUICK 是 0，SGP_READ 是 1，依此类推。在适当的时候，用户也可以为这些符号名指定特定的整型值，如下所示。

```
/* Flag allocation requirements to shmem_getpage and shmem_swp_alloc */
enum sgp_type {
        SGP_QUICK = 2,                /*不要尝试更多的页表*/
```

```
        SGP_READ   = 9,                 /*不要超过i_size,不分配页表*/
        SGP_CACHE = 19,                 /*不要超过i_size,可能会分配页表*/
        SGP_WRITE = 64,                 /*可能会超过i_size,可能会分配页表*/
};
```

2.2.5 指针家族

1. 指针的概念

C 语言之所以如此流行，其重要原因之一就在于指针，运用指针编程是 C 语言最主要的风格之一。利用指针变量可以表示各种数据结构，能很方便地使用数组和字符串，并能像汇编语言一样处理内存地址，从而编出精练而高效的程序。

指针家族

指针极大地丰富了 C 语言的功能，是学习 C 语言中最重要的一环。能正确理解和使用指针是掌握 C 语言的一个标志。

在这里着重介绍指针的概念，指针的具体使用在后面的章节中会有详细的介绍。

何为指针呢？简单地说，指针就是地址。在计算机中，所有的数据都是存放在存储器中的。一般可以把存储器中的一个字节称为一个内存单元，不同的数据类型所占用的内存单元数不等，如整型量占 4 个内存单元（字节），字符量占 1 个内存单元（字节）等，这些在本章的 2.2.1 小节中已经进行了详细讲解。

为了正确地访问这些内存单元，必须为每个内存单元编号。根据一个内存单元的编号就可准确地找到该内存单元。内存单元的编号也叫作地址，通常也把这个地址称为指针。

内存单元的指针（地址）和内存单元的内容（具体存放的变量）是两个不同的概念。

图 2-3 就表示了指针的含义。

从图 2-3 中可以看出，0x00100000 等都是内存地址，也就是变量的指针，由于在 32 位机中地址长度都是 32bit，因此，无论哪种变量类型的指针都占 4 个字节。

由于指针所指向的内存单元是用于存放数据的，而不同数据类型的变量占有不同的字节数，因此从图 2-3 中可以看出，一个整型变量占 4 个字节，故紧随其后的变量 y 的内存地址为变量 x 起始地址加上 4 个字节。

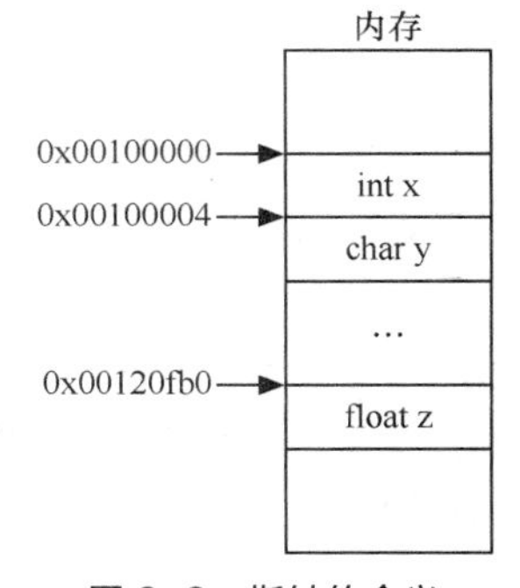

图 2-3 指针的含义

2. 指针常量

事实上，在 C 语言中，指针常量只有唯一的一个 NULL（空地址）。虽然指针是一个诸如 0x00100011 这样的字面值，但是因为编译器负责把变量存放在计算机内存中的某个位置，所以程序员在程序运行前无法知道变量的地址。当一个函数每次被调用时，它的自动变量（局部变量）每次分配的内存位置都不同，因此，把非零的指针常量赋值给一个指针变量是没有意义的。

3. 字符串常量

字符串常量看似是字符家族中的一员，但事实上，字符串常量与字符常量有着较大的区别。字符串常量是指用一对双引号括起来的一串字符，双引号只起定界作用，双引号括起的字符串中不能是双引号（“”）和反斜杠（\），它们特有的表示法在转义字符中已经介绍。例如“China”“Cprogram”“YES&NO”“33312-2341”“A”等都是合格的字符串常量。

在 C 语言中，字符串常量在内存中存储时系统自动在字符串的末尾加一个“串结束标志”，即 ASCII

码值为 0 的字符 NULL，通常用“\0”表示。因此在程序中，长度为 n 个字符的字符串常量，在内存中占有 $n+1$ 个字节的存储空间。

例如，字符串“China”有 5 个字符，存储在内存中时占用 6 个字节。系统自动在字符串最后加上 NULL 字符，其存储形式为图 2-4 所示。

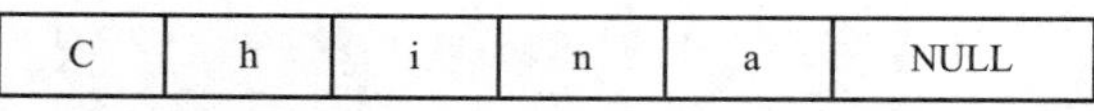

图 2-4 字符串常量的存储形式

要特别注意字符常量与字符串常量的区别，除了表示形式不同外，其存储方式也不相同。字符‘A’只占 1 个字节，而字符串常量“A”占 2 个字节。

本书之所以在指针家族处而不在字符家族中讲解字符串常量，是由于在程序中使用字符串常量会生成一个“指向字符串的常指针”。当一个字符串常量出现在一个表达式中时，表达式所引用的值是存储该字符串常量的内存首地址，而不是这些字符本身。

因此，用户可以把字符串常量赋值给一个字符类型的指针，用于指向该字符串在内存中的首地址。

2.3 变量与常量

2.3.1 变量的定义

在上一节中，读者学习了 C 语言中的基本数据类型。那么在程序中不同数据类型的变量如何使用呢？在 C 语言中使用变量采用先定义、后使用的规则，任何变量在使用前必须先进行定义。

变量定义的基本形式如下。

```
说明符（一个或多个） 变量或表达式列表
```

这里的说明符就是包含一些用于表明变量基本类型的关键字、存储类型和作用域。表 2-7 列举了一些常见基本数据类型变量的定义方式。

表 2-7 变量的定义方式

基本类型	关键字	示例
整型	int、unsigned、short、long	int a; unsigned long b;
浮点型	float、double	float a; double b;
字符型	char、unsigned	char a; unsigned char b;
枚举类型	enum	enum a;
指针类型	数据类型 *	int *a, *b; char *c;

通常，变量在定义时也可以将其初始化，如：

```
int i = 5;
```

这条语句实际上转化为两条语句：

```
int i;                /*定义*/
i = 5;                /*初始化*/
```

此外，指针的定义形式在这里需着重说明。

指针的定义形式为标识符加上“*”。有些读者习惯把“*”写在靠近数据类型的一侧，如：

```
int* a;
```

虽然编译器支持这种定义形式，但会在阅读代码时带来困扰，例如：

```
int* b, c, d;
```

读者会很自然地认为上面这条语句把 3 个变量都定义为指向整型的指针。事实上，只有变量 b 是整型指针，而 c、d 都是整型变量。因此，建议读者在定义指针变量时将“*”写在靠近变量名的一侧，如下所示。

```
int *b, *c, *d;
```

关于变量的定义和变量的声明是两个极易混淆的概念，在形式上也很接近。在对变量进行了定义后，存储器需要为其分配一定的存储空间，一个变量在其作用域范围内只能有一个定义。而变量的声明则不同，一个变量可以有多次声明，且存储器不会为其分配存储空间。在本书的稍后部分将会讲解它们使用上的区别。

2.3.2 typedef

typedef 是 C 语言的关键字，其作用是为一种数据类型定义一个新名字。这里的数据类型包括内部数据类型（如 int、char 等）和自定义的数据类型（如 struct 等）。

其基本用法如下所示。

```
typedef数据类型 自定义数据类型
```

例如，用户可以使用以下语句。

```
typedef unsigned long uint32;
```

这样，就把标识符 uint32 声明为无符号长整型的类型了。之后，用户就可以用它来定义变量。

```
uint32 a;
```

此句等价于：

```
unsigned long a;
```

在大型程序开发中，typedef 的应用非常广泛。目的有两点，一是给变量一个易记且意义明确的新名字，二是简化一些比较复杂的类型声明。

在嵌入式的开发中，由于涉及可移植性的问题，typedef 的功能就更引人注目了。通过 typedef 可以为标识符取名为一个统一的名称，这样，在需要对这些标识符进行修改时，只需修改 typedef 的内容就可以了。

下面是“/include/asm-arm/type.h”里的内容。

```
#ifndef __ASSEMBLY__
/* 为有符号字符型取名为s8 */
typedef signed char s8;
/* 为无符号字符型取名为u8 */
typedef unsigned char u8;
/* 为有符号短整型取名为s16 */
typedef signed short s16;
/* 为无符号短整型取名为u16 */
typedef unsigned short u16;
/* 为有符号整型取名为s32 */
typedef signed int s32;
/* 为无符号整型取名为u32 */
typedef unsigned int u32;
/* 为有符号长长整型取名为s64 */
typedef signed long long s64;
/* 为无符号长长整型取名为u64 */
typedef unsigned long long u64;
```

2.3.3 常量的定义

1. const 定义常量

在 C 语言中，可以使用 const 来定义一个常量。常量的定义与变量的定义很相似，只需在变量名前加上 const 即可，如下所示。

```
int const a;
```

以上语句定义了 a 为一个整数常量。那么，既然 a 的值不能被修改，如何让 a 拥有一个值呢？

这里，一般有两种方法，其一是在定义时对它进行初始化，如下所示。

```
const int a = 10;
```

其二，在函数中声明为 const 的形参在函数被调用时会得到实参的值。

在这里需要着重讲解的是 const 涉及指针变量的情况，先看两个 const 定义。

```
const int *a;
int * const a;
```

在第一条语句中，const 用来修饰指针 a 所指向的对象，也就是说我们无法通过指针 a 来修改其指向的对象的值。但是 a 这个指针本身的值（地址）是可以改变的，即可以指向其他对象。

与此相反，在第二条语句中，const 修饰的是指针 a。因此，该指针本身（地址）的值是不可改变的，而该指针所指向的对象的值是可以改变的。

2. define 定义常量

define 实际是一个预处理指令，其实际的用途远大于定义常量这一功能。在这里，首先讲解 define 定义常量的基本用法，对于其他用途在本书的后续章节中会有详细介绍。

使用 define 定义常量实际是进行符号替换，其定义方法为

```
#define符号名 替换列表
```

符号名必须符合标识符命名规则。替换列表可以是任意字符序列，如数字、字符、字符串、表达式等，例如：

```
#define MSG "I'm Antigloss!"        /*后面的所有MSG都会被替换为“I'm Antigloss!”*/
#define SUM 99                      /*后面的所有SUM都会被替换为99*/
#define BEEP "\a"                   /*后面的所有BEEP都会被替换为“\a”*/
```

习惯上，人们用大写字母来命名符号名，而用小写字母来命名变量。

预处理指令#define 的最后面没有分号“;”，千万不要画蛇添足！

在 Linux 内核中，也广泛使用 define 来定义常量，如用于常见的出错处理的头文件中，“include/asm-generic/errno-base.h”就有如下定义：

```
#define EPERM          1    /*操作权限不足*/
#define ENOENT         2    /*没有该文件或目录*/
#define ESRCH          3    /*没有该进程*/
#define EINTR          4    /*被系统调用所中止*/
#define EIO            5    /*I/O出错*/
#define ENXIO          6    /*没有这个设备或地址*/
#define E2BIG          7    /*命令列表太长*/
#define ENOEXEC        8    /*命令格式错误*/
```

2.3.4 作用域

变量的作用域定义：程序中可以访问一个指示符的一个或多个区域，即变量出现的有效区域，决定

了程序的哪些部分通过变量名来访问变量。一个变量根据其作用域的范围可以分为函数原型作用域、局部变量和全局变量。

1. 函数原型作用域

函数原型中的参数，其作用域始于“(”，结束于“)”。

设有下列原型声明：

double Area(double radius);

radius 的作用域仅在于此，不能用于程序正文其他地方，因而可以省略。

2. 局部变量

在函数内部定义的变量称为局部变量。局部变量仅能被定义该变量的模块内部的语句所访问。换言之，局部变量在自己的代码模块之外是不可见的。

模块以左花括号开始，以右花括号结束。

对于局部变量，要了解的重要规则是，它们仅存在于定义该变量的执行代码块中，即局部变量在进入模块时生成（压入堆栈），在退出模块时消亡（弹出堆栈）。定义局部变量的最常见的代码块是函数，例如：

```
void func1 ()
{
    /*在func1中定义的局部变量x*/
    int x;
    x = 10;
}
void func2 ()
{
    /*在func2中定义的局部变量x*/
    int x;
    x = 2007;
}
```

整数变量 x 被定义了两次，一次在 func1 中，另一次在 func2 中。func1 和 func2 中的 x 互不相关，原因是每个 x 作为局部变量仅在被定义的模块内可见。

要注意的是，在一个函数内部可以在复合语句中定义变量，这些复合语句成为“分程序”或“程序块”，如下所示。

```
void func1()
{
    /*在func1中定义的局部变量x*/
    int x;
    x = 10;
    ……
    {
        /*定义程序块内部的变量*/
        int c;
        /*变量c只在这两个括号内有效*/
        c = a + b;
    }
}
```

在上述的例子中，变量 c 只在最近的程序块中有效，离开该程序块就无效，并释放内存单元。

3. 全局变量

与局部变量不同，全局变量贯穿整个程序，它的作用域为源文件，可被源文件中的任何一个函数使用。它们在整个程序执行期间保持有效。

对于全局变量还有以下几点说明。

① 对于局部变量的定义和声明，可以不加区分，而对于全局变量则不然。全局变量的定义和全局变量的声明并不是一回事，全局变量定义必须在所有的函数之外，且只能定义一次，其一般形式为

```
[extern]类型说明符 变量名，变量名……
```

其中方括号内的 extern 可以省去不写，例如：

```
int a,b;
```

等效于：

```
extern int a,b;
```

而全局变量声明出现在要使用该变量的各个函数内。在整个程序内，可能出现多次。全局变量声明的一般形式为

```
extern类型说明符 变量名，变量名……
```

全局变量在定义时就已分配了内存单元，并且可做初始赋值。全局变量声明不能再赋初始值，只是表明在函数内要使用某外部变量。

② 外部变量可加强函数模块之间的数据联系，但是又使函数要依赖这些变量，因而使得函数的独立性降低。从模块化程序设计的观点来看这是不利的，因此在不必要时尽量不要使用全局变量。

③ 全局变量的内存分配是在编译过程中完成的，它在程序的全部执行过程中都要占用存储空间，而不是仅在需要时才开辟存储空间。

④ 在同一源文件中，允许全局变量和局部变量同名。在局部变量的作用域内，全局变量不起作用。因此，若在该函数中想要使用全局变量，则不能再定义一个同名的局部变量。

如有以下代码：

```
#include <stdio.h>
/*定义全局变量i并赋初值为5*/
int i = 5;
int main()
{
/*定义局部变量i，并未赋初值，i的值不确定，由编译器自行给出*/
    int i;
/*打印出i的值，查看在此处的i是全局变量还是局部变量*/
    if(i != 5)
        printf ("it is local\n");
    printf ("i is %d\n",i);


    return 0;
}
```

程序执行结果如下：

```
linux@ubuntu:~/book/ch2$ cc test.c -Wall
linux@ubuntu:~/book/ch2$./a.out
it is local
i is 134518324
```

可以看到，i 的值并不是全局变量所赋的初值，而是局部变量的值。

⑤ 全局变量的作用域可以通过关键字 extern 扩展到整个文件或其他文件。

2.3.5 存储模型

变量是程序中数据的存储空间的抽象。变量的存储方式可分为静态存储和动态存储两种。

静态存储变量通常是在程序编译时就分配一定的存储空间并一直保持不变，直至整个程序结束。在上一部分中介绍的全局变量的存储方式即属于此类存储方式。

动态存储变量是在程序执行过程中使用它时才分配存储单元，使用完毕立即释放。典型的例子是函数的形参。在函数定义时并不给形参分配存储单元，只是在函数被调用时，才予以分配，调用函数完毕立即释放。如果一个函数被多次调用，则反复地分配、释放形参变量的存储单元。

从以上分析可知，静态存储变量是一直存在的，而动态存储变量则时而存在时而消失。因此，这种由于变量存储方式不同而产生的特性称为变量的生存期，生存期表示了变量存在的时间。

生存期和作用域是从时间和空间这两个不同的角度来描述变量的特性。这两者既有联系，又有区别。一个变量的存储方式究竟属于哪一种存储方式，并不能仅仅从作用域来判断，还应有明确的存储模型说明。

变量的存储模型由作用域、链接点及存储期三大属性来描述。其中，存储期描述的是变量在内存中的生存时间。存储模型也经常被表达为存储类，共有以下 5 种存储模型。

1. 自动

自动

变量的声明语法为

```
<存储类型> 数据类型 变量名
```

auto 为存储类说明符，可以说明一个变量为自动变量。该类具有动态存储期、代码块的作用域和空链接。如果变量没有初始化，它的值是不确定的。

代码块或者函数头部定义的变量，可使用存储类修饰符 auto 来明确标识属于自动存储类型。若没有使用 auto 修饰，也属于自动存储类型。

例如：

```
{
    int i,j,k;
    char c;
    ......
}
```

等价于：

```
{
    auto int i,j,k;
    auto char c;
    ......
}
```

自动变量具有以下特点。

① 自动变量的作用域仅限于定义该变量的模块内。在函数中定义的自动变量，只在该函数内有效。在复合语句中定义的自动变量，只在该复合语句中有效。

② 自动变量属于动态存储方式，只有在定义该变量的函数被调用时才给它分配存储单元，开始它的生存期。函数调用结束，释放存储单元，结束生存期。因此函数调用结束之后，自动变量的值不能保留。在复合语句中定义的自动变量，在退出复合语句后也不能再使用，否则将引起错误。

③ 由于自动变量的作用域和生存期都局限于定义它的模块内（函数或复合语句内），因此不同的模块中允许使用同名的变量而不会混淆。即使在函数内定义的自动变量也可与该函数内部的复合语句中定义的自动变量同名，但读者应尽量避免使用这种方式。

例如：

```
int loop(int n)
{
  int m;
     m = 2;
      {
        int i, m ;                                        //m,i的作用域
        m = 20;
        for (i = m; i < n ; i ++)
             printf(……);
      }
     return m;                                            //m作用域，i消失
}
```

2．寄存器

在一个代码块内（或在一个函数头部作为参量）使用修饰符 register 声明的变量属于寄存器存储类。register 修饰符暗示编译程序相应的变量将被频繁使用，如果可能的话，应将其保存在 CPU 的寄存器中，从而加快其存取速度。该类与自动存储类相似，具有自动存储期、代码块作用域和空链接。如果没有被初始化，它的值也是不确定的。

使用 register 修饰符有几点限制。

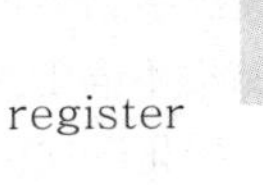

register

① register 变量必须是能被 CPU 寄存器所接受的类型，这通常意味着 register 变量必须是一个单个的值，并且其长度应小于或等于整型的长度。这与处理器的类型有关。

② 声明为 register 仅仅是一个请求，而非命令，因此变量仍然可能是普通的自动变量，没有放在寄存器中。

③ 由于变量有可能存储在寄存器中，因此不能用取地址运算符“&”获取 register 变量的地址。如果有这样的写法，编译器会报错。

④ 只有局部变量和形参可以作为 register 变量，全局变量不行。

⑤ 实际上有些系统并不把 register 变量存放在寄存器中，而优化的编译系统则可以自动识别使用频繁的变量而把它们放在寄存器中。

3．静态、空链接

静态变量的类型说明符：static。在一个代码块内使用存储类修饰符 static 声明的局部变量属于静态空链接存储类。该类具有静态存储时期、代码块作用域和空链接。

静态变量的存储空间是在编译完成后就分配了，并且在程序运行的全部过程中都不会撤销。这里要区别的是，属于静态存储方式的变量不一定就是静态变量。

例如外部变量虽属于静态存储方式，但不一定是静态变量，必须由 static 加以定义后才能称为静态外部变量，或称静态全局变量。

图 2-5 显示了静态变量和动态变量的区别。

静态变量可分为静态局部变量和静态全局变量。

静态局部变量属于静态存储方式，它具有以下特点。

① 静态局部变量在函数内定义，它的生存期为整个程序执行期间，但是其作用域仍与自动变量相同，只能在定义该变量的函数内使用该变量。退出该函数后，尽管该变量还继续存在，但不能使用它。图 2-6 所示是静态局部变量的生存期及作用域示意图。

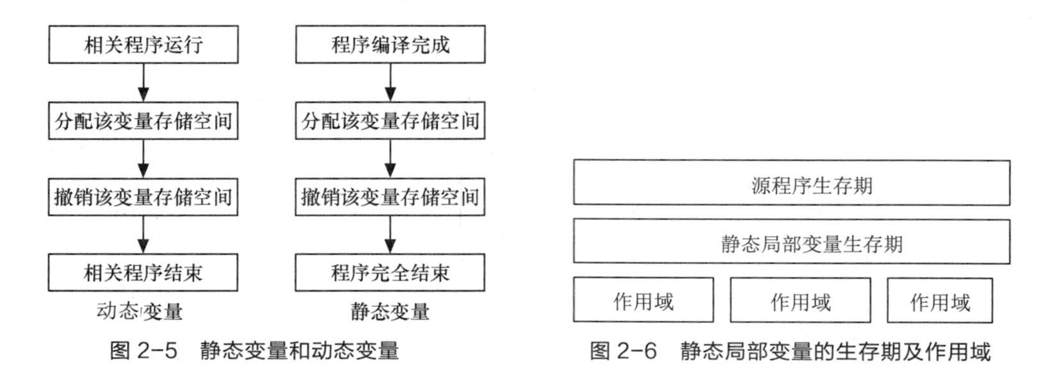

图 2-5　静态变量和动态变量　　　　图 2-6　静态局部变量的生存期及作用域

② 可以对构造类静态局部量赋初值，例如数组。若未赋初值，则由系统自动初始化为 0。

③ 基本数据类型的静态局部变量若在说明时未赋初值，则系统自动赋予 0。而对自动变量不赋初值，其值是不确定的。根据静态局部变量的特点，可以看出它是一种生存期为整个程序运行期的变量。虽然离开定义它的函数后不能使用，但如再次调用定义它的函数时，它又可以继续使用，并且保留了上次被调用后的值。

因此，当多次调用一个函数且要求在调用之前保留某些变量的值时，可以考虑采用静态局部变量。虽然用全局变量也可以达到上述目的，但全局变量有时会造成意外的副作用，因此仍以采用静态局部变量为宜。

4．静态、外部链接

未使用 static 修饰的全局变量属于静态、外部链接存储类。具有静态存储时期、文件作用域和外部链接。仅在编译时初始化一次。如未明确初始化，它的字节也被设定为 0。在使用外部变量的函数中使用 extern 关键字来再次声明。如果是在其他文件中定义的，则必须使用 extern。

5．静态、内部链接

全局变量在关键字之前再冠以 static 就构成了静态的全局变量，属于静态、内部链接存储类。与静态、外部链接存储类不同的是，具有内部链接，使得仅能被与它在同一个文件的函数使用。这样的变量也是仅在编译时初始化一次。如未明确初始化，它的字节被设定为 0。

这两者的区别在于非静态全局变量的作用域是整个源程序，但当一个源程序由多个源文件组成时，非静态的全局变量在各个源文件中都是有效的；而静态全局变量则限制了其作用域，即只在定义该变量的源文件内有效，在同一源程序的其他源文件中不能使用。

由于静态全局变量的作用域局限于一个源文件内，只能被该源文件内的函数使用，因此可以避免在其他源文件中引起错误。

图 2-7 是静态全局变量及非静态全局变量的区别示意图。

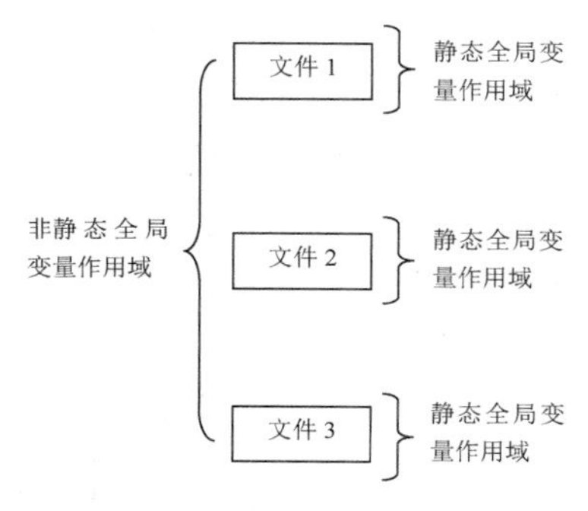

图 2-7　静态全局变量及非静态全局变量的区别

从以上分析可以看出，把局部变量改变为静态变量后改变了它的存储方式，即改变了它的生存期。

把全局变量改变为静态变量后改变了它的作用域，限制了它的使用范围。因此 static 这个说明符在不同的地方所起的作用是不同的。

例如：源文件 a.c

```
int a = 10;                                 //全局变量，静态外部链接
static int b = 20;                          //静态全局变量，静态内部链接

int f()
{
    int m = 30;
    return m;
}
```

源文件 b.c

```
#include <stdio.h>
extern int a;                               //使用extern关键字，声明外部变量
extern int b;                               //使用extern关键字，声明外部变量
int main()
{
    printf("a=%d\n", a);
    printf("b=%d\n", b);

    return 0;
}
```

编译程序，出现以下错误：

```
linux@ubuntu:~/book$ cc *.c
/tmp/cc25tJCv.o: In function `main':
static_b.c:(.text+0x22): undefined reference to 'b'
collect2: ld returned 1 exit status
```

分析：本例说明了，普通全局变量，是外部链接，可以被其他文件引用。有 static 关键字修饰的静态全局变量，是内部链接，限制了变量只在当前文件使用。

2.4 预处理

本书的第 1 章已介绍过编译过程中的预处理阶段。所谓预处理是指在进行编译的第一遍扫描（词法扫描和语法分析）之前所做的工作。预处理是 C 语言的一个重要功能，它由预处理程序负责完成。当编译一个程序时，系统将自动调用预处理程序对程序中的“#”号开头的预处理部分进行处理，处理完毕之后可以进入源程序的编译阶段。

C 语言提供了多种预处理功能，如宏定义、文件包含、条件编译等。合理地使用预处理功能编写的程序便于阅读、修改、移植和调试，也有利于模块化程序设计。本节介绍最常用的几种预处理功能。

2.4.1 预定义

在 C 语言源程序中允许用一个标识符来表示一串符号，称为宏，被定义为宏的标识符称为宏名。在编译预处理时，对程序中所有出现的宏名，都用宏定义中的符号串去替换，这称为宏替换或宏展开。

1. 预定义符号

在 C 语言中，有一些预处理定义的符号串，它们的值是字符串常量，或者是十进制数字常量，通常在调试程序时用于输出源程序的各项信息，表 2-8 归纳了这些预定义符号。

表 2-8　预定义符号表

符号	示例	含义
__FILE__	/home/david/hello.c	正在预编译的源文件名
__LINE__	5	文件当前行的行号
__FUNCTION__	main	当前所在的函数名
__DATE__	Mar 13 2009	预编译文件的日期
__TIME__	23:04:12	预编译文件的时间
__STDC__	1	如果编译器遵循 ANSI C，则值为 1

这些预定义符号通常可以在程序出错处理时使用。下面的程序显示了这些预定义符号的基本用法。

```
#include <stdio.h>
int main()
{
    printf("The file is %s\n", __FILE__);
    printf("The line is %d\n", __LINE__);
    printf("The function is %s\n", __FUNCTION__);
    printf("The date is %s\n", __DATE__);
    printf("The time is %s\n", __TIME__);

    return 0;
}
```

要注意的是，这些预定义符号中__LINE__和__STDC__是整数常量，其他都是字符串常量，该程序的输出结果如下所示。

```
The file is /home/david/hello.c
The line is 5
The function is main
The date is Mar 13 2009
The time is 23:08:42
```

2. 宏定义

以上是 C 语言中自带的预定义符号，除此之外，用户自己也可以编写宏定义。宏定义是由源程序中的宏定义#define 语句完成的，而宏替换是由预处理程序自动完成的。在 C 语言中，宏分为带参数和不带参数两种，下面分别讲解这两种宏的定义和使用。

（1）无参宏定义

无参宏定义的宏名（也就是标识符）后不带参数，其定义的一般形式为

```
#define标识符 字符串
```

其中，

#表示这是一条预处理命令，凡是以#开头的均为预处理命令。

define 为宏定义命令；

标识符为所定义的宏名；

字符串可以是常数、表达式、格式串等。

前面介绍过的符号常量的定义就是一种无参宏定义。此外，用户还可对程序中反复使用的表达式进行宏定义，例如：

```
#define M (y + 3)
```

这样就定义了 M 表达式为“(y + 3)”，在此后编写程序时，所有的“(y + 3)”都可由 M 代替，而对源程序编译时，将先由预处理程序进行宏替换，即用“(y + 3)”表达式去替换所有的宏名 M，然后再进

行编译。

```
#include <stdio.h>

#define M (y + 3)
int main()
{
        int s, y;
        printf("input a number: ");
        scanf("%d", &y);
        s = 5 * M;
        printf("s = %d\n", s);

        return 0;
}
```

在上例程序中首先进行宏定义，定义 M 为表达式“(y + 3)”，在“s=5*M”中进行了宏调用，在预处理时经宏展开后该语句变为

```
s = 5 *(y + 3)
```

这里要注意的是，在宏定义中表达式“(y + 3)”两边的括号不能少，否则该语句展开后就成为如下所示：

```
s = 5 * y + 3
```

这样显然是错误的，通常把这种现象叫作宏的副作用。

对于宏定义还要说明以下几点。

① 宏定义用宏名来表示一串符号，在宏展开时又以该符号串取代宏名，这只是一种简单的替换，符号串中可以包含任何字符，可以是常数，也可以是表达式，预处理程序对它不做任何检查。如有错误，只能在编译已被宏展开后的源程序时发现。

② 宏定义不是声明或语句，在行末不必加分号，如加上分号则连分号也一起替换。

③ 宏定义的作用域包括从宏定义命名起到源程序结束，如要终止其作用域可使用#undef 命令来取消宏作用域，例如：

```
#define PI 3.14159
func1()
{
    ……
}
#undef PI
func2()
/*表示PI只在func1函数中有效，在func2函数中无效*/
```

④ 宏名在源程序中若用引号括起来，则预处理程序不对其进行宏替换。

```
#define OK 100
main()
{
   printf("OK");
}
```

上例中定义宏名 OK 表示 100，但在 printf 语句中 OK 被引号括起来，因此不做宏替换。

⑤ 宏定义允许嵌套，在宏定义的符号串中可以使用已经定义的宏名，在宏展开时由预处理程序层层替换。

⑥ 习惯上宏名用大写字母表示，以便与变量区别，但也允许用小写字母表示。

⑦ 对输出格式做宏定义，可以减少编写麻烦，例如：

```
#include <stdio.h>

#define P printf
#define D "%d\n"
#define F "%f\n"
int main()
{
        int a = 5, c = 8, e = 11;
        float b = 3.8, d = 9.7, f = 21.08;

        P(D F, a, b);
        P(D F, c, d);
        P(D F, e, f);

        return 0;
}
```

（2）带参宏定义

C 语言允许宏带有参数，在宏定义中的参数称为形式参数，在宏调用中的参数称为实际参数。对带参数的宏，在调用中不仅要宏展开，而且要用实参去替换形参。

带参宏定义的一般形式为

```
#define宏名(形参表) 字符串
```

在字符串中含有多个形参。带参宏调用的一般形式为

```
宏名(实参表);
```

例如：

```
#define M(y) y + 3 /*宏定义*/
```

若想调用以上宏，可以采用如下方法：

```
K = M(5); /*宏调用*/
```

在宏调用时，用实参 5 代替宏定义中的形参 y，经预处理宏展开后的语句为

```
K = 5 + 3
```

以下这段程序就是常见的比较两个数大小的宏表示，如下所示。

```
#include <stdio.h>

#define MAX(a,b) (a > b)?a:b /*宏定义*/
int main()
{
    int x = 10, y = 20, max;
    max = MAX(x, y); /* 宏调用 */
    printf("max = %d\n", max);

    return 0;
}
```

上例程序的第二行进行带参宏定义，用宏名 MAX 表示条件表达式“(a > b)?a:b”，形参 a、b 均出现在条件表达式中。在程序中“max = MAX(x, y);”为宏调用，实参 x、y 将替换形参 a、b。宏展开后该语句为“max = (x > y)?x:y;”，用于计算 x、y 中的大数。

由于宏定义非常容易出错，因此，对于带参的宏定义有以下问题需要特别说明。

① 带参宏定义中，宏名和形参表之间不能有空格出现。例如：

```
#define MAX(a, b) (a > b)?a:b
```

写为

```
#define MAX (a, b) (a > b)?a:b
```

这将被认为是无参宏定义，宏名 MAX 代表字符串“(a, b) (a > b)?a:b”。宏展开时，宏调用语句“max = MAX(x, y);”将变为“max = (a, b) (a > b)?a:b(x, y);”，这显然是错误的。

② 在带参宏定义中，形式参数不分配内存单元，因此不必做类型定义。这与函数中的情况是不同的。在函数中，形参和实参是两个不同的量，各有各的作用域，调用时要把实参值赋予形参，进行值传递。而在带参宏定义中，只是符号替换，不存在值传递的问题。

③ 在宏定义中的形参是标识符，而宏调用中的实参可以是表达式，例如：

```
#define SQ(y) (y)*(y)                    /*宏定义*/
sq = SQ(a+1);                            /*宏调用*/
```

上例中第一行为宏定义，形参为 y；而在宏调用中实参为“a+1”，是一个表达式，在宏展开时，用“a + 1”替换 y，再用“(y) * (y)”替换 SQ，得到如下语句：

```
sq=(a+1)*(a+1);
```

这与函数的调用是不同的，函数调用时要把实参表达式的值求出来再赋予形参，而宏替换中对实参表达式不做计算直接地照原样替换。

④ 在宏定义中，字符串内的形参通常要用括号括起来以避免出错。

在上例中的宏定义中，“(y) * (y)”表达式中的 y 都用括号括起来，因此结果是正确的，如果去掉括号，把程序改为以下形式：

```
#define SQ(y) y * y                      /*宏定义无括号*/
sq = SQ(a + 1);                          /*宏调用*/
```

由于替换只做简单的符号替换而不做其他处理，因此在宏替换之后将得到以下语句。

```
sq = a + 1 * a + 1;
```

这显然与题意相违背，因此参数两边的括号是不能少的。

其实，宏定义即使在参数两边加括号也还是不够的，例如：

```
#define SQ(y) (y) * (y)                  /*宏定义有括号*/
sq = 160 / SQ(a + 1);                    /*宏调用依然出错*/
```

读者可以分析一下宏调用语句，在宏替换之后变为

```
sq = 160 / (a + 1) * (a + 1);
```

由于“/”和“*”运算符优先级和结合性相同，所以先做 160 / (a + 1)，再将结果与(a + 1)相乘，所以程序运行的结果依然是错误的。那么，究竟怎样进行宏定义才能正确呢?

下面是正确的宏定义。

```
#define SQ(y) ((y) * (y))                /*正确的宏定义*/
sq = 160 / SQ(a + 1);                    /*宏调用结果正确*/
```

以上讨论说明，对于宏定义不仅应在参数两侧加括号，还应在整个符号串外加括号。

带参宏定义和带参函数很相似，但有本质上的不同，除上面已谈到的各点外，把同一表达式用函数处理与用宏处理两者的结果有可能是不同的。

例如有以下两段程序，第一个程序是采用调用函数的方式来实现的。

```
#include <stdio.h>

/*程序1，函数调用*/
int SQ(int y)                            /*函数定义*/
{
    return (y * y);
```

```
}

int main()
{
    int i = 1;
    while (i <= 5)
    {
        printf("%d ", SQ(i++));                    /*函数调用*/
    }

    return 0;
}
```

下面的第二个程序是采用宏定义的方式来实现的。

```
/*程序2，宏定义*/
#include <stdio.h>

#define SQ(y) ((y)*(y))                           /*宏定义*/

int main()
{
    int i = 1;
    while (i <= 5)
    {
        printf("%d ", SQ(i++));                    /*宏调用*/
    }

    return 0;
}
```

可以看到，不管是形参、实参还是具体的表达式都是一样的，但运行的结果却截然不同，函数调用的运行结果为

```
linux@ubuntu:~/book/ch2$ cc test.c -Wall
linux@ubuntu:~/book/ch2$./a.out
1 4 9 16 25
```

而宏调用的运行结果却是：

```
linux@ubuntu:~/book/ch2$ cc test.c -Wall
linux@ubuntu:~/book/ch2$./a.out
1 9 25
```

这是为什么呢？请读者先自己思考再看下面的分析。

在第一个程序中，函数调用是把实参 i 值传给形参 y 后自增 1，然后输出函数值，因而要循环 5 次，输出 1～5 的平方值。

在第二个程序中宏调用时，实参和形参只作替换，因此 SQ(i++)被替换为((i++) × (i++))。在第一次循环时，由于在其计算过程中 i 值一直为 1，相乘的结果为 1，然后 i 值两次自增 1，变为 3。

在第二次循环时，i 已有初值为 3，同理相乘的结果为 9，然后 i 再两次自增 1 变为 5。进入第三次循环，由于 i 值已为 5，所以这将是最后一次循环。相乘的结果为 25。i 值再两次自增 1 变为 7，不再满足循环条件，停止循环。

从以上分析可以看出函数调用和宏调用二者在形式上相似，在本质上却是完全不同的，表 2-9 总结了宏与函数的不同之处。

表 2-9　宏与函数的不同之处

属性	宏	函数
处理阶段	预处理阶段，只是符号串的简单的替换	编译阶段
代码长度	每次使用宏时，宏代码都被插入到程序中。因此，除了非常小的宏之外，程序的长度都将被大幅增长	（除了 inline 函数之外）函数代码只出现在一个地方，每次使用这个函数，都只调用那个地方的同一份代码
执行速度	更快	存在函数调用/返回的额外开销（inline 函数除外）
操作符优先级	宏参数的求值是在所有周围表达式的上下文环境中，除非它们加上括号，否则邻近操作符的优先级可能会产生不可预料的结果	函数参数只在函数调用时求值一次，它的结果值传递给函数，因此，表达式的求值结果更容易预测
参数求值	参数每次用于宏定义时，它们都将重新求值。由于多次求值，具有副作用的参数可能会产生不可预料的结果	参数在函数被调用前只求值一次，在函数中多次使用参数并不会导致多种求值问题，参数的副作用不会造成任何特殊的问题
参数类型	宏与类型无关，只要对参数的操作是合法的，它可以使用任何参数类型	函数的参数与类型有关，如果参数的类型不同，就需要使用不同的函数，即使它们执行的任务是相同的

2.4.2　文件包含

文件包含是 C 语言预处理程序的另一个重要功能，文件包含命令行的一般形式为

```
#include "文件名"
```

在前面我们已多次用此命令包含过库函数的头文件，例如：

```
#include <stdio.h>
#include <math.h>
```

文件包含语句的功能是把指定的文件插入该语句行位置，从而把指定的文件和当前的源程序文件连成一个源文件。在程序设计中，文件包含是很有用的。一个大的程序可以分为多个模块，由多个程序员分别编写。有些公用的符号常量、宏、结构、函数等的声明或定义可单独组成一个文件，在其他文件的开头用包含命令包含该文件即可使用。这样，可避免在每个文件开头都去写那些公用量，从而节省时间，并减少错误。

这里，对文件包含命令还要说明以下几点。

① 包含命令中的文件名可以用双引号括起来，也可以用尖括号括起来，例如以下写法是允许的。

```
#include "stdio.h"
#include <math.h>
```

但是这两种形式是有区别的：使用尖括号表示在系统头文件目录中去查找（头文件目录可以由用户来指定）；使用双引号则表示首先在当前的源文件目录中查找，若未找到才到系统头文件目录中去查找。用户编程时可根据自己文件所在的位置来选择其中一种形式。

② 一个 include 命令只能指定一个被包含文件，若有多个文件要包含，则需用多个 include 命令。

③ 文件包含允许嵌套，即在一个被包含的文件中又可以包含别的文件。

2.4.3　条件编译

预处理程序提供了条件编译的功能，可以按不同的条件去编译不同的程序代码，从而产生不同的目

标代码文件，这对于程序的移植和调试是很有用的。条件编译有 3 种形式，下面分别介绍。

1. 第一种形式

```
#ifdef标识符
程序段1
#else
程序段2
#endif
```

它的功能是，如果标识符已被#define 语句定义过，则编译程序段 1，否则编译程序段 2。如果没有程序段 2（为空），本格式中的#else 可以没有。例如有以下程序。

```
#include <stdio.h>
#define NUM OK /*宏定义*/

int main()
{
    struct stu
    {
        int num;
        char *name;
        float score;
    } *ps;

    ps = (struct stu*)malloc(sizeof(struct stu));
    ps->num = 102;
    ps->name="David";
    ps->score=92.5;
#ifdef NUM /*条件编译，若定义了NUM，则打印以下内容*/
    printf("Number = %d\nScore = %f\n", ps->num, ps->score);
#else /*若没有定义NUM，则打印以下内容*/
    printf("Name=%s\n",ps->name);
#endif
    free(ps);

    return 0;
}
```

该程序的运行结果如下：

```
linux@ubuntu:~/book/ch2$ cc test.c -Wall
linux@ubuntu:~/book/ch2$./a.out
Number = 102
Score = 92.500000
```

在程序中根据 NUM 是否被定义来决定编译哪一个 printf 语句。因为在程序的第二行中定义了宏 NUM，因此应编译第一个 printf 语句，运行结果则为输出学号和成绩。

在此程序中，宏 NUM 是符号串“OK”的别名，其实也可以为任何符号串，甚至不给出任何符号串，如下所示。

```
#define NUM
```

这样也具有同样的意义。读者可以试着将本程序中的宏定义去掉，看一下程序的运行结果，这种形式的条件编译通常用在调试程序中。在调试时，可以将要打印的信息用“#ifdef __DEBUG__”语句包含起来，在调试完成之后，可以直接去掉宏定义“#define __DEBUG__”，这样就可以做成产品的发布版本了。条件编译语句和宏定义语句一样，在#ifdef 语句后不能加分号（；）。

2. 第二种形式

```
#ifndef标识符
程序段1
#else
程序段2
#endif
```

与第一种形式的区别是将 ifdef 改为 ifndef。它的功能是，如果标识符未被#define 语句定义过，则编译程序段 1，否则编译程序段 2，这与第一种形式的功能正好相反。

3. 第三种形式

```
#if常量表达式
程序段1
#else
程序段2
#endif
```

它的功能是，如果常量表达式的值为真（非 0），则编译程序段 1，否则编译程序段 2。因此可以使程序在不同条件下，完成不同的功能。

```
#include <stdio.h>

#define IS_CURCLE 1
int main()
{
    float c = 2, r, s;
#if IS_CURCLE
    r = 3.14159 * c * c;
    printf("area of round is: %f\n",r);
#else
    s = c * c;
    printf("area of square is: %f\n",s);
#endif

    return 0;
}
```

本例中采用了第三种形式的条件编译。在程序宏定义中，将 IS_CURCLE 定义为 1，因此在条件编译时，只编译计算和输出圆面积的代码部分。

上面介绍的程序的功能可以使用条件语句来实现。但是使用条件语句将会对整个源程序进行编译，生成的目标代码程序很长，也比较麻烦。采用条件编译，则可以根据编译条件选择性地进行编译，生成的目标程序较短，尤其在调试和发布不同版本时非常有用。

2.5 需要注意的问题

嵌入式开发很重要的一个问题就是可移植性的问题。Linux 是一个可移植性非常好的系统，这也是嵌入式 Linux 能够迅速发展起来的一个主要原因。所以，嵌入式 Linux 在可移植性方面所做的工作是非常值得学习的。本节结合嵌入式 Linux 实例来讲解嵌入式开发在可移植性方面需要考虑的问题。

2.5.1 字长和数据类型

能够由计算机一次完成处理的数据称为字，不同体系结构的字长通常会有所区别，例如，现在通用的处理器字长为 32 位。

为了解决不同的体系结构有不同字长的问题，嵌入式 Linux 中给出两种数据类型，其一是不透明数据类型，其二是长度明确的数据类型。

不透明数据类型隐藏了它们的内部格式或结构。在 C 语言中，它们就像黑盒一样，开发者们利用 typedef 声明一个类型，把它叫作不透明数据类型，并希望其他开发者不要重新将其转化为对应的那个标准 C 语言类型。

例如用来保存进程标识符的 pid_t 类型的实际长度就被隐藏起来了，尽管任何人都可以揭开它的面纱，因为其实它就是一个 int 型数据。

长度明确的数据类型也很常见。作为一个程序员，通常在程序中需要操作硬件设备，这时就必须明确知道数据的长度。

嵌入式 Linux 内核在“asm/types.h”中定义了这些长度明确的类型，表 2-10 是这些类型的完整说明。

表 2-10　类型说明

类型	描述	类型	描述
s8	带符号字节	s32	带符号 32 位整数
u8	无符号字节	u32	无符号 32 位整数
s16	带符号 16 位整数	s64	带符号 64 位整数
u16	无符号 16 位整数	u64	无符号 64 位整数

这些长度明确的数据类型大部分是通过 typedef 对标准的 C 语言类型进行映射得到的。在嵌入式 Linux 中的“/asm-arm/types.h”就有如下定义。

```
typedef __signed__ char __s8;
typedef unsigned char __u8;
typedef __signed__ short __s16;
typedef unsigned short __u16;
typedef __signed__ int __s32;
typedef unsigned int __u32;
typedef __signed__ long long __s64;
typedef unsigned long long __u64;
```

2.5.2　数据对齐

对齐是内存数据与内存中的相对位置相关的问题。如果一个变量的内存地址正好是它长度的整数倍，它就被称作是自然对齐的。例如，对于一个 32 位（4 个字节）类型的数据，如果它在内存中的地址刚好可以被 4 整除（最低两位是 0），那它就是自然对齐的。

一些体系结构对对齐的要求非常严格。通常基于 RISC 的系统载入未对齐的数据会导致处理器陷入一种可处理的错误，还有一些系统可以访问没有对齐的数据，但性能会下降。编写可移植性高的代码要避免对齐问题，保证所有的类型都能够自然对齐。

2.5.3　字节序

字节顺序是指一个字中各个字节的顺序，有大端模式（big-endian）和小端模式（little-endian）。大端模式是指在这种格式中，字数据的高字节存储在低地址中，而字数据的低字节则存放在高地址中。小端模式与大端存储格式相反，在小端存储格式中，低地址中存放的是字数据的低字节，高地址存放的是字数据的高字节。

ARM 体系结构支持大端模式和小端模式两种内存模式。

请看下面的一段代码，通过这段代码我们可以查看一个字（通常为 4 个字节）数据的每个字节在内存中的分布情况，即可以分辨出当前系统采用哪种字节顺序模式。

```
typedef unsigned char byte;
typedef unsigned int  word;
word val32 = 0x87654321;
byte val8 = *((byte*)&val32);
```

这段代码在小端模式和大端模式下其运行结果分别为 val8 = 0x21 和 val8 = 0x87。其实，变量 val8 所在的地方是 val32 的低地址，因此若 val8 值为 val32 的低字节（0x21），则本系统是小端模式；若 val8 值为 val32 的高字节（0x87），则本系统是大端模式，如图 2-8 所示。

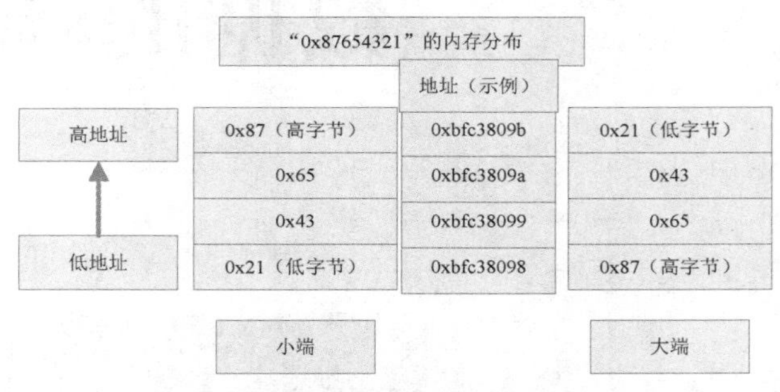

图 2-8　小端模式和大端模式

这种功能也可以用 union 联合体来实现，建议读者动手编程尝试一下。

小　结

本章是嵌入式 Linux C 语言中最为基础的一章。

首先，本章中讲解了 C 语言的基本数据类型，在这里读者要着重掌握的是各种数据类型的区别和联系以及它们的内存占用情况。

其次，本章讲解了基本的常量和变量，typedef 用法，预处理。这里需要着重掌握的是变量的作用域和存储方式，要理解 static 限制符的作用。

最后，本章讲解了在嵌入式开发中，考虑到程序的可移植性，关于数据的一些特别需要注意的问题，包括字长和数据类型、数据对齐、字节序。

本章每一部分都以 ARM Linux 内核实例进行讲解，读者可以看到在 Linux 内核中是如何组织和使用这些基本元素的。

思考与练习

1. 下面这个表达式的类型和值是什么？

（float）（25/15）

2. 思考：假如有一个程序，它把一个 long 整型变量复制给一个 short 整型变量。当编译这种程序时会发生什么情况？当运行程序时会发生什么情况？你认为其他编译器的结果也是这样吗？

3. 判断下面的语句是否正确。

假定一个函数 a 声明的一个自动变量 x，你可以在其他函数内访问变量 x，只要你使用了下面的声明。

```
extern int x;
```

PART03

第3章

数据的输入输出

本章要点：

- 字符输出函数putchar。
- 格式化输出函数printf。
- 字符输入函数getchar。
- 格式化输入函数scanf。
- 字符串输入输出函数。

■ 在上一章中，读者了解了嵌入式Linux C语言的数据相关的知识，包括数据类型、变量和常量等。本章继续介绍C语言中与数据有关的知识，数据的输入输出。

3.1 数据的输出

在这里我们讨论的数据的输出，指的是如何把数据显示到标准输出，即显示器上。至于如何把数据输出到文件中或者写到数据库中，不在本书的讨论范围内，读者可以参考“嵌入式 Linux 应用”方面的书。

首先，我们介绍一下字符型数据的输出，在 C 库中有专门的字符输出函数 putchar。

3.1.1 字符输出函数 putchar

putchar

头文件：stdio.h

函数原型：int putchar(int c)

函数参数：c 为字符常量或表达式

函数返回值：输出的字符

函数功能：在标准输出上显示一个字符

示例代码如下：

```
#include <stdio.h>

int main()
{
    int a = 65;
    char b = 'B';

    putchar(a);
    putchar('\n');
    putchar(b);

    return 0;
}
```

程序执行结果如下：

```
linux@ubuntu:~/book/ch3$ gcc test.c–o test -Wall
linux@ubuntu:~/book/ch3$./test
A
B
```

这里需要说明的是，在 C 标准中 putchar 函数的参数和返回值都是整型，也就是说是以字符对应的 ASCII 码的形式传参或者返回的。所以在上例中在参数传入 65 的时候打印出了 ASCII 码为 65 的对应字符‘A’。

3.1.2 格式化输出函数 printf

printf

putchar 函数只能在终端输出一个字符型的数据，如果期望在终端按照指定的格式输出若干个数据，且为任意类型，可以用 printf 函数。

头文件：stdio.h

函数原型：int printf (const char *format, ...)

函数参数：format 指定输出格式，后面跟要输出的变量，为不定参，用“...”代表

函数返回值：成功返回输出的字节数，失败返回-1（EOF）

函数功能：格式化字符串输出

表 3-1 显示了目前 printf 支持的格式符。

表 3-1　printf 支持的格式

格式符	作用	格式符	作用
i，d	十进制整数	s	字符串
x，X	十六进制无符号整数	e，E	指数形式浮点小数
o	八进制无符号整数	f	小数形式浮点小数
u	无符号十进制整数	g	e 和 f 中较短一种
c	单一字符	%%	百分号本身

一个格式说明可以带有零个或者多个修饰符，用来指定显示宽度、小数尾数及左对齐等。请参照表 3-2。

表 3-2　printf 支持的格式说明符的修饰符

修饰符	功能
m	输出数据域宽，数据长度<m，左补空格；否则按实际输出
.n	对实数，指定小数点后位数（四舍五入）
	对字符串，指定实际输出位数
-	输出数据在域内左对齐（缺省右对齐)
+	指定在有符号数的正数前显示正号(+)
0	输出数值时指定左面不使用的空位置自动填 0
#	在八进制和十六进制数前显示前导 0，0x
l	在 d，o，x，u 前，指定输出精度为 long 型
	在 e，f，g 前，指定输出精度为 double 型

另外在参数 format 中可以加入特殊的转义字符，转义字符用‘\’开头表达一定的含义。请参照表 3-3。

表 3-3　常用转义字符

转义符	功能
\b	退格(BS)，将当前位置移到前一列
\n	换行(LF)，将当前位置移到下一行开头
\t	水平制表(HT)（跳到下一个 TAB 位置）
\r	回车(CR)，将当前位置移到本行开头
\”	代表一个双引号字符
\\	代表一个反斜线字符'\'

示例代码如下：

```
#include <stdio.h>

int main()
{
```

```
    int a = 1234;
    float f = 123.478;
    char ch = 'a';
    char s[] = "Hello world!";

    printf("%8d,%2d\n", a, a);
    printf("%f,%8f,%8.1f,%.2f\n", f, f, f, f);
    printf("%3c\n", ch);
    printf("%s\n%15s\n%10.5s\n%2.5s\n%.3s\n", s, s, s, s, s);

    return 0;
}
```

程序执行结果如下：

```
linux@ubuntu:~/book/ch3$ gcc test.c–o test -Wall
linux@ubuntu:~/book/ch3$./test
    1234,1234
123.478000,123.478000,    123.5,123.48
  a
Hello world!
    Hello world!
       Hello
Hello
Hel
```

在这个程序中，对于整数的输出，使用的是格式符%8d和%2d。在这个例子中整数a的值为1234，有4位，用%8d输出，不够8位，左补4个空格；用%2d输出，变量a本身就超过了2位，2不起作用。

对于程序中的浮点数f，f的值为123.478，有7位，用%f输出，小数点后有6位；用%8f输出，对小数点后的位数没有限制，还是规定的6位，加上整数部分和小数点，数值就有10位（123.478000）超过了8，相当于8不起作用；用%8.1f输出，要求小数点后有1位（四舍五入），总共8位，因此123.5左边补充了3个空格；用%.2f输出，限制了小数点后有2位小数，但是，对数据的总位数没有限制，因此输出了123.48。

下面举个例子，演示一下格式符“-”的用法：

```
#include <stdio.h>

int main()
{
    int a = 1234;
    float f = 123.456;
    char s[] = "Hello world!";

    printf("%8d,%-8d\n", a, a);
    printf("%10.2f,%-10.1f\n", f, f);
    printf("%10.5s,%-10.3s\n", s, s);

    return 0;
}
```

程序执行结果如下：

```
linux@ubuntu:~/book/ch3$cc test.c–o test -Wall
linux@ubuntu:~/book/ch3$./test
    1234,1234
    123.46,123.5
     Hello,Hel
```

在程序中，整数 a 为 1234，有 4 位，用%8d 输出，左补 4 个空格，若加了“-”修饰，用%-8d 输出，左对齐，右补 4 个空格。关于浮点数输出，加“-”修饰，也是改变的对齐方式。对于字符串 s（“Hello world!”），用%10.5s 输出，实际输出 5 个字符 Hello，共输出 10 个，因此左补 5 个空格，用%-10.3s 输出，实际输出 3 个字符 Hel，右补 7 个空格。

下面举个例子，演示一下格式符“0”“+”“#”的用法：

```
#include <stdio.h>

int main()
{
    int a = 1234;
    float f = 123.456;

    printf("%08d\n", a);
    printf("%010.2f\n", f);
    printf("%0+8d\n", a);
    printf("%0+10.2f\n", f);

    a = 123;
    printf ("%o,%#o,%X,%#X\n", a, a, a, a);

    return 0;
}
```

程序执行结果如下：

```
linux@ubuntu:~/book/ch3$ gcc test.c–o test -Wall
linux@ubuntu:~/book/ch3$./test
00001234
0000123.46
+0001234
+000123.46
173,0173,7B,0X7B
```

在此程序中，格式符“%08d”和“%010.2f”，“0”起的作用是，左面不使用的空位置自动填 0。格式符“%0+8d”和“%0+10.2f”，“+”起的作用是，正数前面显示“+”号。

3.2 数据的输入

前文已经介绍了数据输出，现在继续介绍数据输入。这里所说的数据输入，是指如何得到从键盘上输入的数据。关于如何读取文件中的数据或者读取数据库中的数据，不在本书的讨论范围，读者可以参考“嵌入式 Linux 应用”方面的书。

3.2.1 字符输入函数 getchar

getchar

首先，我们介绍一下字符型数据的输入，在 C 库中有专门的字符输入函数。

头文件：stdio.h

函数原型：int getchar(void)

函数参数：无

函数返回值：成功，返回读到的字符，失败或读到结束符返回 EOF(-1)

函数功能：在键盘上读一个字符

提到字符型数据，就必须要熟悉 ASCII 表。在计算机中，所有的数据在存储和运算时都要使用二进制数表示（因为计算机只能识别 0 和 1）。像 a、b、A、B 这样的英文字母，以及 0、1、2 等数字，还有一些常用的符号（例如*、#、@等）在计算机中存储时都要使用二进制数来表示。关于具体用哪个数字表示哪个符号，就是编码问题，大家的程序若想互相通信，必须遵照相同的规则。于是，美国国家标准协会（American National Standard Institute，ANSI）制定了美国标准信息交换代码，即 ASCII 编码（ASCII 表）。ASCII 表中共 128 个字符，ASCII 码值从 0 到 127。

getchar 函数返回值的含义是存储从键盘上读取的字符，返回值的类型确是 int，很多人不理解，认为返回值应该是 char 类型。实际上这里返回的是相应字符的 ASCII 码，在计算机中字符是以 ASCII 码的形式处理的，每个字符都对应一个 ASCII 码值。

示例代码如下：

```
#include <stdio.h>

int main()
{
    int ch;
    printf("Enter a character:");

    while ((ch = getchar()) != EOF)
        printf ("%c--->%#x\n", ch, ch);

    printf ("end main\n");

    return 0;
}
```

程序执行结果如下：

```
linux@ubuntu:~/book/ch3$cc test.c-o test -Wall
linux@ubuntu:~/book/ch3$./test
Enter a character:a
a--->0x61

--->0xa
b
b--->0x62

--->0xa
end main
```

可以看出，输入字符 a 时，第一次 getchar 函数读到了字符 a，第二次 getchar 函数，读到\n。按 ctrl+d 键，getchar 函数返回 EOF，输入结束，程序退出。

3.2.2 格式化输入函数 scanf

getchar 函数只能从键盘读到一个字符型的数据，如果期望读到若干个数据，且为任意类型，可以用 scanf 函数。

scanf

头文件：stdio.h

函数原型：int scanf (const char *format, ...)

函数参数：format 指定输入格式，后面跟要输入的变量的地址表，为不定参，

用“...”代表

函数返回值：成功返回输入的变量的个数，失败返回-1（EOF）

函数功能：按指定格式从键盘读入数据，存入地址表指定存储单元中，并按回车键结束

目前，scanf 支持的格式字符很多，详情参照表 3-4。

表 3-4　scanf 函数支持的格式说明符

i，d	十进制整数	c	单一字符
x，X	十六进制无符号整数	s	字符串
o	八进制无符号整数	e	指数形式浮点小数
u	无符号十进制整数	f	小数形式浮点小数

表 3-5 列出了 scanf 函数支持的格式说明符可以带的修饰符。

表 3-5　scanf 函数支持的格式说明符的修饰符

修饰符	功能
h	用于 d，o，x 前，指定输入为 short 型整数
l	用于 d，o，x 前，指定输入为 long 型整数
	用于 e，f 前，指定输入为 double 型实数
m	指定输入数据宽度，遇空格或不可转换字符结束
*	抑制符，指定输入项读入后不赋给变量

示例代码如下：

```
#include <stdio.h>

int main()
{
    int a, b, c;
    printf ("input a b c:");

    scanf("%d", &a);
    scanf("%x", &b);
    scanf("%o", &c);

    printf("a=%d, b=%d, c=%d\n", a, b, c);

    return 0;
}
```

程序执行结果如下：

```
linux@ubuntu:~/book/ch3$cc test.c–o test -Wall
linux@ubuntu:~/book/ch3$./test
input a b c:15 15 15
a=15, b=21, c=13
```

可以看出，当输入的格式说明是%x 时，输入的数字被看作十六进制数，十六进制的 15 就是十进制的 21。当输入的格式说明是%o 时，输入的数字被看作八进制数，八进制的 15 就是十进制的 13。

下面再看一个格式说明符修饰符的例子：

```
#include <stdio.h>
```

```
int main()
{
    int yy, mm, dd;
    int a;
    float c;

    printf ("input year month day:");
    scanf ("%4d%2d%2d", &yy, &mm, &dd);
    printf("%d-%d-%d\n", yy, mm, dd);

    printf ("input   int float:");
    scanf ("%3d%*4d%f", &a, &c);
    printf("a=%d, c=%f\n", a, c);

    return 0;
}
```

在此程序中，需要输入多个变量，就涉及了怎么去分隔输入值的问题。输入分隔符的指定：一般以空格、TAB或回车键作为分隔符。

程序执行结果如下：

```
linux@ubuntu:~/book/ch3$cc test.c–o test -Wall
linux@ubuntu:~/book/ch3$./test
input year month day:2012 12 26
2012-12-26
input int float:9 9.1234
a=9, c=0.123400
linux@ubuntu:~/book/ch3$cc test.c–o test -Wall
linux@ubuntu:~/book/ch3$./test
input year month day:2012 12 26
2012-12-26
input int float:1234567890
a=123, c=890.000000
```

在上面程序中，%*4d 比较特殊，*是抑制符，4d 指定输入项中 4 个数字读入后不赋给变量。

关于 scanf 函数有一些特别需要注意的地方。

① 用“%c”格式符时，空格和转义字符作为有效字符输入。

示例代码如下：

```
#include <stdio.h>

int main()
{
    char ch1, ch2, ch3;
    printf ("input three characters:");

    scanf ("%c%c%c", &ch1, &ch2, &ch3);
    printf ("ch1=%c, ch2=%c, ch3=%c\n", ch1, ch2, ch3);

    return 0;
}
```

程序执行结果如下：

```
linux@ubuntu:~/book/ch3$cc test.c–o test -Wall
linux@ubuntu:~/book/ch3$./test
```

```
input three characters:a b c
ch1=a, ch2= , ch3=b
linux@ubuntu:~/book/ch3$cc test.c–o test -Wall
linux@ubuntu:~/book/ch3$./test
input three characters:a\tb
ch1=a, ch2=\, ch3=t
```

② 输入数据时，遇到以下情况认为该数据结束：

- 空格、TAB 或回车
- 宽度结束
- 非法输入

关于非法输入，比如：程序需要输入一个浮点数，用户输入的是字母，这就属于非法输入。读者可以通过下面的示例，来深入理解：

```
#include <stdio.h>

int main()
{
    char ch1, ch2, ch3;
    printf("input three characters:");

    scanf("%c%c%c", &ch1, &ch2, &ch3);
    printf("ch1=%c, ch2=%c, ch3=%c\n", ch1, ch2, ch3);

    return 0;
}
```

程序执行结果如下：

```
linux@ubuntu:~/book/ch3$cc test.c–o test -Wall
linux@ubuntu:~/book/ch3$./test
input three characters:1234 w 123.y2
a=1234, b= , c=0.000000
linux@ubuntu:~/book/ch3$cc test.c–o test -Wall
linux@ubuntu:~/book/ch3$./test
input three characters:1234w34.x6
a=1234, b=w, c=34.000000
```

③ scanf 函数返回值是成功输入的变量的个数，当遇到非法输入时，返回值会小于实际变量个数。示例程序如下：

```
#include <stdio.h>

int main()
{
    int a, b, n;

    printf("input numbers:");
    while ((n = scanf("%d%d", &a, &b)) == 2)
    {
        printf("a=%d, b=%d\n", a, b);
        printf("input numbers:");
     }
     printf("n=%d\n", n);
```

```
    return 0;
}
```

程序执行结果如下：

```
linux@ubuntu:~/book/ch3$cc test.c–o test -Wall
linux@ubuntu:~/book/ch3$./test
input numbers:9 5
a=9, b=5
input numbers:3 6
a=3, b=6
input numbers:1 q
n=1
```

可以看出，需要输入 2 个整数，当正常输入时，scanf 函数返回 2。若有一个变量是非法输入（输入字母）时，返回值为 1。我们经常利用 scanf 的返回值来构造循环。

④ 使用输入函数可能会留下垃圾，请看下面的程序：

```
#include <stdio.h>

int main()
{
    int a;
    char ch;

    printf("input a number:");
    scanf("%d", &a);
    printf("a=%d\n", a);

    printf("input a character:");
    scanf("%c", &ch);
    printf("ch=%c %d\n", ch, ch);

    return 0;
}
```

程序执行结果如下：

```
linux@ubuntu:~/book/ch3$cc test.c–o test -Wall
linux@ubuntu:~/book/ch3$./test
input a number:9
a=9
input a character:ch=
 10
```

在这个程序中，当输入了一个数字后，换行符\n 还在缓冲区中，接下来程序需要输入一个字符型变量时，并没有停顿，让用户输入，而是直接把残留的\n 取走了。所以，这个程序中换行符就是垃圾字符。解决这个问题，有两个办法。

第一，调用 getchar 函数，清除垃圾字符。

```
#include <stdio.h>

int main()
{
    int a;
    char ch;
```

```
    printf("input a number:");
    scanf("%d", &a);
    printf("a=%d\n", a);

   getchar();

    printf("input a character:");
    scanf("%c", &ch);
    printf("ch=%c %d\n", ch, ch);

    return 0;
}
```

程序执行结果如下：

```
linux@ubuntu:~/book/ch3$cc test.c–o test -Wall
linux@ubuntu:~/book/ch3$./test
input a number:9
a=9
input a character:a
ch=a 97
```

第二，用格式串中空格或“%*c”来“吃掉”。

```
int main()
{
    int a;
    char ch;

    printf("input a number:");
    scanf("%d", &a);
    printf("a=%d\n", a);

   printf("input a character:");
    scanf("%*c%c", &ch);
    printf("ch=%c %d\n", ch, ch);

    return 0;
}
```

程序执行结果如下：

```
linux@ubuntu:~/book/ch3$cc test.c–o test -Wall
linux@ubuntu:~/book/ch3$./test
input a number:9
a=9
input a character:a
ch=a 97
```

3.3 数据输入输出综合示例

3-1：输入三角形的三条边长 *a*、*b*、*c*，计算三角形的面积 *area*。计算公式如下：

$$s=(a+b+c)/2$$

$$area=\sqrt{s\times(s-a)\times(s-b)\times(s-c)}$$

示例程序：

```
#include <math.h>
#include <stdio.h>

int main()
{
    float a, b, c, s, area;

    scanf("%f%f%f", &a, &b, &c);
    s = 1.0 / 2 * (a + b + c);
    area = sqrt(s * (s-a) * (s-b) * (s-c));

    printf("a=%7.2f,b=%7.2f,c=%7.2f\n", a, b, c);
    printf("area=%7.2f\n", area);

    return 0;
}
```

注意这个程序，用到了数学函数库中的函数 sqrt，编译程序时，要加链接选项-lm。

程序执行结果如下：

```
linux@ubuntu:~/book/ch3$ gcc area.c-o area-lm -Wall
linux@ubuntu:~/book/ch3$./area
3 4 6
a=   3.00,b=   4.00,c=   6.00
area=   5.33
```

3-2：从键盘输入 a、b、c 的值，求一元二次方程 $ax^2+bx+c=0$ 的根，计算公式如下：

$$x_1=\frac{-b+\sqrt{b^2-4ac}}{2a}$$

$$x_2=\frac{-b-\sqrt{b^2-4ac}}{2a}$$

示例程序：

```
#include <math.h>
#include <stdio.h>

int main()
{
    float a, b, c, disc, x1, x2, p, q;

    scanf("%f%f%f", &a, &b, &c);
    disc = b*b - 4*a*c;
    p = -b/(2*a);
    q = sqrt(disc)/(2*a);

    x1 = p + q;
    x2 = p - q;

    printf("\n\nx1=%5.2f\nx2=%5.2f\n", x1, x2);
```

```
    return 0;
}
```

程序执行结果如下：

```
linux@ubuntu:~/book/ch3$cc equation.c–o equation–lm -Wall
linux@ubuntu:~/book/ch3$./equation
1 3 2


x1=-1.00
x2=-2.00
```

3.4 字符串输入输出函数

关于字符串的输入输出，除了用 scanf 函数和 printf 函数外，C 库中还提供了专门的字符串处理函数。

（1）字符串输出函数 puts

puts

头文件：stdio.h

函数原型：int puts(const char *s)

功能：在标准输出上显示字符串 s

参数：s 为需要输出的字符串

返回值：成功返回一个非 0 的数字；失败返回-1 或 EOF

示例程序如下：

```
#include <stdio.h>

int main()
{
char s[]="welcome";
  puts(s);

    return 0;
}
```

程序执行结果如下：

```
linux@ubuntu:~/book/ch3$cc test.c–o test -Wall
linux@ubuntu:~/book/ch3$./test
welcome
```

可以看出，puts 函数在输出字符串时，会自动追加换行符'\n'。使用时，注意字符数组必须以'\0'结束。

（2）字符串输入函数 gets

头文件：stdio.h

函数原型：char *gets(char *s)

功能：从键盘输入一以回车结束的字符串放入字符数组中，并自动加'\0'

参数：s 为字符数组，存储输入的字符串

返回值：成功返回字符数组的起始地址，失败或输入结束返回 NULL

示例程序如下：

```
#include <stdio.h>

#define N 20
```

```
int main()
{
    int i = 0;
    char s[N] = {0};

    printf(">");
    while (gets(s) != NULL)
    {
        printf(">");
        // scanf("%s", s);
        printf("i = %d :%s\n", i, s);
        i++;
    }

    printf("end main\n");
    return 0;
}
```

程序执行结果如下：

```
linux@ubuntu:~/book/ch3$cc test.c -Wall
linux@ubuntu:~/book/ch3$./a.out
>how are you
>i = 0: how are you
aa bb cc
>i = 1 :aa bb cc
end main
```

编译这个程序时，出现了下面的警告：

```
warning: the 'gets' function is dangerous and should not be used.
```

gets 函数的参数中，不含长度控制。当输入字符时，最多只能输入 N-1（留一个位置存字符串的结束符\0）。假如输入字符超过了 N-1，则多余的符号也会被存到字符数组中，这样就会造成内存的访问越界，结果是不可预料的。所以，使用此函数时，会有警告。我们在使用该函数时，一定要注意数组的长度。

还可以看出，gets 函数并不以空格作为字符串输入结束的标志，而只以回车作为输入结束。这是与 scanf 函数不同的。

小 结

本章也是嵌入式 Linux C 语言中很基础，必须要熟练掌握的一章。

首先，介绍了只能输出字符型数据的函数 putchar，然后介绍了格式化输出函数 printf，重点介绍了该函数的格式符。

接下来继续介绍了数据输入，包含字符输入函数 getchar 和格式化输入函数 scanf，重点介绍了 scanf 函数的格式符及清除垃圾符号等问题。

最后介绍了字符串输入输出函数。

思考与练习

1. 输入下面的程序，运行出结果。

```
int main(int argc,char **argv)
{
    char  c1, c2;
    c1=97;
    c2=98;
    printf("%c %c\n", c1, c2);

    return 0;
}
```

2. 分析以下程序，写出运行结果，再输入计算机运行，将得到的结果与你分析得到的结果比较对照。

```
int main(int argc,char **argv)
{
    char c1 = '1', c2 = '2', c3 ='3', c4='\101', c5='\116';

    printf("a%c b%c\tabc\n",c1,c2,c3);
    printf("\t\b%c %c",c4,c5);

    return 0;
}
```

3. 分析以下程序，写出运行结果，再输入计算机运行，将得到的结果与你分析得到的结果比较对照。

```
int main(int argc,char **argv)
{
    int i , j , m , n ;

    i=8;
    j=10;
    m=++i;
    n=j++;

    printf("%d,%d,%d,%d\n",i,j,m,n);
    return 0;
}
```

PART04

第4章

运算符和表达式

本章要点：

- 算术运算符和表达式。
- 关系运算符和表达式。
- 逻辑运算符和表达式。
- 位运算符和表达式。
- 赋值运算符和表达式。
- 逗号运算符和表达式。
- 条件运算符和表达式。
- 运算符的优先级。

■ 在上一章中，读者了解了 C 语言中关于输入输出的基本内容。本章主要介绍 C 语言的运算符和表达式。

4.1 概述

运算符和表达式概述

和其他程序设计语言一样，C 语言中表示运算的符号称为运算符。运算符是告诉编译程序执行特定算术或逻辑操作的符号，运算的对象称为操作数。

对一个操作数进行运算的运算符称为单目运算符，对两个操作数进行运算的运算符称为双目运算符，三目运算符对三个操作数进行运算。用运算符和括号可以将操作数连接起来组成表达式。

C 语言提供了 40 多个运算符，其中一部分跟其他高级语言相同（例如“+”“−”“*”等运算符），另外的与汇编语言类似，对计算机的底层硬件（如指定的物理地址）能进行访问。

C 语言的运算符功能强大，除了控制语句和输入输出以外的几乎所有的基本操作都可以用运算符来处理，例如，将“=”作为赋值运算符，方括号“[]”作为下标运算符等。C 语言的运算符类型如表 4-1 所示。

表 4-1　C 语言运算符类型

运算符类型	说明	运算符类型	说明
算术运算符	+ − * / %	指针运算符	* &
关系运算符	> < == >= <= !=	求字节数运算符	sizeof
逻辑运算符	! && ||	强制类型转换运算符	(类型)
位运算符	<< >> ^ | & ~	分量运算符	. →
赋值运算符	= 及其扩展赋值运算符	下标运算符	[]
条件运算符	? :	其他	如函数调用运算符 ( )
逗号运算符	,		

下面主要介绍基本运算符的使用。

4.2 运算符和表达式

4.2.1 算术运算符和表达式

1. 算术运算符

算术运算符包括双目的加减乘除四则运算符和求模运算符，以及单目的正负运算符，如表 4-2 所示。

表 4-2　算术运算符

运算符	描述	结合性
+	单目正	从右至左
−	单目负	从右至左
*	乘	从左至右
/	除和整除	从左至右
%	取模（取余）	从左至右

续表

运算符	描述	结合性
+	双目加	从左至右
–	双目减	从左至右

算术运算符的使用示例如下：

```
int a=15, b=8,c;
double x=15, y=8, z;
c = a + b ;                              // c赋值为23
c = a - b;                               // c赋值为7
c = a * b;                               // c赋值为120
c = a / b;                               // c赋值为1
c = a % b;                               // c赋值为7
z = x + y ;                              //z赋值为23
z = x - y;                               // z赋值为7
z = x * y ;                              // z赋值为120
z = x / y ;                              // z赋值为1.875000
z = x % y ;                              // 出错
```

这里有几点需要说明。

算术运算符

① “+”“–”“*”“/” 4 种运算符的操作数，可以是任意基本数据类型，其中“+”“–”“*”与一般算术运算规则相同。

② 除法运算符“/”包括了除和整除两种运算，当除数和被除数都是整型数时，结果只保留整数部分而自动舍弃小数部分，注意 0 不能作为除数。除数和被除数只要有一个浮点数，进行浮点数相除。例如：

```
15 / 2是15除以2,商的整数部分为7。
```

③ 运算符“–”除了用作减法运算符之外，还有另一种用法，即用作负号运算符。用作负号运算符时只要一个操作数，其运算结果是取操作数的负值。例如：

```
-(3+5)的结果是-8。
```

④ 取模运算就是求余数，取模运算要求两个操作数只能是整数，不能是浮点数，如 5.8%2 或 5%2.0 都是不正确的。例如：

```
15%2是15除以2的余数部分为1。
```

字符型数会自动地转换成整型数，因此字符型数也可以参加双目运算。例如：

```
int main ()
{
    char m, n;              /*定义字符型变量*/
    m='c';                  /*给m赋小写字母'c'*/
    n=m+'A'-'a';            /*将c小写字母变成大写字母'C'后赋给n*/
    ...
  return 0;
}
```

上例中 m='c'即 m=99，由于字母 A 和 a 的 ASCII 码值分别为 65 和 97。这样可以将小写字母变成大写字母。类似的道理，如果要将大写字母变成小写字母，则用 m+ 'a' –'A'进行计算。

除了上述常见的几种运算符之外，C 语言还提供了两个比较特殊的算术运算符：自增运算符“++”和自减运算符“––”（关于这两个运算符在稍后的赋值运算符和表达式中会详细讲解）。

2. 算术表达式

用算术运算符和括号可以将操作数连接起来组成算术表达式。例如：

```
a+2*b-5、18/3*(2.5+8)-'a'
```

在一个算术表达式中，允许不同的算术运算符以及不同类型的数据同时出现，在这样的混合运算中，要注意下面两个问题。

（1）运算符的优先级

C 语言对每一种运算符都规定了优先级，混合运算中应按次序从高优先级的运算执行到低优先级的运算。算术运算符的优先级从高到低排列如下（自左向右）。

```
（）  ++   -（负号运算符）-- * / % +- （加减法运算符）
```

（2）类型转换

不同类型的数值数据在进行混合运算时，要先转换成同一类型之后再运算，C 语言提供了两种方式的类型转换。

① 自动类型转换。自动转换是在源类型和目标类型兼容以及目标类型广于源类型时发生一个类型到另一类型的转换。这种转换是系统自动进行的，其转换规则如图 4-1 所示。

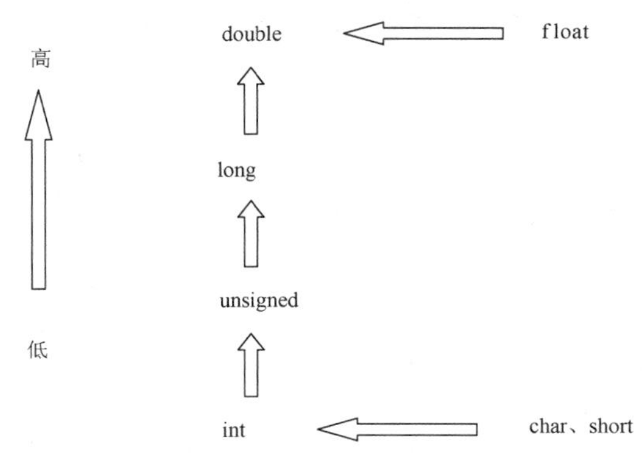

图 4-1 自动类型转换规则

其中，float 型向 double 型的转换和 char 型向 int 型的转换是必定要进行的，即不管运算对象是否为不同的类型，这种转换都要进行。图 4-1 中纵向箭头表示当运算对象为不同类型时的转换方向。如 int 型与 double 型数据进行运算时，是先将 int 型转换为 double 型，再对 double 型数据进行运算，最后的运算结果也为 double 型，例如：

```
100-'a'+40.5
```

这个表达式的运算过程是这样的。

第一步，计算“100-‘a’”，先将字符数据‘a’转换为 int 型数据 97（a 的 ASCII 码），运算结果为 3；

第二步，计算“3+40.5”，先将 float 型的 40.5 转换为 double 型，再将 int 型的 3 转换为 double 型，最后的运算结果为 double 型。

② 强制类型转换。利用强制类型转换运算符可以将一个表达式的运算结果转换成所需要的类型。强制类型转换的一般形式是：

```
（类型名）表达式
```

例如，(double) a 将 a 转换成 double 型，(int)(x+y) 将 x+y 的值转换成 int 型（注意，不能写成 (int) x+y ）。

当较低类型的数据转换为较高类型时，一般只是形式上有所改变， 而不影响数据的实质内容， 而较高类型的数据转换为较低类型时则可能有些数据丢失。强制类型转换一般用于自动类型转换不能达到目的的时候。例如，sum 和 n 是两个 int 型变量，则 sum/n 的结果是一个舍去了小数部分的整型数，这个整数很可能存在较大的误差，如果想得到较为精确的结果，则可将 sum/n 改写为 sum/(float)n 或(float)sum/n。

在使用强制转换时应注意以下问题。

a. 类型说明符和表达式都必须加括号（单个变量可以不加括号），如把(int)(x+y)写成(int)x+y 则成了把 x 转换成 int 型之后再与 y 相加了。

b. 无论是强制转换还是自动转换，都只是为了本次运算的需要而对变量的数据长度进行的临时性转换，而不改变数据说明时对该变量定义的类型。

示例程序如下：

```
#include <stdio.h>

int main()
{
    float a=2.34;
    printf ("(int) a=%d, a=%f\n",(int)a,a);

    return 0;
}
```

程序执行结果如下：

```
linux@ubuntu:~/book/ch4$ cc test.c–o test -Wall
linux@ubuntu:~/book/ch4$./test
(int) a=2, a=2.340000
```

将 float a 强制转换成 int a。float a=2.34；printf("(int)a=%d,a= %f\n", (int)a, a)；本例表明，a 虽强制转为 int 型，但只在运算中起作用，是临时的，而 a 本身的类型并不改变。因此，(int)a 的值为 2（删去了小数），而 a 的值仍为 2.34。

再比如我们可以用(int)'A'，这样转换后的结果为 A 的 ASCII 码数值，因为那块内存本来就存的那个数，只是换个形式使用而已。

字符型变量的值实质上是一个 8 位的整数值，因此取值范围一般是-128～127，char 型变量也可以加修饰符 unsigned，则 unsigned char 型变量的取值范围是 0～255（有些机器把 char 型当作 unsigned char 型对待， 取值范围总是 0～255）。

依据上面的原则，可以对任何数据类型进行转换，但是转换的结果需要仔细分析，例如：

(int)'9'的结果为多少？

结果为'9'的 ASCII 值，即 57。

4.2.2 赋值运算符和表达式

1. 赋值运算符

（1）单纯赋值运算符“=”

在前面的讲解中，读者已多次看到了符号“=”。在 C 语言中，“=”不是等号，而是赋值运算符，它是个双目运算符，结合性是从右向左，其作用是将赋值号“=”右边的操作数赋给左边的操作数。

赋值运算符

示例：

```
x = y;          /*将变量y的值赋给变量x（注意不是x等于y）*/
a = 28;         /* 将28赋值给变量a*/
j = j+2;        /*把变量j的值加上2，并把和赋值到j中*/
```

（2）复合赋值运算符“+=”“-=”“*=”“/=”

在赋值符“=”之前加上其他运算符，即构成复合的运算符。C 语言规定有 10 种复合赋值运算符，见表 4-3。“%= ““<<= ““>>= ““&= ““^=”和“|=”，这些将在后面位运算中介绍。

表 4-3 复合运算符

运算符	功能说明	示例
+=	加赋值复合运算符	a+=b 等价于 a=a+b
−=	减赋值复合运算符	a−=b 等价于 a=a−b
*=	乘法赋值复合运算符	a*=b 等价于 a=a*b
/=	除法赋值复合运算符	a/=b 等价于 a=a/b
%=	求余赋值复合运算符	a%=b 等价于 a=a%b
&=	位与赋值复合运算符	a&=b 等价于 a=a&b
|=	位或赋值复合运算符	a|=b 等价于 a=a|b
^=	位异或赋值复合运算符	a^=b 等价于 a=a^b
>>=	位右移赋值复合运算符	a>>=b 等价于 a=a>>b
<<=	位左移赋值复合运算符	a<<=b 等价于 a=a<<b

示例：

```
a += 30等效于a = a+30，相当于a先加30，然后再赋给a
t *= x+5等效于t=t*(x+5)
```

采用复合赋值运算符既能简化程序，又能提高编译效率。所以编写程序的时候，应尽可能地使用复合赋值运算符。在 Linux 内核中，也随处可见复合赋值运算符的使用，如下例就是在“/drivers/char/rtc.c”中的 rtc_interrupt 函数中的代码。

```
rtc_irq_data += 0x100;
```

上面语句中的变量 rtc_irq_data 在接收到 RTC 的中断后会更新数值。

2. 赋值表达式

用赋值运算符将一个变量和一个表达式连接起来，就成了赋值表达式。一般形式如下。

```
<变量名><赋值运算符><表达式> 即：变量 = 表达式
```

对赋值表达式求解的过程是，将赋值运算符右侧的“表达式”的值赋给左侧的变量。赋值表达式的值就是被赋值的变量的值，如“a = 5”这个赋值表达式的值是 5。

- **赋值运算符的左边只能是一个变量名，而不能是一个常量或其他的表达式。例如，“13=b”“a+b=15”“j×2=100”，这些都是错误的赋值表达式。**
- **赋值运算符右边的表达式也可以为一个赋值表达式，例如，“a=(b=2)”或“a=b=2”表示变量 a 和 b 的值均为 2，表达式的值为变量 a 的值 2。此方法适合于给几个变量同时赋一个值时使用。**

3. 特殊的赋值运算——自增自减运算符

“++”是自增运算符，它的作用是使变量的值增加 1。“--”是自减运算符，其作用是使变量的值减少 1，例如：

```
i = i+1
```

这个赋值表达式是把变量 i 的值加上 1 后再赋给 i，即将变量 i 的值增加 1。那么在这里就可以利用自增运算符简化这个赋值表达式为

```
i++ 或 ++i
```

又如：

```
i-- 或--i等价于i = i-1
```

自增运算符和自减运算符是两个非常有用的运算符，由于通常一条 C 语言的语句在经过编译器的处理后会翻译为若干条汇编语句，如赋值语句等会涉及多次寄存器的赋值等操作，而自增或自减语句能直接被翻译为“inc”和“dec”，因此它的执行效率比“i = i+1”或“i = i-1”更高，而且前者的写法使程序更精练。

这里有两点需要注意。

① 自增/自减运算符仅用于变量，不能用于常量或表达式。

② 自增和自减的结合方向是自右至左。

自增和自减运算符可用在操作数之前，也可放在其后，但在表达式中这两种用法是有区别的。自增或自减运算符在操作数之前，C 语言在引用操作数之前就先执行加 1 或减 1 操作；运算符在操作数之后，C 语言就先引用操作数的值，而后再进行加 1 或减 1 操作，例如：

```
j=i++;
```

其执行过程是：先将变量 i 的值赋值给变量 j，再使变量 i 的值增 1。结果是 i 的值为 3，j 的值为 2。等价于下面两个语句：

```
j=i;
i=i+1;
```

再看以下示例：

```
j=++i;
```

其执行过程是，先将变量 i 的值增 1，再把新 i 的值赋给变量 j。结果是 i=3，j=3。

该语句等价于下面两个语句：

```
i = i+1;
j=i;
```

下面是一些关于自增自减运算符的综合示例：

```
int  x=5, y=9, z;
z =  ++x ;              // z赋值为6, x变为6
z =  x++ ;              // z赋值为5, x变为6
z =  --x ;              // z赋值为4, x变为4
z =  x-- ;              // z赋值为5, x变为4
z= ++x+y++ ;            // z赋值为15, x变为6, y变为10
z= --x+y++ ;            // z赋值为13, x变为4, y变为10
z= ++x+y-- ;            // z赋值为15, x变为6, y变为8
```

4．赋值中的类型转换

前面已经介绍了类型转换，当赋值运算符两边的运算对象类型不同时，将要发生类型转换，转换的规则是：把赋值运算符右侧表达式的类型转换为左侧变量的类型。具体的转换如下。

（1）浮点型与整型

将浮点数（单双精度）转换为整数时，将舍弃浮点数的小数部分，只保留整数部分。将整型值赋给浮点型变量，数值不变，只是改为浮点形式，即小数点后带若干个 0。注意：赋值时的类型转换实际上是强制的。

（2）单、双精度浮点型

由于 C 语言中的浮点数总是用双精度表示的，所以 float 型数据只是在尾部加 0 延长为 double 型数据参加运算，然后直接赋值。double 型数据转换为 float 型时，通过截尾数来实现，截断前要进行四舍五入操作。

（3）char 型与 int 型

int 型数值赋给 char 型变量时，只保留其最低 8 位，高位部分舍弃。

char 型数值赋给 int 型变量时，一些编译程序不管其值大小都作正数处理，而另一些编译程序在转换时，若 char 型数据值大于 127，就作为负数处理。对于使用者来讲，如果原来 char 型数据取正值，转换后仍为正值；如果原来 char 型值可正可负，则转换后也仍然保持原值，只是数据的内部表示形式有所不同。

（4）int 型与 long 型

long 型数据赋给 int 型变量时，将低 16 位值送给 int 型变量，而将高 16 位截断舍弃。（这里假定 int 型占两个字节。）将 int 型数据送给 long 型变量时，其外部值保持不变，而内部形式有所改变。

（5）无符号整数

将一个 unsigned 型数据赋给一个占据同样长度存储单元的整型变量时（如：unsigned→int、unsigned long→long，unsigned short→short），原值照赋，内部的存储方式不变，但外部值却可能改变。

将一个非 unsigned 整型数据赋给长度相同的 unsigned 型变量时，内部存储形式不变，但外部表示时总是无符号的。赋值运算符举例如下：

```
#include <stdio.h>

int main()
{
  unsigned a,b;
  int i,j;
  a=65535;
  i=-1;
  j=a;
  b=i;

  printf("(unsigned)%u→(int)%d\n",a,j);
  printf("(int)%d→(unsigned)%u\n",i,b);

  return 0;
}
```

程序执行结果如下：

```
linux@ubuntu:~/book/ch4$ cc test.c–o test -Wall
linux@ubuntu:~/book/ch4$./test
(unsigned)65535→(int)-1
(int)-1→(unsigned)65535
```

计算机中数据用补码表示，int 型最高位是符号位，为 1 时表示负值，为 0 时表示正值。如果一个无符号数的值小于 32768，则最高位为 0，赋给 int 型变量后得到正值。如果无符号数大于等于 32768，则最高位为 1，赋给整型变量后就得到一个负整数值。反之，当一个负整数赋给 unsigned 型变量时，得到的无符号值是一个大于 32768 的值。

C 语言赋值时，不管表达式的值怎样，系统都自动将其转为赋值运算符左侧变量的类型。

4.2.3 逗号运算符和表达式

C 语言中逗号“，”也是一种运算符，称为逗号运算符。其功能是把两个表达式连接起来组成一个表达式，其一般形式如下。

```
表达式1，表达式2
```

其求值过程是分别求两个表达式的值，并以表达式 2 的值作为整个逗号表达式的值。

例如：

```
y =(x=a+b), (b+c);
```

本例中，y 等于整个逗号表达式的值，也就是表达式 2 的值，x 是第一个表达式的值。对于逗号表达式还要说明 3 点。

① 逗号表达式一般形式中的表达式 1 和表达式 2 也可以是逗号表达式。例如“表达式 1,(表达式 2,表达式 3)”。这样就形成了嵌套情形。

因此可以把逗号表达式扩展为以下形式“表达式 1，表达式 2，……，表达式 n”，整个逗号表达式的值等于表达式 n 的值。

② 程序中使用逗号表达式，通常是要分别求逗号表达式内各表达式的值，并不一定要求整个逗号表达式的值。

③ 并不是在所有出现逗号的地方都组成逗号表达式，如在变量说明中，函数参数表中逗号只是用作各变量之间的间隔符。

下面是关于逗号运算符的一些示例：

```
float  x=10.5,  y=1.8,  z=0;
 z = (x+=5, y = x+0.2) ;
 z赋值为15.7，x赋值为15.5，y赋值为15.7

 z = (x=y=5, x +=1);
 z赋值为6，x赋值为6，  y赋值为5

 z = (x=5, y = 6, x+y);
 z赋值为11，x赋值为5，  y赋值为6

 z = (z=8, x=5, y = 3);
 z赋值为3，x赋值为5，y赋值为3
```

4.2.4 位运算符和表达式

1. 位运算符

位运算符是指进行二进制位的运算。C 语言中提供的位运算包括与（&）、或（|）、异或（^）、取反（～）、移位（“<<”或“>>”）这些逻辑操作。对汇编语言比较熟悉的读者对这些已经非常了解了，不过在此还是作一简单介绍。

（1）与运算符（&）

双目操作符，当两个位进行相与时，只有两者都为“1”时结果才为“1”，运算规则如下：

左运算量	右运算量	&运算结果
0	0	0
0	1	0
1	0	0
1	1	1

例如：

```
unsigned char x=0156, y=0xaf, z;
z = x & y;
```

x&y 位逻辑与运算：

左运算量	0	1	1	0	1	1	1	0
右运算量	1	0	1	0	1	1	1	1
& 结果	0	0	1	0	1	1	1	0

z 赋值结果为 0x2e。

（2）或运算符（|）

双目操作符，当两个位进行相或时，两者中只要有一方为“1”，结果就为“1”，运算规则如下：

左运算量	右运算量	| 运算结果
0	0	0
0	1	1
1	0	1
1	1	1

例如：

```
unsigned char x=027, y=0x75, z;
z = x | y;
```

x|y 位逻辑或运算：

左运算量	0	0	0	1	0	1	1	1
右运算量	0	1	1	1	0	1	0	1
| 结果	0	1	1	1	0	1	1	1

z 赋值结果为 0x77。

（3）异或运算符（^）

当两个位进行异或时，只要两者相同，结果就为“0”，否则结果为“1”，运算规则如下：

左运算量	右运算量	^运算结果
0	0	0
0	1	1
1	0	1
1	1	0

例如：

```
unsigned char x=25, y=0263, z;
z = x ^ y ;
```

x|y 位逻辑异或运算：

左运算量	0	0	0	1	1	0	0	1
右运算量	1	0	1	1	0	0	1	1
^结果	1	0	1	0	1	0	1	0

z 赋值为 0252。

（4）移位操作符（“<<”或“>>”）

位移位运算的一般形式：<运算量> <运算符><表达式>。其中：

<运算量>必须为整型结果数值；

<运算符>为左移位(<<)或右移位(>>)运算符；

<表达式>也必须为整型结果数值。

移位操作就是把一个数值左移或右移若干位。假如左移 n 位，原来值最左边的 n 位被丢掉，右边 n 位补 0。如图 4-2 所示。

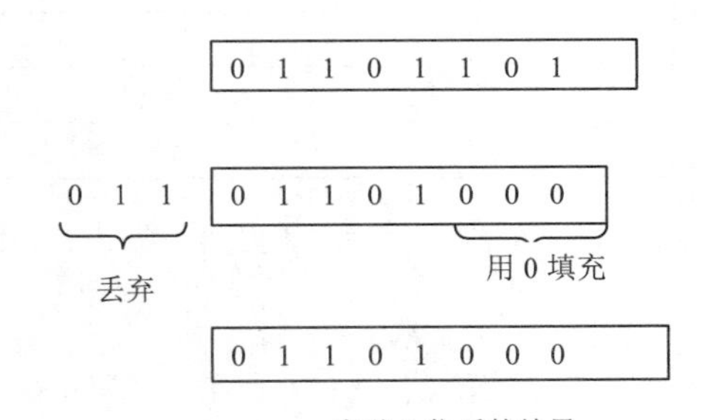

图 4-2 移位操作符操作过程

右移操作和左移操作的移动方向相反。但是需要考虑一个特殊问题，即对于有符号数而言，符号位如何处理。常用的方法有两个。

① 逻辑移位，不考虑符号问题，原数值右移 n 位后，左边空出的 n 个位置，用 0 填充。

② 算术移位，原数值进行了右移操作后，需要保证符号位不变，因此，右移 n 位后，左边空出的 n 个位置，用原数值的符号位填充。原来若是负数，则符号位为 1，填充的位也是 1；原来若是正数，则符号位为 0，填充的位也是 0，这样保证移位后的数据与原数正负相同。

比如，有数“10001001”，若将其右移两位，逻辑移位的结果是“00100010”，而算术移位的结果是“11100010”。若将其左移两位，则逻辑移位和算术移位的结果是“00100100”，由于在左移时，都是左边移出去的位丢弃，右边补 0，因此，算术左移与逻辑左移的结果是一样的。

C 语言标准说明对无符号数所进行的所有移位操作都是逻辑移位，但对于有符号数，到底是采用逻辑移位还是算术移位取决于编译器，不同的编译器所产生的结果有可能会不同。因此，一个程序若采用了有符号数的右移位操作，那么它是不可移植的。

关于位运算符有两点需要注意。

a. 在这些位运算符中，除了取反（～）是单目运算符，其余都是双目运算符，也就要求运算符两侧都有一个运算对象，位运算符的结合方向均为自左向右。

b. 位运算符的对象只能为整型或字符型数据，不能是实型数据。

2. 位表达式

将位运算符连接起来所构成的表达式称为位表达式。在位表达式中，依然要注意优先级的问题。在这些位运算符中，取反运算符（～）优先级最高，其次是移位运算符（<<和>>），再次是与（&）、或（|）和异或（^）。

在实际使用中，通常是用其进行赋值运算，因此，之前所提到的复合赋值操作符（“<<=”“>>=”“&=”“^=”，“|=”）就相当常见了，比如：

```
a <<= 2;
```

就等价于：

```
a = a << 2;
```

读者应该注意到，在移位操作中，左移 n 位相当于将原数乘以 2^n，而右移 n 位则相当于将原数除以 2^n，因此，若读者希望操作有关乘除 2^n 的操作时，可以使用移位操作来代替乘除操作。由于移位操作在汇编语言中直接有与此相对应的指令，如“SHL”“SAL”等，因此其执行效率是相当高的，表 4-4 列举了常见操作的执行时间（单位：机器周期）。

表 4-4　基本运算执行时间

操作	执行时间	操作	执行时间
整数加法	1	浮点乘法	5
整数乘法	4	浮点除法	38
整数除法	36	移位	1
浮点加法	3		

可以看到，乘除法（尤其是除法）操作都是相当慢的，因此若有以下两句语句：

```
a = (high + low)/2;
a = (high + low) >> 1;
```

这时，第二条语句会比第一条语句快很多。也正是由于位运算符的高效，在 Linux 内核代码中随处都可见到移位运算符的身影。如前面在赋值运算符中提到的有关 RTC 的例子中就有如下语句：

```
rtc_irq_data &= ~0xff;
rtc_irq_data |= (unsigned long)irq & 0xF0;
```

这两条语句看似比较复杂，但却是非常常见的程序写作方法，读者可以首先将复合赋值运算符展开，这样，第一条语句就成为以下形式：

```
rtc_irq_data = rtc_irq_data & ~0xff;
```

这时，由于取反运算符的优先级较高，因此，就先进行对 0xff 的取反操作，这就相当于为“~0xff”加上了括号，如下所示。

```
rtc_irq_data = rtc_irq_data & (~0xff);
```

再接下来的步骤就比较明朗了，rtc_irq_data 先与 0xff 取反的结果 0xffffff00 相与，再将运算结果的值赋给 rtc_irq_data 变量本身。读者可以按照这种方法来分析第二条语句。

4.2.5　关系运算符和表达式

1. 关系运算符

在程序中经常需要通过比较两个值的大小关系来决定程序下一步的工作。比较两个值的运算符称为关系运算符。关系运算符对两个表达式进行比较，返回一个真/假值。在 C 语言中的关系运算符，见表 4-5。

表 4-5　关系运算符

运算符	功能说明	示例
>	大于	a > b　或 a > 5
>=	大于等于	a >= b 或 a >= 5
<	小于	a < b　或 a < 5
<=	小于等于	a <= b 或 a <= 5
==	等于	a == b 或 a == 5
!=	不等于	a!=b　或 a != 5

关系运算符都是双目运算符，其结合性均为左结合。关系运算符的优先级低于算术运算符，高于赋值运算符。

示例如下：

```
int  a=5, b=6;
a>(b-1)           结果值为0
```

```
(a +1)== b        结果值为1
a>=(b-2)          结果值为1
a<100             结果值为1
(a+3)<=b          结果值为0
a != (b-1)        结果值为0
```

在这 6 个关系运算符中，“<”“<=”“>”“>=”的优先级相同，高于“= =”和“!=”，“= =”和“!=”的优先级相同。根据优先级的关系，以下表达式具有等价的关系。

```
c>a+b      和      c>(a+b)
a>b==c     和      (a>b)==c
a=b>c      和      a=(b>c)
```

提示

严格区分“= =”和“=”。“= =”为关系运算符，判断两个数值是否相等；“=”为赋值运算符。为了防止书写错误，可以参考这样的写法：if (1 == a) {…}。

2. 关系表达式

用关系运算符将两个表达式（可以是各种类型的表达式）连接起来的表达式，称为关系表达式，关系表达式的一般形式如下。

```
表达式 关系运算符 表达式
```

以下表达式都是合法的关系表达式。

```
a+=b>c;
x>y;
'a'+1<c;
-i-5*j==k+1;
```

由于表达式又可以是关系表达式，因此也允许出现嵌套的情况，例如：

```
a>(b>c),a!=(c==d)
```

关系表达式的值只有两种，即“真”和“假”，分别用“1”和“0”表示。一般说，0 为假，非 0 为真。

```
#include <stdio.h>

int main()
{
  int a = 5;
  if (a)
    printf("true\n");
  else
    printf("false\n");
  if (a >= 6)
    printf(">=6\n");
  else
    printf("<6\n");

  return 0;
}
```

程序执行结果如下：

```
linux@ubuntu:~/book/ch4$ cc test.c–o test -Wall
linux@ubuntu:~/book/ch4$./test
true
<6
```

由于在 C 语言中，并不存在 bool（布尔）类型的值，因此，C 语言程序员已形成惯例，用“1”代表真，用“0”代表假。

另外，用户还可以通过 typedef 来自定义 bool 类型，如下所示。

```
typedef unsigned char bool;
#define TRUE 1
#define FALSE 0
```

这样，在之后使用时就可以用 bool 来定义变量，用 TRUE 和 FALSE 来判断表达式的值了。

也可以引入头文件 stdbool.h，示例代码如下：

```
#include <stdio.h>
#include <stdbool.h>

int main()
{
    bool a = true;
    int x = 5;

    a = x > 3;
    if (a)
      printf("true\n");
    else
      printf("false\n");

    return 0;
}
```

4.2.6 逻辑运算符和表达式

1. 逻辑运算符

C 语言中提供了 3 种逻辑运算符：与运算符（&&）、或运算符（||）和非运算符（!），其中与运算符（&&）和或运算符（||）均为双目运算符，具有左结合性；非运算符（!）为单目运算符，具有右结合性。下面具体介绍这三种运算符。

（1）逻辑与运算符（&&）

双目运算符，只有两个运算量都是 1 时，运算结果才为 1，具体运算规律如下。

左运算量	右运算量	&&运算结果
0	0	0
0	1	0
1	0	0
1	1	1

例如：

```
int   x=5, y=18;
(x >= 5) && (y < 20)          结果值为1
((x+1) >= 0) && (y < 17)      结果值为0
((x-8) >= 0) && (y == 18)     结果值为0
((x-5) > 0)   && (y != 18)    结果值为0
```

（2）逻辑或运算符（||）

当两个运算量进行或运算时，只要有一个运算量为“1”，结果就为“1”， 具体运算规律如下。

左运算量	右运算量	|| 运算结果
0	0	0
0	1	1
1	0	1
1	1	1

例如：

```
((x >= 5))    ||   (y < 20)          结果值为1
((x+1)>= 0) ||   (y < 17)          结果值为1
((x-8) >= 0) ||   (y == 18)        结果值为1
((x-5) > 0)   ||   (y != 18)       结果值为0
```

（3）非运算符（!）

单目运算符，当运算量进行非运算，结果会取反，具体运算规则如下。

运算量	! 运算结果
0	1
1	0

读者可以看到，逻辑运算符和位运算符（尤其是与或运算符）有很大的相似性。为了使读者更好地理解逻辑运算与位运算的区别，这里对逻辑运算的概念再做解释。

逻辑运算是用来判断一件事情是“对”的还是“错”的，或者说是“成立”还是“不成立”，判断的结果是二值的，即没有“可能是”或者“可能不是”，这个“可能”的用法是一个模糊概念。

在计算机里面进行的是二进制运算，逻辑判断的结果只有两个值，称这两个值为“逻辑值”，用数的符号表示就是“1”和“0”。其中“1”表示该逻辑运算的结果是“成立”的，如果一个逻辑运算式的结果为“0”，那么这个逻辑运算式表达的内容“不成立”。

【例】

通常一个教室有两个门，这两个门是并排的。要进教室从门 A 进可以，从门 B 进教室也行，用一句话来说是“要进教室去，可以从 A 门进‘或者’从 B 门进”。

这里，可以用逻辑符号来表示这一个过程：能否进教室用符号 C 表示，教室门分别为 A 和 B。C 的值为“1”表示可以进教室，为“0”表示进不了教室。A 和 B 的值为“1”时表示门是开的，为“0”表示门是关着的，那么它们之间的关系就可以用表 4-6 来表示。

表 4-6　示例逻辑关系或

说明	C	A	B
两个教室的门都关着，进不去教室	0	0	0

续表

说明	C	A	B
门 B 是开着的，可以进去	1	0	1
门 A 是开着的，可以进去	1	1	0
门 A 和 B 都是开着的，可以进去	1	1	1

把表中的过程写成逻辑运算就是：

```
C = A || B
```

这是一个“或”运算的逻辑表达式。这个表达式要表达的就是：如果要使得 C 为 1，只要 A“或”B 其中之一为“1”即可。所以“||”运算称为“或”运算。

【例】

假设一个房间外面有一个阳台，那么这个房间就纵向开着两个门，要到阳台去，必须要过这两个门，很明显这两个门必须都是开着的才行，否则只要其中一个门关着就去不了阳台。

这时，同样使用逻辑符号 C 来表示是否能去阳台，A 和 B 表示 A、B 门是否打开，那么它们之间的关系就可以用表 4-7 来表示。

表 4-7　示例逻辑关系与

说明	C	A	B
两个门都关着，去不了阳台	0	0	0
门 A 关着，去不了阳台	0	0	1
门 B 关着，去不了阳台	0	1	0
门 A 与门 B 都开着，可以去阳台	1	1	1

把表中的过程写成逻辑运算式就是：

```
C = A && B
```

从上面的两例中可以看出，在逻辑表达式里有参加逻辑运算的逻辑量和逻辑运算最后的结果（逻辑值），把这两个概念区分开来和记住它们是很重要的。

什么是逻辑量呢？凡是参加逻辑运算的变量、常量都是逻辑量，例如上例中的 A、B。而逻辑值则是逻辑量、逻辑表达式其最后的运算结果的值。下面两条规则在逻辑表达式中是非常重要的。

① 逻辑值只有“0”和“1”两个数，其中“1”表示逻辑真（成立），“0”表示逻辑假（不成立）。

② 一切非“0”的逻辑值都为真。例如：-1 的逻辑值为真（1），5 的逻辑值为真（1）。

表 4-8 列出了逻辑运算的真值表。

表 4-8　逻辑运算真值表

a	b	!a	!b	a&&b	a||b
真	真	假	假	真	真
真	假	假	真	假	真
假	真	真	假	假	真
假	假	真	真	假	假

2．逻辑表达式

逻辑表达式的一般形式如下。

```
表达式 逻辑运算符 表达式
```

其中的表达式也可以是逻辑表达式，从而组成了嵌套的情形。

在这里，首先要明确的还是优先级的问题，逻辑运算符和其他运算符优先级的关系如图 4-3 所示。

由以上优先级的顺序可以看出：

```
a>b && c>d等价于(a>b) && (c>d)
!b==c||d<a等价于((!b)==c)||(d<a)
a+b>c && x+y<b等价于((a+b)>c) && ((x+y)<b)
```

逻辑表达式的值是式中各种逻辑运算的最后值，以“1”和“0”分别代表“真”和“假”。

! （非） （高）
算术运算符
关系运算符
&&和||
赋值运算符 （低）

图 4-3　运算符优先级比较

例如：

```
int   x=1, y=0, z=0;
x>0   && ! (y==3) || z>5              运算结果数值为1
! (x+1>0) &&   y==0 || z>0            运算结果数值为0
x<0 || y==0 && z>0                    运算结果数值为0
```

4.2.7　sizeof 操作符

sizeof 是一个单目运算符，它的运算对象是变量或数据类型，运算结果为一个整数。运算的一般形式如下：

```
sizeof(<类型或变量名>)
```

它只针对数据类型，而不针对变量！

若运算对象为变量，则所求的结果是这个变量占用的内存空间字节数；若运算对象是数据类型，则所求结果是这种数据类型的变量占用的内存空间字节数。

sizeof 是一个使用频率很高的操作符，经常用来获取变量或数据类型所占用的内存空间的大小，下面的程序显示了 sizeof 的用法。

```
#include <stdio.h>

struct Student
{
    int number;
    char name[8];
};
enum season{
    spring,summer, fall, winter
};

int main()
{
    int a = 10;
    float b = 3.5;
    struct Student s1 = {1, “zhangsan”};
    enum season myseason;

    printf ("the size of char is %d bytes\n",sizeof(char));
    printf ("the size of short is %d bytes\n",sizeof(short));
```

```
    printf ("the size of int is %d bytes\n",sizeof(int));
    printf ("the size of a is %d bytes\n",sizeof(a));
    printf ("the size of long is %d bytes \n",sizeof(long));
    printf ("the size of long long is %d bytes \n",sizeof(long long));
    printf ("the size of float is %d bytes \n",sizeof(float));
    printf ("the size of b is %d bytes \n",sizeof(b));
    printf ("the size of double is %d bytes \n",sizeof(double));
    printf ("the size of struct Student is %d bytes \n",sizeof(struct Student));
    printf ("the size of enum season is %d bytes \n", sizeof (enum season));
    printf ("the size of myseason is %d bytes \n", sizeof (myseason));

     return 0;
}
```

程序执行结果如下：

```
linux@ubuntu:~/book/ch4$ cc test.c–o test -Wall
linux@ubuntu:~/book/ch4$./test
the size of char is 1 bytes
the size of short is 2 bytes
the size of int is 4 bytes
the size of a is 4 bytes
the size of long is 4 bytes
the size of long long is 8 bytes
the size of float is 4 bytes
the size of b is 4 bytes
the size of double is 8 bytes
the size of struct Student is 12 bytes
the size of enum season is 4 bytes
the size of myseason is 4 bytes
```

从该结果中，可以清楚地看到不同数据类型及变量所占的字节数，读者应该熟悉这些结果。还可以看到，变量所占用的空间，由其数据类型决定，与变量的值没有关系。

4.2.8 条件运算符

条件运算符（? :）是 C 语言中唯一一个三目运算符，它可以提供如 if-then-else 语句的简易操作，其运算的一般形式如下。

```
<表达式1>  ?  <表达式2>  :  <表达式3>
```

操作符“?:”作用是这样的：先计算表达式 1 的逻辑值，如果其值为真，则计算表达式 2，并将数值结果作为整个表达式的数值；如果表达式 1 的逻辑值为假，则计算表达式 3，并以它的结果作为整个表达式的值，其执行过程如图 4-4 所示。

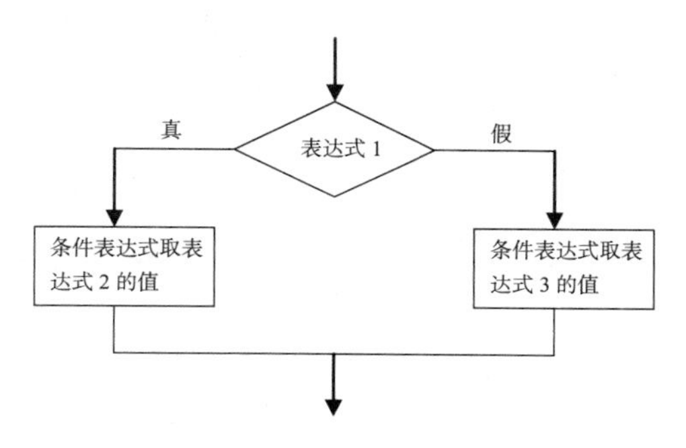

图 4-4　条件操作符的执行过程

条件运算符的优先级高于赋值运算符，读者可以自行分析一下以下语句的含义。

```
max = (a>b)?a:b
```

由于条件运算符的优先级高于赋值运算符，因此，先计算赋值语句的右边部分。

当 a 大于 b 为真（即 a 大于 b）时，条件表达式的值为 a；当 a 大于 b 为假（即 a 大于 b 不成立）时，条件表达式的值为 b。因此，max 变量的值就是 a 和 b 中较大的值（若 a 与 b 相等时取 b）。

相当于下面的语句：

```
if (a > b)
  max = a;
else
  max = b;
```

示例代码如下：

```
   int   x=82, y=101, z;
   z = x >= y   ? x+18 : y-100          //z为1
   z = x < (y-11) ? x-22 : y-1          //z为60
```

4.2.9 运算符优先级总结

C 语言中的优先级一共分为 15 级，1 级最高，15 级最低。在有多个不同级别的运算符出现的表达式中，优先级较高的运算符将会先进行运算，优先级较低的运算符后运算。另外，如果在一个运算对象两侧的运算符的优先级相同时，则按运算符的结合性所规定的结合方向来进行处理。

C 语言的结合性有两种，即左结合性和右结合性。若为左结合性，则该操作数先与其左边的运算符相结合；若为右结合性，则该操作数先与其右边的运算符相结合。

因此，对于表达式“x-y+z”，读者可以看到 y 的左右两边的操作符“-”和“+”都为同一级别的优先级，而它们也都具有左结合性，因此，y 就先与“-”相结合，故在该表达式中先计算“x-y”。

运算符优先级

表 4-9 列举了 C 语言中的运算符的优先级和结合性。

表 4-9 运算符的优先级和结合性

优先级	运算符	含义	运算对象个数	结合方向
1	()	圆括号		自左向右
	[]	下标运算符		
	->	指向结构体成员运算符		
	.	结构体成员运算符		
2	!	逻辑非运算	1（单目）	自右向左
	～	按位取反运算		
	++	自增运算符		
	--	自减运算符		
	-	负号运算符		
	（类型）	类型转换运算符		
	*	指针运算符		
	&	地址运算符		
	sizeof	长度运算符		

续表

优先级	运算符	含义	运算对象个数	结合方向
3	*	乘法运算符	2（双目）	自左向右
	/	除法运算符		
	%	求余运算符		
4	+	加法运算符	2（双目）	自左向右
	−	减法运算符		
5	<<	左移运算符	2（双目）	自左向右
	>>	右移运算符		
6	<	关系运算符	2（双目）	自左向右
	<=			
	>			
	>=			
7	= =	等于运算符	2（双目）	自左向右
	!=	不等于运算符		
8	&	按位与运算符	2（双目）	自左向右
9	^	按位异或运算符	2（双目）	自左向右
10	|	按位或运算符	2（双目）	自左向右
11	&&	逻辑与运算符	2（双目）	自左向右
12	||	逻辑或运算符	2（双目）	自左向右
13	?:	条件运算符	3（三目）	自右向左
14	=	赋值运算符	2（双目）	自右向左
	+=			
	−=			
	*=			
	/=			
	%=			
	>>=			
	<<=			
	&=			
	^=			
	|=			
15	,	逗号运算符		自左向右

这些运算符的优先级看起来比较凌乱，表 4-10 所示为一个简单易记的口诀，可以帮助记忆。

表 4-10　运算符的优先级口诀

口诀	含义
括号成员第一	括号运算符[]、()，成员运算符.、->
全体单目第二	所有的单目运算符，比如++、−−、+(正)、−(负)等
乘除余三，加减四	这个“余”是指取余运算即%
移位五，关系六	移位运算符：<<、>>，关系：>、<、>=、<=等
等于(与)不等排第七	即= =、!=

续表

口诀	含义
位与异或和位或“三分天下”八九十	这几个都是位运算： 位与(&)异或(^)位或(|)
逻辑或跟与 十二和十一	逻辑运算符：||和&& 注意顺序：优先级(||)低于优先级(&&)
条件高于赋值	三目运算符优先级排到 14 位只比赋值运算符和“,”高，需要注意的是赋值运算符很多
逗号运算级最低	逗号运算符优先级最低

对于结合性的记忆比较简单，可以注意到，大多数运算符的结合性都是自左向右的，唯独单目运算符、条件运算符和赋值运算符是自右向左。

```
int  x=1, y=0, z=0

x>0  &&  !(y==3)  ||  z>5
运算结果数值为1

!(x+1>0)  &&  y==0  ||  z>0
运算结果数值为0

x<0  ||  y==0  &&  z>0
运算结果数值为0

x += y==z, y=x+2, z=x+y+x >0
x赋值为2, y赋值为4, z赋值为1
```

小 结

本章是嵌入式 Linux C 语言中很基础的一章。

本章主要介绍了算术、赋值、逗号、位、关系、逻辑运算和表达式。

接下来本章还介绍了 sizeof 操作符和条件运算符。这里还需要读者着重掌握各种运算符的优先级关系。

思考与练习

1. 求出下面逗号表达式的值。

```
int i; i=(20-2, 9-6/4, 8/2)
```

2. 求出下面逗号表达式的值及变量 i 的值（提醒：主要逗号运算符和赋值运算符的优先级）。

```
int i; i=20-2, 9-6/4, 8/2
```

3. 写出下面各逻辑表达式的值。

```
int a = 3, b = 4, c = 5;
a + b > c && b == c
a || b + c && b–c
!(a > b) && !c || 1
!(x = a) && (y = b) && 0
!(a + b) + c -1 && b + c / 2
```

PART05

第5章

程序结构和控制语句

本章要点：

- C语言程序结构。
- if-else结构。
- switch-case语句。
- C语言循环语句，包括while、do-while、for、goto语句。
- break、continue等语句。

■ 上一章主要介绍了算术、赋值、逗号、位、关系、逻辑运算符和表达式，以及 sizeof 操作符和条件运算符。本章继续介绍嵌入式 Linux C 语言的基础知识：程序结构和控制语句。

5.1　C 语言程序结构

从程序流程的角度来看，C 语言中的语句可以分为 3 种基本结构：顺序结构、分支结构和循环结构。

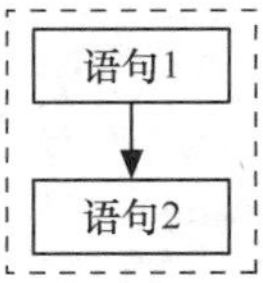

① 顺序结构的执行过程如图 5-1 所示。在这种结构中，程序会顺序执行各条语句。

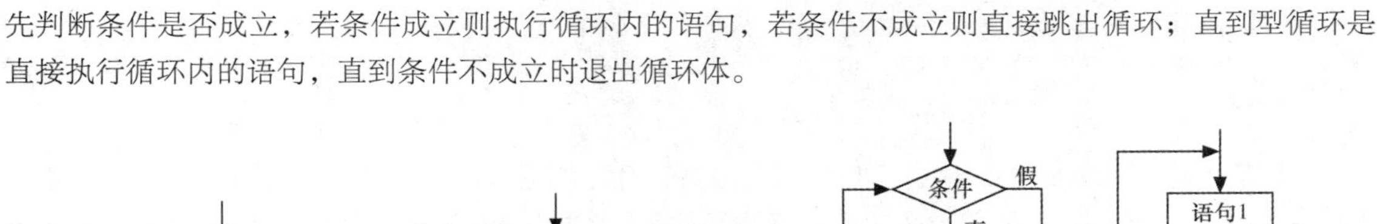

图 5-1　顺序结构

② 分支结构的执行过程如图 5-2 所示。在这种结构中，程序会根据某一条件的判断结果来决定程序的走向，比如当该条件成立时执行语句 1，当该条件不成立时执行语句 2。另外，也有可能会有多种条件的情况，比如，当条件 1 成立时执行语句 1，当条件 2 成立执行语句 2，在其他情况下执行语句 3、4 等。

③ 循环结构的执行过程如图 5-3 所示。这种结构有两种形式：当型循环和直到型循环。当型循环首先判断条件是否成立，若条件成立则执行循环内的语句，若条件不成立则直接跳出循环；直到型循环是直接执行循环内的语句，直到条件不成立时退出循环体。

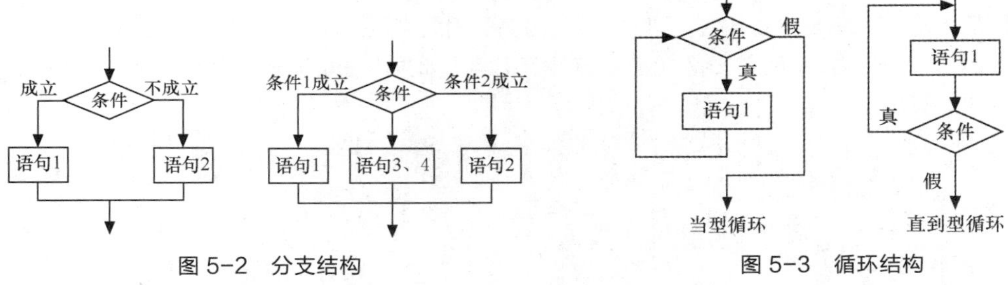

图 5-2　分支结构

图 5-3　循环结构

5.2　C 语言控制语句

C 语言中的控制语句用于控制程序的流程，以实现程序的各种结构方式，包括条件判断语句、循环语句和转向语句。

5.2.1　条件判断语句

又称为选择语句，包括 if 语句和 switch 语句。

1. if 语句的形式

if 语句是用来判定所给定的条件是否满足，根据判定的结果（真或假）执行给出的操作，if 语句有 3 种形式。

（1）if（表达式）语句 2

它是一种单分支结构。若判断表达式为真，则执行语句 2；若判断表达式为假，则跳出语句。图 5-4 表达了这种形式的执行情况。

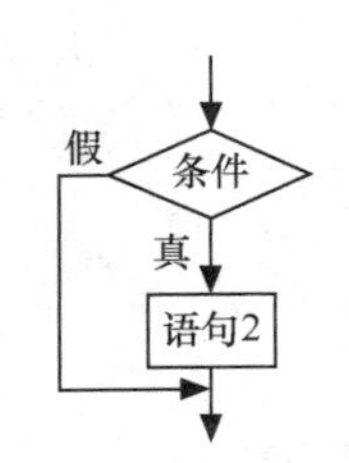

图 5-4　if 语句的第一种形式

在 C 语言中没有显示的布尔类型，是用整型来代替。这样 if 语句后面的表达式，可以是任何能够产生整型结果的表达式。规则为零值代表假，非零值代表真。请注意下面的语句：

```
#include <stdio.h>
```

```
int main()
{
    int a = 1, b   = 20;
    if (a)
        printf("a true\n");
    if (b)
        printf("b true\n");

    if (a == b)
        printf("a b equal\n");

    return 0;
}
```

程序的执行结果如下：

```
linux@ubuntu:~/book/ch5$ cc test.c–o test -Wall
linux@ubuntu:~/book/ch5$./test
a true
b true
```

上面的代码，变量 a 和 b 的值，均非 0，均为真。因此表达式成立。但是，比较 a 和 b 时，并不是测试两个表达式均为真，而是测试作为整型值是否相等。如果本意是测试作为布尔值是否相等，那么应该改成下面的写法：

```
#include <stdio.h>

int main()
{
    int a = 1, b   = 20;
    if (a)
        printf("a true\n");
    if (b)
        printf("b true\n");

    a = a != 0;
    if (a == (b != 0))
        printf("a b equal\n");

    return 0;
}
```

程序的执行结果如下：

```
linux@ubuntu:~/book/ch5$ cc test.c–o test -Wall
linux@ubuntu:~/book/ch5$./test
a true
b true
a b equal
```

if 语句的形式

下面通过一个例子，来加深读者对 if 语句的理解。

输入某学生的成绩，经处理后给出学生成绩的等级，等级分类如下：

90 分以上（包括 90）：A

80 至 90 分（包括 80）：B

70 至 80 分（包括 70）：C

60 至 70 分（包括 60）：D

60 分以下：E

示例代码如下：

```
#include <stdio.h>

int main()
{
    float score;

    printf("input score:");
    scanf("%f", &score);

    if (score < 0 || score > 100)
    {
        printf("score is invalid\n");
        return 0;
    }

    if (score >= 90)
      printf("A\n");
    if (score >= 80 && score < 90)
      printf("B\n");
    if (score >= 70 && score < 80)
      printf("C\n");
    if (score >= 60 && score < 70)
      printf("D\n");
    if (score < 60)
      printf("E\n");

    return 0;
}
```

（2）if（表达式） 语句 1 else 语句 2

这是一种双分支结构，若判断表达式为真，则执行语句 1，否则就执行语句 2。可以看出，在这种情况中，语句 1 和语句 2 有且仅有一条语句会被执行。图 5-5 表达了这种形式的执行情况。

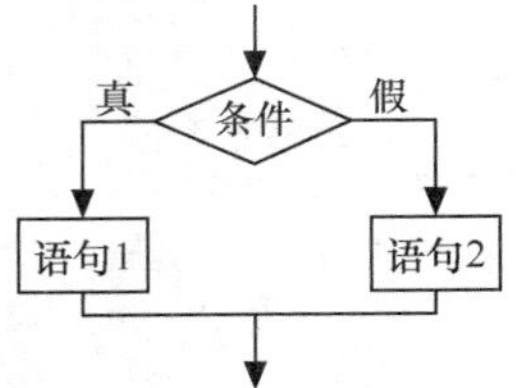

图 5-5 if 语句的第二种形式

要注意的是，紧随 if 语句和 else 语句后只能执行一条语句。

```
if(x > y)
        printf("x is bigger\n");
else
        printf("x is not bigger\n");
```

语句必须以“;”结尾。

以下语句是不正确的。

```
if(x > y)
        y = x;
        printf("x is bigger\n");
else
        printf("x is not bigger\n");
```

if-else 的形式

可以看到，在此时，if 语句后有两条语句，这是不正确的。那么，如何表达在“x>y”的情况下将“x”的值赋给“y”并且打印出“x is bigger\n”呢？在 C 语言中复合语句被看作是单条语句，而不是多条语句。因此，只需在这两条语句外加上括号就可以了，如下所示。

```
if(x > y)
{
        y = x;
        printf("x is bigger\n");
}
else
        printf("x is not bigger\n");
```

（3）if（表达式 1） 语句 1

else if（表达式 2） 语句 2

else if（表达式 3） 语句 3

……

else if（表达式 m） 语句 m

else 语句 n

这是一种多分支的情况。首先判断条件 1 是否为真，若为真，则执行语句 1 并跳出，若为假则继续判断条件 2 是否为真；若条件 2 为真则执行语句 2 并跳出，否则继续判断条件 3。依此类推，如图 5-6 所示。

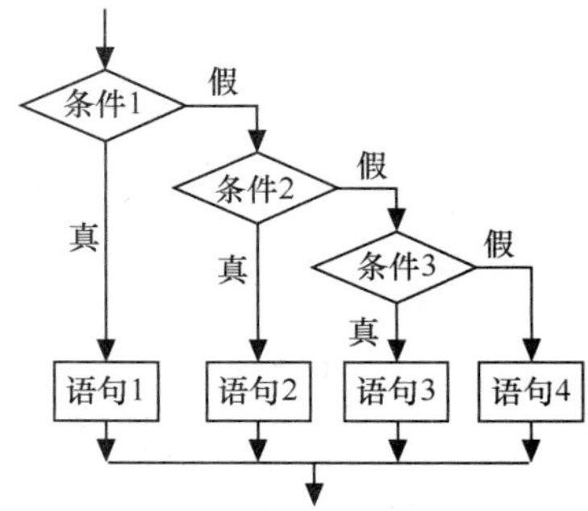

图 5-6　if 语句的第三种形式

关于为学生成绩划分等级的问题，也可以采用多分支的形式来实现，示例代码如下：

```
#include <stdio.h>

int main()
{
    float score;

    printf("input score:");
    scanf("%f", &score);

    if (score < 0 || score > 100)
    {
        printf("score is invalid\n");
        return 0;
    }

    if (score >= 90)
        printf("A\n");
    else if (score >= 80)
        printf("B\n");
    else if (score >= 70)
        printf("C\n");
    else if (score >= 60)
        printf("D\n");
    else
```

```
        printf("E\n");

    return 0;
}
```

可以看出，在处理学生成绩的等级的问题时，采用这种 if 语句的形式，代码更简洁，可读性更好。

if-else if 的形式

2. if 语句的嵌套使用

在 if 语句中又包含一个或多个 if 语句称为 if 语句的嵌套，其形式一般如下：

```
if ( )
    if ( ) 语句1      } 嵌套
    else语句2
else
    if ( )  语句3     } 嵌套
    else语句4
```

注意，这时在外层的 if、else 后面不需要有“{}”。在这里，需要着重注意的是 if 和 else 的配对问题，请读者务必记住一个配对原则：在嵌套 if 语句中，else 总是与它上面最近的 if 配对。

例如：

```
if ( )
    if ( ) 语句1
else
    if ( ) 语句2
    else语句3
```

根据配对原则，第一个 else 会与第二个 if 配对，而不是与第一个 if 配对。如果希望 else 与第一个 if 配对的话，就要用括号“{}”把 if 后的语句定义成一个复合语句。如下所示。

```
if ( )
{
    if ( ) 语句1
}
else
    if ( ) 语句2
    else语句3
```

复合语句的括号后不需要加“;”。

if 语句在使用过程中，有多种形式，读者在实际编程中，要注意编程风格，保证 if 和 else 配对。下面再通过一个例子，来加深读者的理解。

判断 2000—2500 年中的每一年是否为闰年，并将出现闰年的次数累计，最后，将累计结果输出。

闰年的条件：

① 能被 4 整除，但不能被 100 整除的年份；
② 能被 100 整除，又能被 400 整除的年份。

<table>
<tr><td colspan="2">year 不能被 4 整除。非闰年</td></tr>
<tr><td>year 被 100 整除，
又能被 400 整除。
闰年</td><td>year 被 4 整除，但
不能被 100 整除。
闰年</td></tr>
<tr><td colspan="2">其他非闰年</td></tr>
</table>

示例程序如下：

```
#include <stdio.h>

int main()
{
 int i = 2000, n = 0;
 while(i < 2501)
 {
       if(i % 4 != 0)
       {
              i++;
              continue;
       }
       if(i % 100 != 0&& i % 4 == 0)
       {
           n++;
           i++;
           continue;
       }
       if(i % 100 == 0&&i % 400 == 0)
           n++;
       i++;
 }
 printf("total: %d\n", n);

 return 0;
}
```

程序执行结果如下：

```
linux@ubuntu:~/book/ch5$ cc test.c-o test -Wall
linux@ubuntu:~/book/ch5$./test
total: 122
```

这种实现方式，是利用了比较基础的 if 语句的形式，即：if（表达式） 语句。该程序还可以采用下面的方式来实现：

```
#include <stdio.h>

int main()
{
 int i = 2000, n = 0;
 while(i < 2501)
 {
       if(i % 4 != 0)
       {
           printf("%d is not a leap year\n", i);
       }
       else
       {
           if(i % 100 != 0)
           {
               printf("%d is a leap year\n", i);
               n++;
```

```
            }
            else
            {
                if(i % 400 == 0)
                    n++;
            }

        }
        i++;
    }
    printf("total: %d\n", n);

    return 0;
}
```

该程序的实现方式，采用了嵌套的 if 形式。程序的层次关系很清晰地反映了判断闰年的规则。除了上面的两种方式，还有下面的实现方式，这是最简洁的一种实现方式。

```
#include <stdio.h>

int main()
{
    int i = 2000, n = 0;
    while (i < 2501)
    {
        if (i % 4 == 0 && (i % 100 != 0 || i % 400 == 0) )
            n++;

        i++;
    }
    printf("total: %d\n", n);

    return 0;
}
```

3. switch 语句

if 语句只能从两者中选择一个，当要实现几种可能之一时，就要用 if...else if，甚至多重的嵌套 if 来实现，当分支较多时，程序会变得很复杂，可读性很差。switch 开关语句专门处理多路分支的情形，使程序变得简洁。

switch-case 的用法

switch 语句的一般格式为

```
switch ( 表达式 )
case常量表达式1：语句序列1;
case常量表达式2：语句序列2;
……
case常量表达式n：语句n;
default：语句n+1;
```

在这里，switch 关键字后面的表达式必须是整型值或字符型值。这里的常量表达式是指在编译期间，对表达式求得的值，不能是任何变量。“case” 表达式后的各语句序列允许有多条语句，不需要按复合语句处理。

switch 语句比较特殊，这里的 case 标签并没有把语句列表划分为几个部分，它只是确定语句执行的入口点。

switch 语句的执行过程是这样的：首先计算表达式的值，然后跳转到 case 标签值与表达式值相等的地方开始往下执行，如果没有跳转指令的话会一直执行到 switch 语句的最后。执行过程如图 5-7 所示。

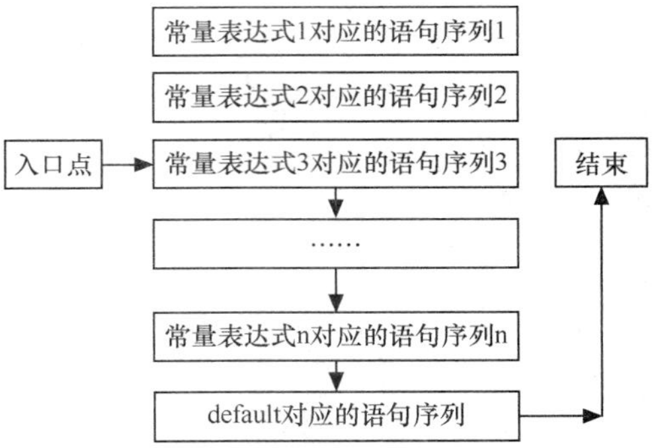

常量表达式1对应的语句序列1
常量表达式2对应的语句序列2
入口点
常量表达式3对应的语句序列3
结束
……
常量表达式n对应的语句序列n
default对应的语句序列

图 5-7　switch 语句的执行过程

关于为学生成绩划分等级的问题，也可以采用 switch-case 结构来实现，示例代码如下：

```
#include <stdio.h>

int main()
{
    float score;
    int grade;

    printf("input score:");
    scanf("%f", &score);

    if (score < 0 || score > 100)
    {
      printf("score is invalid\n");
      return 0;
    }

    grade = score / 10;
    switch (grade)
    {
        case 9:
        printf("A\n");
        case 8:
        printf("B\n");
        case 7:
        printf("C\n");
        case 6:
        printf("D\n");
        default:
        printf("E\n");
    }
    return 0;
```

程序运行结果如下：

```
linux@ubuntu:~/book/ch5$ cc test.c–o test -Wall
linux@ubuntu:~/book/ch5$./test
input score:999
score is invalid
linux@ubuntu:~/book/ch5$./test
input score:-1
score is invalid
linux@ubuntu:~/book/ch5$./test
input score:98
```

```
A
B
C
D
E
linux@ubuntu:~/book/ch5$./test
input score:87
B
C
D
E
linux@ubuntu:~/book/ch5$./test
input score:67
D
E
linux@ubuntu:~/book/ch5$./test
input score:23
E
linux@ubuntu:~/book$
```

如果希望执行完入口点的语句序列后直接跳出 switch 语句，就需要在语句序列后加入 break 语句。这样，switch 的执行过程如图 5-8 所示。

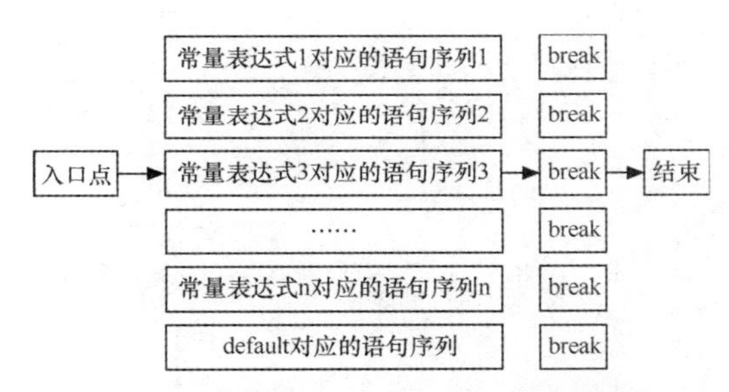

图 5-8　加 break 后的 switch 语句的执行过程

可以看出，在加入了 break 语句后，用户可以在执行完相应的语句序列后就跳出 switch 语句。关于为学生成绩划分等级的问题，也可以采用 switch-case 结构来实现，示例代码如下：

```
#include <stdio.h>

int main()
{
    float score;
    int grade;

    printf("input score:");
    scanf("%f", &score);

    if (score < 0 || score > 100)
    {
        printf("score is invalid\n");
        return 0;
    }
```

```
    grade = score / 10;
    switch (grade)
    {
        case 9:
        printf("A\n");
        break;
        case 8:
        printf("B\n");
        break;
        case 7:
        printf("C\n");
        break;
        case 6:
        printf("D\n");
        break;
        default:
        printf("E\n");
        break;
    }
    return 0;
}
```

程序运行结果如下：

```
linux@ubuntu:~/book$ ./a.out
input score:111
score is invalid
linux@ubuntu:~/book$ ./a.out
input score:-1
score is invalid
linux@ubuntu:~/book$ ./a.out
input score:89
B
linux@ubuntu:~/book$ ./a.out
input score:98
A
linux@ubuntu:~/book$ ./a.out
input score:78
C
linux@ubuntu:~/book$ ./a.out
input score:68
D
linux@ubuntu:~/book$ ./a.out
input score:12
E
```

注意在 switch-case 结构中，default 分支看似比较特殊，其实和普通的标号一样，如果放在中间，且没有加 break，就会一直执行，直到看到 break。示例代码如下：

```
switch(c)
{
case '1':
printf("1\n");
break;
```

```
default:
printf("default\n");
case '2':
printf("2\n");
break;
case '3':
printf("3\n");
break;
}
```

假设 c 的值为 4，对应的输出为 default 2 （换行省略了，实际运行时有换行的）。读者需要注意到 default 的用法。若没有特殊的意图，建议写代码时，把 default 分支写在最后，且养成加 default 的习惯。

5.2.2 循环语句

1. while 和 do-while 语句

C 语言中有两种循环结构：当型和直到型，其中 while 语句是当型循环结构，它的格式如下：

```
while（表达式）
{
    循环体语句
}
```

在执行 while 循环语句时，先判断表达式的值，再执行循环体中的内容。

与此相对应的 do-while 是直到型循环结构，它的格式为

```
do
{
   循环体语句
} while（表达式）;
```

在执行 do-while 循环语句时，先执行循环体里的内容，再执行 while 表达式里的值。

勿忘 while 括号后的“;”。

通常，对于同一个问题既可以用 while 语句也可以用 do-while 语句来解决。例如，想要求 1～100 的和，下面是使用 while 语句的实现方式。

```
#include <stdio.h>

int main()
{
  int sum = 0;
  int i = 0;

  while(i <= 100)
  {
     sum += i;
     i++;
  }
  printf("the sum of 100 is %d\n",sum);

  return 0;
}
```

下面是使用 do-while 语句的实现方式：

```
#include <stdio.h>

int main()
{
    int sum = 0;
    int i = 0;
    do
    {
        sum += i;
        i++;
    } while(i <= 100);

    printf("the sum of 100 is %d\n", sum);

    return 0;
}
```

这两个程序的运行结果是一样的。但如果把变量 i 的初值改为 101，运行结果就不一样。while 语句的运行结果是 0，而 do-while 语句的运行结果是 101。

2. for 循环语句

for 语句是 C 语言所提供的功能更强、使用更广泛的一种循环语句，其一般形式为

```
for（表达式1；表达式2；表达式3）
语句
```

括号中的 3 个表达式的含义如下。

表达式 1：通常用来给循环变量赋初值，一般是赋值表达式；也允许在 for 语句外给循环变量赋初值，此时可以省略该表达式。

表达式 2：通常是循环条件，一般为关系表达式或逻辑表达式。

表达式 3：通常用来修改循环变量的值，一般是赋值语句。

for 后面的语句即为循环体。可以是一条语句，也可以是用括号“{}”包含起来的多条语句。

首先计算表达式 1 的值，再计算表达式 2 的值，若值为真（非 0）则执行循环体一次，否则跳出循环。然后再计算表达式 3 的值，转回第 2 步重复执行。

我们继续通过 1～100 求和的例子，来理解 for 语句的用法，示例代码如下：

```
#include <stdio.h>
int main()
{
    int i, sum = 0;

    for (i = 1; i <= 100; i++)
        sum += i;

    printf("The sum of 100 is %d\n", sum);

    return 0;
}
```

可以看出，使用 for 循环语句更加简洁明了。

for 括号中的 3 个表达式都可以是逗号表达式，即每个表达式都可由多个表达式组成。3 个表达式都是任选项，都可以省略。

在整个 for 循环过程中，表达式 1 只计算一次，表达式 2 和表达式 3 则可能计算多次。循环体可能多次执行，也可能一次都不执行，它等价于下面的 while 语句。

```
表达式1;
while (表达式2)
{
        循环体;
        表达式3;
}
```

在使用 for 语句中要注意以下几点。

① for 语句中的表达式 1 可以省略，但在 for 循环之前应给循环变量赋值。例如：

```
int i = 1, sum = 0;
for (; i <= 100; i++)
sum = sum+i;
```

② 表达式 2 也可以省略，但循环将陷入死循环。例如：

```
int i, sum = 0;
for (i = 1; ; i++)
sum = sum+i;
```

③ 表达式 3 也可以省略，但应在循环体中增加使循环变量值改变的语句。

```
int i;
for (i = 1; i <= 100;)
{
  sum = sum+i;
  i++;
}
```

④ 表达式 1 和表达式 3 也允许同时省略。

```
int i = 1, sum = 0;
for (; i <= 100;)
{
  sum = sum+i;
  i++;
}
```

这时，完全与 while 循环等价。

⑤ 三个表达式都可以省略，但“;”不能省略。

```
int i;
for (;;)
{
  sum = sum+i;
  i++;
}
```

否则，变成了死循环，将无休止地累加下去。

⑥ 循环体可以是空语句。

⑦ for 语句也可与 for、while、do-while 语句相互嵌套，构成多重循环。

举例：使用 for 嵌套语句产生下列图案。

F

_FE

__FED

___FEDC

循环语句的形式

____FEDCB

_____FEDCBA

示例代码如下：

```
#include <stdio.h>

int main()
{
    char let = 'F';
    int i, j;

    for (i = 0; i <= let - 'A'; i++)
    {
        for (j = 0; j < i; j++)
          printf("_");

        for (j = 0; j <= i; j++)
          printf("%c", let-j);
        printf("\n");
    }

    return 0;
}
```

3. goto 语句构成循环

goto 语句也称为无条件转移语句，其一般格式如下：

```
goto语句标号;
```

其中语句标号是按标识符规定书写的符号，放在某一语句行的前面，标号后加冒号（：）。语句标号起标识语句的作用，与 goto 语句配合使用。

C 语言不限制程序中使用标号的次数，但各标号不得重名。goto 语句的语义是改变程序流向，转去执行语句标号所标识的语句。可以与条件判断语句配合使用，来构成循环。

继续使用 1～100 求和的例子，利用 goto 构造循环，示例代码如下：

```
#include <stdio.h>
int main()
{
    int i = 1, sum = 0;

    loop:
    if ( i <= 100 )
    {
      sum += i;
      i++;
      goto loop;
    }

    printf("The sum of 100 is %d\n", sum);

    return 0;
}
```

由于 goto 语句可以随意跳转，过多使用 goto 语句，很容易造成程序结构的混乱，代码可读性也会降低，因此在结构化程序设计中一般不主张使用 goto 语句，以免带来程序理解和调试上的困难。

5.2.3 转向语句

转向语句包括 break、continue 和 goto 语句。

break和continue的区别

1. break 语句

break 语句在前面的 switch 语句中已经出现过，只能用在 switch 语句或循环语句中，其作用是跳出 switch 语句或跳出本层循环，转去执行后面的语句。由于 break 语句的转移方向是明确的，因此不需要语句标号与之配合，break 语句的一般形式为

```
break;
```

要注意的是 break 语句只能跳出一层循环。举例如下：

```
for(r = 1; r <= 10; r++)
{
    area = pi * r * r;
    if ( area > 100)
        break;
    printf ("%f\n", area);
}
```

本程序是循环计算各个半径时圆的面积。当面积大于 100 时，停止循环。如果想跳出多层循环，有多种方法可使用，比如：逐级 break、goto 语句、return 语句等。也可以用赋值的方式，也就是当需要跳出多个循环的时候，可以把上几层的跳出循环的条件改为可以跳出上一层循环就可以。比如：

```
for(i=0;i<M;i++)
  for(j=0;j<N;j++)
   for(k=0;k<B;k++)
   {
          if(条件)
          {
             i=M;j=N;break;
           }
   }
```

这样就可以跳出这些循环了。

2. continue 语句

continue 语句只能用在循环体中，其一般格式是：

```
continue;
```

其功能是结束本次循环，即不再执行循环体中 continue 语句之后的语句，转入下一次循环条件的判断与执行。continue 语句只结束本次的循环，并不跳出循环。

举个例子，输出 100 以内的所有能被 7 整除的正整数。

```
#include <stdio.h>

int main()
{
        int n;
        for(n=1;n<=100;n++)
        {
                if (n%7!=0)
                        /*若不能被7整除，则跳出本次循环，继续下一次循环*/
```

```
                continue;
            printf("%d ",n);
        }

        return 0;
    }
```

3. goto 语句

前面已经提到过，goto 语句也称为无条件转移语句，用来改变程序流向，转去执行语句标号所标识的语句。除了可以利用 goto 来构造循环外，还可以实现条件转移、跳出循环体等功能。示例代码如下：

```
#include <stdio.h>
#include <stdlib.h>
#include <string.h>

#define N 300

int main(int argc, char *argv[])
{
 char clean[N];
 int n;

 while ( 1 )
 {
     printf("**************************************\n");
     printf("* 1: register    2: login    3: quit *\n");
     printf("**************************************\n");
     printf("please choose : ");
     if (scanf("%d", &n) == 0)
     {
        fgets(clean, N, stdin);
        printf("\n");
        continue;
     }
     switch ( n )
     {
     case 1 :
          //...
          break;
     case 2 :
          if (do_login(sockfd, &buf) == 0)
             continue;
          else
                 goto next;
     case 3 :
          exit(0);
     }
 }
next:
 while ( 1 )
 {
     printf("**************************************\n");
```

```
        printf("* 1: query    2: history    3: quit *\n");
        printf("*************************************\n");
        printf("please choose : ");
        if (scanf("%d", &n) == 0)
        {
            fgets(clean, N, stdin);
            printf("\n");
            continue;
        }
        switch ( n )
        {
              //...
        }
    }


    exit(0);
}
```

本例中，如果 do_login 函数返回 0，继续第一个 while 循环；如果返回 1，则跳出第一个 while 循环，开始执行 next 标号下面的 while。使用 goto 语句，很方便表达这样的逻辑关系。

前文一定提到了，频繁使用 goto 语句，会使得程序结构混乱。而且，大多数情况，使用 goto 语句的位置，都可以用循环结构来替代，因此，一般都不建议使用 goto。

但是，在一些特殊的场合，使用 goto 语句比循环语句，代码会更简洁，效果更好。若把上面的程序改用循环来实现，代码如下：

```
#include <stdio.h>
#include <stdlib.h>
#include <string.h>

#define N 300

int main(int argc, char *argv[])
{
 char clean[N];
 int n;

 while ( 1 )
 {
        printf("*************************************\n");
        printf("* 1: register    2: login    3: quit *\n");
        printf("*************************************\n");
        printf("please choose : ");
        if (scanf("%d", &n) == 0)
        {
            fgets(clean, N, stdin);
            printf("\n");
            continue;
        }
        switch ( n )
        {
        case 1 :
```

```
            //...
            break;
        case 2 :
            if (do_login(sockfd, &buf))
            {
             while ( 1 )
              {
                  printf("************************************\n");
                  printf("* 1: query     2: history     3: quit *\n");
                  printf("************************************\n");
                  printf("please choose : ");
                 if (scanf("%d", &n) == 0)
                 {
                 fgets(clean, N, stdin);
                   printf("\n");
                 continue;
                 }
                 switch ( n )
                 {
                     //...
                 }
              }
             else
                 continue;
        case 3 :
             exit(0);
        }
    }

    exit(0);
}
```

可以看出，若不用 goto 语句，就得使用双层循环，再加上 switch-case 结构，代码有一点混乱。在这样的情况下，读者也可以使用 goto 语句。

小 结

本章首先介绍了程序的基本结构，然后介绍了条件判断语句，包括 if-else 分支结构和多分支结构 switch-case。

接下来，本章继续讲解了循环控制语句，包括 for、while、do-while、goto 语句。这三种方式都可以构造循环，而且可以互相转换。本章还讲解了辅助进行循环控制的语句 break、continue、goto。

思考与练习

1. 已知三个数 *a*、*b*、*c*、找出最大值放于 *max* 中。
2. 编写一个程序，输出 100～1000 之间的所有各位数之和为 10 的数。

3. 编写一个程序，用 while 语句，该程序读取整数，直到输入 0，输入终止后，程序应该报告输入的偶数（不包括 0）总个数，偶数的平均值，输入的奇数总个数以及奇数的平均值。

4. 求和 s= 3+33+333。

5. 编写一个程序打印出下列图形。

*

**

***

****

*****

6. Daphne 以 10%的单利息投资了 100 美元（也就是说，每年投资赢的利息等于原始投资的 10%）。Deirdre 则以每年 5%的复合利息投资了 100 美元（也就是说，利息是当前结余的 5%，其中包括以前的利息）。编写一个程序，计算需要多少年 Deirdre 的投资额才会超过 Daphne，并且显示出到那时两个人的投资额。

PART06

第6章

数组

本章要点：

- 一维数组的定义、引用及初始化。
- 一维数组的内存分配。
- 二维数组的定义、初始化。
- 二维数组的内存分配。
- 字符数组。
- 字符串的定义、输入输出。
- 字符串处理函数。

■ 上一章主要介绍了程序结构和控制语句。本章继续介绍嵌入式 Linux C 语言的基础知识。

6.1 一维数组

6.1.1 数组的定义

数组概述

数组就是具有一定顺序关系的若干变量的集合。其中的每个变量，都被称为数组的元素。从定义中，我们可以看出几个关键点，首先，组成数组的元素是若干个独立的变量。其次，这些变量的数据类型必须相同。最后，变量之间有一定的顺序关系。

数组属于构造数据类型。一个数组可以分解为多个数组元素。这些数组元素可以是基本数据类型或是构造类型。因此按数组元素的类型不同，数组又可分为数值数组、字符数组、指针数组、结构体数组等。

C 语言中使用数组必须先进行定义。一维数组是指只有一个下标的数组，说明形式为。

```
<存储类型>    <数据类型>    <数组名>[<常量表达式>]
```

一维数组的定义

存储类型指的是 auto，register，static，extern。若省略，相当于 auto。

数据类型可以是任一种基本数据类型或构造数据类型。

数组名是用户定义的数组标识符。

方括号中的常量表达式表示数据元素的个数，也称为数组的长度。

对于数组的定义，这里有几点是需要特别注意的。

① 数组的类型实际上是指数组元素的取值类型。对于同一个数组，其所有元素的数据类型都是相同的。

② 数组名应当符合标识符的命名规定，即由字母、数字和下划线组成，但不能以数字开头。

③ 数组名不能与其他变量名相同。例如，以下的书写是错误的。

```
int main()
{
        int a;
        float a[10];

        return 0;
}
```

④ 方括号中常量表达式表示数组元素的个数，如 a[5]表示数组 a 有 5 个元素，它需要在数组定义时就确定下来，不能随着程序的运行动态更改。它的下标从 0 开始计算，因此 5 个元素分别为 a[0]、a[1]、a[2]、a[3]、a[4]。

⑤ 不能在方括号中用变量来表示元素的个数，但是可以是符号常数或常量表达式，如 a[3+2]、b[5+9]。

⑥ 允许在同一个类型说明中说明多个数组和多个变量。

6.1.2 一维数组的引用

C 语言中规定了数组必须逐个元素引用，而不能整体引用。举例如下：

```
int a[10];
printf("%d\n", a);
```

上面的用法是错误的，数组的引用实际上就是数组元素的引用。数组元素的一般表示方法为

```
数组名[下标]
```

其中的下标只能为整型常量或整型表达式。这里的方括号“[]”读者在之前介绍的运算符中已经见到过。它实际上就是下标引用符，优先级是最高的，并且具有右结合性。举个例子来演示数组的使用，计算 Fibonacci 数列前 10 项并逆序给出结果：

```
#include <stdio.h>

int main()
{
    /*数组定义，有10个元素*/
    int i,a[10];

    a[0] = a[1] = 1;
    for (i = 2; i < 10; i++)
            /*下标为整型表达式，注意标号范围为0到9*/
            a[i] = a[i-2] + a[i-1];

   printf ("Fibonacci numbers...\n");
    for (i = 9; i >= 0;i--)
      /*下标为整型表达式，标号范围为0到9*/
      printf("a[%d] is %d\n",i,a[i]);

    return 0;
}
```

其运行结果如下所示。

```
linux@ubuntu:~/book/ch6$ cc test.c–o test -Wall
linux@ubuntu:~/book/ch6$./test
Fibonacci numbers...
a[9] is 55
a[8] is 34
a[7] is 21
a[6] is 13
a[5] is 8
a[4] is 5
a[3] is 3
a[2] is 2
a[1] is 1
a[0] is 1
```

通过下标就可以很方便地访问数组中的元素，但是，一定要注意下标从 0 开始，范围为 0 到 $n-1$，其中，n 为元素个数。假如，引用数组元素时，下标越界了，结果将是不可预料的。ANSI C 没有对使用越界下标的行为做出定义。因此，一个越界下标有可能导致以下几种结果。

① 若越界访问的内存空间是空闲的，程序可能不受影响，仍能正确运行。

② 若越界访问的空间已经被占用，且写了很重要的数据。在这种情况下，若程序执行了非法写操作，则程序可能会异常终止或崩溃。

③ 若越界访问的空间是空闲的，程序只是进行了读操作，则程序能继续运行，但无法得出正确的结果。

④ 其他情况。

我们可以看到，数组的越界操作，相当于内存访问越界，这种错误所造成的结果是无法估计的，因此，在引用数组元素时，一定要仔细地处理下标，以防止出现数组越界问题。

若数组在定义时指定有 n 个元素，则数组的下标范围为 0～（n-1）。

6.1.3 一维数组的初始化

数组的初始化有 7 种情况。

① 局部数组不初始化。

对于普通局部数组，若定义时没有初始化，则数组中元素的值是不确定的。

② static 数组不初始化。

对于 static 修饰的数组，若定义时没有初始化，则数组中元素的值默认为 0。

③ 全局数组不初始化。

对于全局数组，若定义时没有初始化，则数组中元素的值默认也为 0。

④ 全部初始化。

与变量在定义时初始化一样，数组也可以在定义时进行初始化，如对整型数组进行初始化。

```
int a[10]={1, 2, 9, 23, 8, 10, 7, 24, 0, 22};
```

此处还是要注意，数组只能通过下标逐个引用元素。定义数组时，对数组元素的初始化，只能写成一行，不能换行写。下面的写法是错误的：

```
int a[10];
a[10] ={1, 2, 9, 23, 8, 10, 7, 24, 0, 22};
```

在初始化时需要用花括号将初始化数值括起来，在括号后要加分号。

⑤ 部分初始化。

数组在定义时可以对其中的部分数据进行初始化。当“{}”中值的个数少于元素个数时，只给前面部分元素赋值。例如，如下定义就是对数组的前 5 个数据初始化，而后 5 个数据自动赋 0。

```
int a[10]={ 1, 2, 9, 23, 8};
```

⑥ 数组全部赋值。

若想要对数组中的元素全部赋值，则可以省略数组下标中的常量。编译器会根据初始化列表自动计算数组元素的个数，如下所示。

```
int a[]={1, 2, 9, 23, 8, 10, 7, 24, 0, 22};
```

注意此时“[]”不能省略。

⑦ 数组全部初始化为 0。

有一种很特殊的写法，可以一次性地把数组中的元素全部初始化为 0，读者只需把这种写法当成一个特殊情况来记忆。示例代码如下：

```
int main()
{
  int a[10] = {0};
  return 0;
}
```

这样给数组清 0 的方式，类似于下面的几种写法。写法 1：

```
int main()
```

```
{
  int a[10], i;

  for (i = 0; i < 10; i++)
     a[i] = 0;

  return 0;
}
```

可以使用库函数 memset，把数组用 0 来填充，需要引入头文件 string.h。写法 2：

```
#include <string.h>
int main()
{
  int a[10];

  memset(a, 0, sizeof(a));

  return 0;
}
```

可以使用库函数 bzero，把数组清 0，需要引入头文件 strings.h。写法 3：

```
#include <strings.h>
int main()
{
  int a[10];
  bzero(a, sizeof(a));

  return 0;
}
```

数组的元素不能整体赋值，只能单个赋值。比如，若定义“int a[10] = {9};”则只为该数组中的第一个元素赋值。

6.1.4 一维数组的内存分配

一维数组的引用与内存

在内存中，数组中的元素占用连续的存储空间，并且根据单个元素所占存储空间来进行内存分配。数组名代表数组的起始地址，是地址常量，对数组名求 sizeof，可以得出数组占用的总空间。类似的道理，可以很容易利用下面的表达式来计算出数组的元素个数：

```
数组的元素个数 = sizeof(数组名) / sizeof(数据类型)
```

举个例子，有 6 个元素的两个数组，分别为整型和字符型，它们在内存中的组织形式，可通过下面代码来验证。

```
#include <stdio.h>

int main()
{
   int a[6], i;
```

```
    char b[6];

    printf("Start address %p\n", a);
    for (i = 0; i < sizeof(a) / sizeof(int); i++)
        printf ("%p ", &a[i]);

    printf("\nTotal:%d bytes\n", sizeof(a));

    printf("Start address %p\n", b);
    for (i = 0; i < sizeof(b) / sizeof(char); i++)
        printf ("%p ", &b[i]);
    printf("\nTotal:%d bytes\n", sizeof(b));

    return 0;
}
```

程序的执行结果如下：

```
linux@ubuntu:~/book/ch6$ gcc test.c–o test -Wall
linux@ubuntu:~/book/ch6$./test
start address 0xb8f00000
0xb8f00000 0xb8f00004 0xb8f00008 0xb8f0000c 0xb8f00010 0xb8f00014
total: 24 bytes
start address 0xb7f00000
0xb7f00000 0xb7f00001 0xb7f00002 0xb7f00003 0xb7f00004 0xb7f00005
total: 6 bytes
```

两个数组在内存的存放形式，如图 6-1 所示。

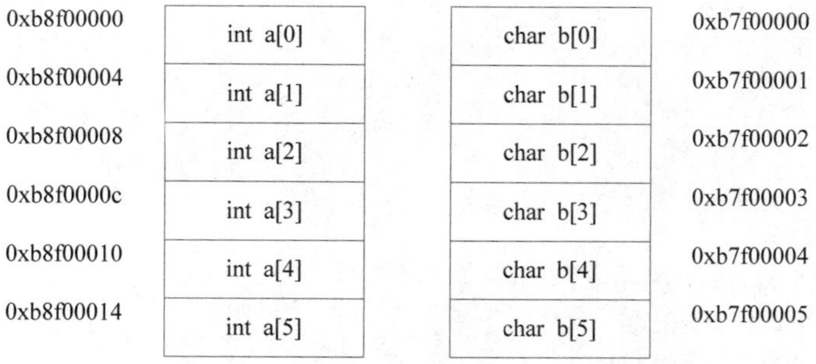

0xb8f00000	int a[0]		char b[0]	0xb7f00000
0xb8f00004	int a[1]		char b[1]	0xb7f00001
0xb8f00008	int a[2]		char b[2]	0xb7f00002
0xb8f0000c	int a[3]		char b[3]	0xb7f00003
0xb8f00010	int a[4]		char b[4]	0xb7f00004
0xb8f00014	int a[5]		char b[5]	0xb7f00005

图 6-1　一维数组在内存中的存储形式

6.1.5　一维数组程序举例

问题描述：在键盘上输入 *N* 个整数，试编写程序使该数组中的元素按照从小到大的次序排列。这是一个排序问题，排序方法有很多种，我们选择其中的两种。

1. 冒泡排序

冒泡排序的排序过程如下。

① 比较第一个数与第二个数，若为逆序 a[0]>a[1]，则交换；然后比较第二个数与第三个数；依次类推，直至第 n-1 个数和第 n 个数比较为止——第一趟冒泡排序，最终，最大的数被安置在最后一个元素位置上。

② 对前 n-1 个数进行第二趟冒泡排序，最终，使次大的数被安置在第 n-1 个元素位置。

③ 重复上述过程，共经过 n-1 次冒泡排序后，排序结束。

示例代码如下：

```
#include <stdio.h>

#define N 10
int main(int argc,char **argv)
{
    int a[N], i, j, t;

    printf("Please input %d numbers\n",N);
    for (i = 0; i < N; i++)
        scanf("%d",&a[i]);

     for (i = 0; i < N-1; i++)
        for (j = 0; j < N-1-i; j++)
        {
            if (a[j] > a[j+1])
            {
                t = a[j];
                a[j] = a[j+1];
                a[j+1] = t;
            }
        }

     printf ("The array after sort:\n");
     for (i = 0; i < N; i++)
         printf ("%5d",a[i]);
     printf("\n");

     return 0;
}
```

程序执行情况如下：

```
linux@ubuntu:~/book/ch6$ gcc test.c–o test -Wall
linux@ubuntu:~/book/ch6$./test
Please input 10 numbers
23 9 1 32 89 4 6 13 90 22
The array after sort:
    1    4    6    9   13   22   23   32   89   90
```

2. 选择排序

选择排序的排序过程如下。

① 首先通过 n-1 次比较，从 n 个数中找出最小的， 将它与第一个数交换——第一次选择排序，结果最小的数被安置在第一个元素位置上。

② 再通过 n-2 次比较，从剩余的 n-1 个数中找出关键字次小的记录，将它与第二个数交换——第二次选择排序。

③ 重复上述过程，共经过 n-1 次排序后，排序结束。

示例代码如下：

```
#include <stdio.h>
```

```
#define N 10
int main(int argc,char **argv)
{
    int a[N], i, j, r, t;

    printf("Please input %d numbers\n",N);
    for (i = 0; i < N; i++)
       scanf("%d",&a[i]);

    for (i = 0; i < N-1; i++)
    {
        r = i;
        for (j = i+1; j < N; j++)
            if (a[j] < a[r])
                r = j;
        if(r != i)
        {
            t = a[r];
            a[r] = a[i];
            a[i] = t;
        }
    }

    printf ("the array after sort:\n");
    for (i = 0; i < N; i++)
        printf ("%5d",a[i]);
    printf ("\n");

    return 0;
}
```

程序执行情况如下：

```
linux@ubuntu:~/book/ch6$gcc test.c–o test -Wall
linux@ubuntu:~/book/ch6$./test
Please input 10 numbers
1 90 23 45 12 8 2 4 7 25
the array after sort:
    1    2    4    7    8   12   23   25   45   90
```

6.2 多维数组

6.2.1 多维数组定义及初始化

1. 多维数组定义

一维数组只有一个下标。具有两个或两个以上下标的数组，就称为多维数组。多维数组元素有多个下标，以标识它在数组中的位置。多维数组的说明与一维数组的说明基本类似，其说明的一般形式如下：

```
<存储类型><数据类型><数组名><常量表达式1><常量表达式2>…<常量表达式n>
```

可以看出，多维数组与一维数组的说明相比，只是增加了多个下标，其他特性基本与一维数组相同。

例如：double b[2][3][4]。

在这里重点介绍二维数组，多维数组的用法可由二维数组类推而得到。

二维数组的定义与引用

二维数组定义的一般形式是：

```
<存储类型><数据类型><数组名>[常量表达式1][常量表达式2]
```

其中常量表达式 1 表示第一维下标的长度，即行数，常量表达式 2 表示第二维下标的长度，即列数。例如：int a[2][3]。

说明了一个二行三列的数组，数组名为 a，其下标变量的类型为整型。该数组的下标变量共有 2×3 个，即：

```
a[0][0],a[0][1],a[0][2]
a[1][0],a[1][1],a[1][2]
```

2. 二维数组初始化

二维数组的初始化与一维数组基本类似，主要有下面一些形式。

① 降维给二维数组赋初值，即按行初始化。每一组的初始值都用{ }括起来。

```
int a[2][3] = {{1, 2, 3}, {4, 5, 6}};
//按降维给a数组元素全部初始化
int a[3][3] = {{1}, {4}};
//只初始化了部分数组元素，其他元素为0。第一行为1 0 0,第二行为4 0 0
```

② 按线性存储的形式给二维数组赋初值。

```
int a[2][3] = {1, 2, 3, 4, 5, 6};
//按线性存储形式给二维数组全部初始化
int a[3][3] = {1, 2 };
//只初始化了部分数组元素，其他元素为0。第一行为1 2 0,第二行为0 0 0，第三行为0 0 0。
```

③ 可以省略左边下标范围的方式，给二维数组赋初值。

```
int a[][3] = {{1, 2, 3}, {4, 5, 6}};
//省略左边下标范围，给数组所有元素初始化
```

特别要注意的是，第一维的长度可以省略，但是，第二维的长度不能省，比如下面的写法：

```
int a[2][] = {{1, 2, 3}, {4, 5, 6}};
```

编译程序时，会有语法错误。

```
error: array type has incomplete element type
```

二维数组第二维的长度不能省略。

6.2.2 二维数组的内存分配

二维数组在概念上是二维的，也就是说其下标在两个方向上变化，有行和列的说法。下标变量在数组中的位置也处于一个平面之中，而不是像一维数组只是一个向量。但是内存却是连续编址的，是按一维线性排列的。如何在一维存储器中存放二维数组，在 C 语言中，二维数组采取了和一维数组类似的存储方式，按行优先存，存储了第一行的元素，即存第二行的，依次类推。

举个例子，有 6 个元素的二维数组，它在内存中的组织形式，可通过下面代码来验证。

```
#include <stdio.h>

int main()
{
    int a[2][3] = {{8, 2, 6}, {1, 7, 9}}, i, j;
```

```
    for (i = 0; i < 2; i++)
        for (j = 0; j < 3; j++)
            printf ("%d ", a[i][j]);
    printf ("\n");


    for (i = 0; i < 2; i++)
       for (j = 0; j < 3; j++)
            printf ("%p ", &a[i][j]);
    printf ("\n");

    return 0;
}
```

程序的执行结果如下：

```
linux@ubuntu:~/book/ch6$cc test.c–o test -Wall
linux@ubuntu:~/book/ch6$./test
8 2 6 1 7 9
0xbff58a90 0xbff58a94 0xbff58a98 0xbff58a9c 0xbff58aa0 0xbff58aa4
```

数组元素在内存的存放形式，如图 6-2 所示。

0xbff58a90	int a[0][0]
0xbff58a94	int a[0][1]
0xbff58a98	int a[0][2]
0xbff58a9c	int a[1][0]
0xbff58aa0	int a[1][1]
0xbff58aa4	int a[1][2]

图 6-2　二维数组在内存中的存储形式

6.2.3　深入理解二维数组

上一部分内容，从内存分配的角度，重点介绍了二维数组。我们也可以把二维数组，看成由多个一维数组组成。例如：int a[3][4]。可以理解成二维数组含有三个元素：a[0]，a[1]，a[2]。每个元素 a[i]由包含四个元素的一维数组组成。如图 6-3 所示。

为了突出在内存分配的角度，二维数组中的元素也是按行顺序存储的，我们可以按照图 6-4 的方式来理解二维数组。

a[0]	a[0][0]	a[0][1]	a[0][2]	a[0][3]
a[1]	a[1][0]	a[1][1]	a[1][2]	a[1][3]
a[2]	a[2][0]	a[2][1]	a[2][2]	a[2][3]

图 6-3　二维数组

a[0]	a[0][0]
	a[0][1]
	a[0][2]
	a[0][3]
a[1]	a[1][0]
	a[1][1]
	a[1][2]
	a[1][3]
a[2]	a[2][0]
	a[2][1]
	a[2][2]
	a[2][3]

图 6-4　二维数组（按行存储）

读者可以通过下面的程序来深入理解本部分内容。

```
#include <stdio.h>
#define DEBUG 1
int main()
{
    int a[3][4] = {{8, 2, 6, 4}, {1, 4, 7, 9}}, i, j;

#if DEBUG
    a++;
    a[0]++;
    a[1]++;
    a[2]++;
    a[3]++;
#endif
   printf("a     :%p     a+1     :%p\n\n", a, a+1);

    printf("a[0]:%p     a[0]+1:%p     &a[0][1]=%p\n", a[0], a[0]+1, &a[0][1]);
    printf("a[1]:%p     a[1]+1:%p     &a[1][1]=%p\n", a[1], a[1]+1, &a[1][1]);
    printf("a[2]:%p     a[2]+1:%p     &a[2][1]=%p\n", a[2], a[2]+1, &a[2][1]);
    printf("a[3]:%p     a[3]+1:%p     &a[3][1]=%p\n", a[3], a[3]+1, &a[3][1]);

     return 0;
}
```

编译程序，出现以下错误：

```
linux@ubuntu:~/book/ch6$ cc test.c
test.c: In function'main':
test.c:10: error: lvalue required as increment operand
test.c:11: error: lvalue required as increment operand
test.c:12: error: lvalue required as increment operand
test.c:13: error: lvalue required as increment operand
test.c:14: error: lvalue required as increment operand
```

把宏 DEBUG 改成 0，程序的执行结果如下：

```
a     :0xbfc8ec98     a+1     :0xbfc8eca8

a[0]:0xbfc8ec98     a[0]+1:0xbfc8ec9c     &a[0][1]=0xbfc8ec9c
a[1]:0xbfc8eca8     a[1]+1:0xbfc8ecac     &a[1][1]=0xbfc8ecac
a[2]:0xbfc8ecb8     a[2]+1:0xbfc8ecbc     &a[2][1]=0xbfc8ecbc
a[3]:0xbfc8ecc8     a[3]+1:0xbfc8eccc     &a[3][1]=0xbfc8eccc
```

从上面的程序，可以看出下面几点。

① a 是二维数组名，是地址常量。

② a[0]，a[1]，a[2]，a[3]实际上都是一维数组名，代表一维数组的起始地址，也都是地址常量。

③ a+1 和 a 的地址差 16 个字节，相当于 4 个数组元素。因此，可以看出 a 代表第 1 行的地址，a+1 代表第 2 行的地址。

④ a[0]+1 和 a[0]的地址差 4 个字节，相当于 1 个数组元素。因此，a[0]+1 相当于元素&a[0][1]，a[1]+1 相当于元素&a[1][1]，a[2]+1 相当于元素&a[2][1]。

6.2.4 二维数组程序举例

问题 1：有一个 3×4 的矩阵，要求输出其中值最大的元素的值，以及它的行号和列号。

示例代码如下：

```
#include <stdio.h>

int main(int argc, char *argv[])
{
    int max, i, j, r, c;
    int a[3][4] ={{24, 89, 2, 41}, {3, 11, 9, 1}};

    max = a[0][0];

    for (i = 0; i < 3; i++)
        for (j = 0; j < 4; j++)
            if (a[i][j] > max)
            {
                max = a[i][j];
                r = i;
                c = j;
            }

    printf("Max=%d, row=%d, column=%d\n", max, r, c);

    return 0;
}
```

程序执行结果如下：

```
linux@ubuntu:~/book/ch6$cc test.c–o test -Wall
linux@ubuntu:~/book/ch6$./test
Max=89, row=0, column=1
```

问题2：求矩阵 $A_{m\times n}$ 和矩阵 $B_{n\times k}$ 的乘积 $A_{m\times n}\times B_{n\times k}$，可用下面的公式：

$$C_{m\times k}=A_{m\times n}\times B_{n\times k}=\begin{bmatrix} C[0][0] & C[0][1] & \cdots & C[0][j] & \cdots & C[0][k-1] \\ C[1][0] & C[1][1] & \cdots & C[1][j] & \cdots & C[1][k-1] \\ C[i][0] & C[i][1] & \cdots & C[i][j] & \cdots & C[i][k-1] \\ C[m-1][0] & C[m-1][1] & \cdots & C[m-1][j] & \cdots & C[m-1][k-1] \end{bmatrix}$$

其中

$$C[i][j]=\sum_{r=0}^{n-1} A[i][r]\times B[r][j]$$

示例代码如下：

```
#include <stdio.h>

#define M 2
#define N 3
#define K 2

int main(int argc, char *argv[])
{
    int A[M][N] = {{1, 0, 1}, {1, 1, 0}};
    int B[N][K] = {{1, 0}, {1, 0},{0, 1}};
    int C[M][K], i, j, k;

    for (i = 0; i < M; i++)
```

```
    {
        for (j = 0; j < K; j++)
        {
            C[i][j] = 0;
            for (k = 0; k < N; k++)
                C[i][j] += A[i][k]*B[k][j];

            printf("%d ", C[i][j]);
        }
        printf("\n");
    }

    return 0;
}
```

程序执行结果如下：

```
linux@ubuntu:~/book/ch6$cc test.c–o test -Wall
linux@ubuntu:~/book/ch6$./test
1 1
2 0
```

6.3 字符数组

1. 字符数组定义

有一定顺序关系的若干个字符型变量的集合，就是字符数组。可以是一维的，也可以是多维的。字符数组具有普通数组的性质，又有一些特殊的性质。

字符数组的定义形式如下：

```
char c[5];
char ch[2][3];
```

2. 字符数组初始化

常用两种方法来为字符数组初始化。

① 和普通的数组相同，逐个为数组元素赋值。

```
char ch[6] = {'a','b','c','d','e','\0'};
```

a	b	c	d	e	\0
ch[0]	ch[1]	ch[2]	ch[3]	ch[4]	ch[5]

```
char diamond[][5]={{'.', '.','*'},{'.','*','.','*'},
        {'*', '.', '.', '.' ,'*'},{'.','*', '.','*'},{'.', '.','*'}};
```

diamond[0]	.	.	*	\0	\0
diamond[1]	.	*	.	*	\0
diamond[2]	*	.	.	.	*
diamond[3]	.	*	.	*	\0
diamond[4]	.	.	*	\0	\0

② 使用字符串常量来为数组元素赋值。

```
char ch[6]={"abcde"};
char ch[6]="abcde";
char ch[]="abcde";
```

a	b	c	d	e	\0
ch[0]	ch[1]	ch[2]	ch[3]	ch[4]	ch[5]

相当于这样的效果：char ch[6] = {'a', 'b', 'c', 'd', 'e', '\0'};

```
char fruit[][7] = {"Apple","Orange","Grape","Pear","Peach"};
```

fruit[0]	A	p	p	l	e	\0	\0
fruit [1]	O	r	a	n	g	e	\0
fruit [2]	G	r	a	p	e	\0	\0
fruit [3]	P	e	a	r	\0	\0	\0
fruit [4]	P	e	a	c	h	\0	\0

关于字符串，下面将详细讲解。在这里，需要注意，字符串以\0 结尾，内存访问不能越界，下面的代码是错误的：

```
char c[5] = {"abcde"};
相当于这样的效果：char c[5] = {'a','b','c','d','e','\0'};
```

字符串“abcde”，看起来只有 5 个字母，但字符串隐含了结束标志\0，相当于 6 个字母，越界了。

6.4 字符串

6.4.1 字符串的定义

字符串指的是以‘\0’作为结束字符的一组字符，在 C 语言中没有专门的字符串变量，通常用一个字符数组来存放一个字符串。因此当把一个字符串存入一个数组时，也把结束符'\0'存入数组，并以此作为该字符串是否结束的标志。

在 C 语言中，可用下面的方式，声明字符串：

```
char a[]={'a','p','p','l','e','\0'};
char b[]={"apple"};
char c[]="apple";
```

用字符串方式赋值比用字符逐个赋值要多占一个字节， 用于存放字符串结束标志‘\0’。上面的数组 c 在内存中的实际存放情况为

a	p	p	l	e	\0

‘\0’是由 C 编译系统自动加上的。由于采用了‘\0’标志，所以在用字符串赋初值时，经常省略数组的长度。

```
char a[]={'a','p','p','\0','e','\0'};
char b[]={"apple"};
char c[]="apple";
```

6.4.2 字符串的输入输出

关于字符串的输入输出，最容易想到的方式是，使用循环语句逐个地输入输出每个字符。还可以用 scanf 函数和 printf 函数来进行字符串的输入输出。使用格式化符号“%s”，来表示处理的是字符串。scanf 的各输入项必须以地址方式出现，如 &a、&b。但由于数组名就代表了数组的首地址。在这里只需要写

数组名，不用再加取地址符号。

示例程序如下：

```
#include <stdio.h>
#define N 20
int main()
{
    char s1[]="hello world";
    char s2[N];

    printf("String1: %s\n", s1);
    printf(">");
    scanf("%s",s2);
    printf("String2: %s\n",s2);

    return 0;
}
```

第一种情况，程序结果：

```
linux@ubuntu:~/book/ch6$cc test.c–o test -Wall
linux@ubuntu:~/book/ch6$./test
String1: hello world
>welcome
String2: welcome
```

第二种情况，程序结果：

```
linux@ubuntu:~/book/ch6$cc test.c–o test -Wall
linux@ubuntu:~/book/ch6$./test
String1: hello world
>how are you
String2: how
```

本程序功能是：输入一个字符串，并打印出来。需要注意的是，字符数组的长度定义为 N，在输入字符时，最多能输入 N-1 个字符，以留出一个字节用于存放字符串结束标志‘\0’。

从第二种输入的情况，可以看出，当用 scanf 函数输入字符串时，以空格作为串的结束符。因次，若输入字符串中含有空格，空格后面的字符将不能存到数组中。这种情况，可通过下面的程序来处理：

```
#include <stdio.h>

#define N 20

int main()
{
    int i = 0;
    char s[N] = {0};

    printf(">");
    while (scanf("%s", s) != EOF)
    {
        printf (">");
        // scanf("%s", s);
        printf ("i = %d :%s\n", i, s);
        i++;
    }
```

```
    printf("end main\n");

    return 0;
}
```

程序执行结果如下：

```
linux@ubuntu:~/book/ch6$cc test.c–o test -Wall
linux@ubuntu:~/book/ch6$./test
>how are you
>i = 0 :how
>i = 1 :are
>i = 2 :you
I am fine.
>i = 3 :I
>i = 4 :am
>i = 5 :fine.
end main
```

在本程序中，scanf 函数是标准 IO 库中的函数，IO 库中有缓冲区，当通过键盘输入“how are you”时，首先是存放在 C 库的缓冲区中，调用一次 scanf 函数，“how”被取出缓冲区，存到字符数组中，剩下的“are you”字符串仍在缓冲区中，这时，可以循环调用 scanf 函数二次，把缓冲区中剩下的字符取走。当输入 EOF 时，scanf 函数返回 EOF，退出程序。

6.4.3 字符串处理函数

C 库中，提供了很多字符串处理的函数。熟练运用这些函数，可以减少编程工作量。在这里，介绍几个最常用的字符串函数。

1. 字符串拷贝函数 strcpy

头文件：string.h

函数原型：char * strcpy(char *dest, const char *src)

功能：字符串拷贝

参数：src 为源串的起始地址，dest 为目标串的起始地址

返回值：目标串的起始地址

示例程序如下：

```
#include <stdio.h>
#include <string.h>

#define N 50
int main()
{
    char dest[N];
    char src[] = "welcome";

    strcpy (dest, src);
    printf("dest: %s src: %s\n", dest, src);

    return 0;
}
```

程序执行结果如下：

```
linux@ubuntu:~/book/ch6$ cc test.c–o test -Wall
linux@ubuntu:~/book/ch6$./test
dest: welcome src: welcome
```

在使用 strcpy 函数时，需要注意，目标数组占用的空间，足够存储源串。注意，字符串的结束字符‘\0’，也会一起拷贝。

2. 字符串连接函数 strcat

头文件：string.h

函数原型：char * strcat(char *dest, const char *src)

功能：把字符串 src 连接到字符串 dest 的后面

参数：src 为源串的起始地址，dest 为目标串的起始地址

返回值：目标串的起始地址

示例程序如下：

```
#include <stdio.h>
#include <string.h>

#define N 50
int main()
{
    char dest[N] ="welcome";
    char src[] = "beijing";

    strcat (dest, src);
    printf("dest: %s src: %s\n", dest, src);

    return 0;
}
```

程序执行结果如下：

```
linux@ubuntu:~/book/ch6$ cc test.c–o test -Wall
linux@ubuntu:~/book/ch6$./test
dest: welcome beijing src: beijing
```

在使用 strcat 函数时，需要注意，目标数组应该有足够的空间，连接源串。注意，目标字符串‘\0’被删除，然后连接源串。

3. 字符串比较函数 strcmp

头文件：string.h

函数原型：int strcmp(const char *s1, const char *s2)

功能：按照 ASCII 码顺序比较字符串 s1 和字符串 s2 的大小

参数：s1、s2 为字符串起始地址。

返回值：比较结果。

字符串 1 = 字符串 2，返回值 = 0；

字符串 1 > 字符串 2，返回值 > 0；

字符串 1 < 字符串 2，返回值 < 0。

示例程序如下：

```
#include <stdio.h>
#include <string.h>
```

```
#define N 50
int main()
{
    int t;
    char s1[N];
    char s2[N];

    printf (">");
    scanf ("%s%s", s1, s2);
    t = strcmp (s1, s2);
    if (t == 0)   printf("s1 = s2\n");
    else if(t > 0) printf("s1 > s2\n");
    else printf("s1 < s2\n");

    return 0;
}
```

程序执行结果如下：

```
linux@ubuntu:~/book/ch6$ cc test.c–o test -Wall
linux@ubuntu:~/book/ch6$./test
>abcde
fghij
s1 < s2
```

4. 求字符串长度函数 strlen

头文件：string.h

函数原型：size_t strlen(const char *s)

功能：求字符串的长度（不含字符串结束标志‘\0’）

参数：s 为字符串

返回值：字符串的长度（不含字符串结束标志‘\0’）。

示例程序如下：

```
#include <stdio.h>
#include <string.h>

#define N 50
int main()
{
    int len;
    char s[N];

    printf (">");
    scanf ("%s", s);

    len = strlen (s);
    printf("len=%d\n",len);

    return 0;
}
```

程序执行结果如下：

```
linux@ubuntu:~/book/ch6$ cc test.c–o test -Wall
linux@ubuntu:~/book/ch6$./test
```

```
>abcde
len = 5
```

5. 字符串分解函数 strtok

头文件：string.h

函数原型：char *strtok(char *s, const char *delim);

功能：将字符串分隔成一个个片断

参数：s 为要分解的字符串，delim 为分隔符字符串

返回值：分解出的字符串的地址

当 strtok 在参数 s 的字符串中发现 delim 中包含的分隔符时，则会将该字符串改为“\0”字符。在第一次调用时，strtok 必须给予参数 s 字符串，往后的调用，则将参数 s 设置为 NULL。每次调用成功则返回指向被分割出片段的指针。

示例程序如下：

```
#include <stdio.h>
#include <string.h>

#define N 128

int main()
{
    char buf[N];
    char *arg[N];
    int i = 0, j;

    printf("Input a string:");
    while (gets(buf) != NULL)
    {
    printf("buf:%s\n", buf);

    i = 0;
    arg[i++] = strtok(buf, " ");
    do
    {
        arg[i++] = strtok(NULL, " ");
    }while (arg[i-1] != NULL);

    printf("A sequence of tokens:");
    for (j = 0; j < i-1; j++)
      printf("%s  ", arg[j]);
    printf("\n");

    printf("buf:%s\n", buf);
    printf("Input a string:");
   }

  return 0;
}
```

程序执行结果如下：

```
linux@ubuntu:~/book/ch6$ cc strtok.c -o strtok -Wall
/tmp/ccYHgVFt.o: In function `main':
```

```
strtok.c:(.text+0x11e): warning: the `gets' function is dangerous and should not be used.
linux@ubuntu:~/book/ch6$./strtok
Input a string:ls -l -a-i
buf:ls -l -a-i
A sequence of tokens:ls   -l   -a   -i
buf:ls
Input a string:192.168.1.22 9000
buf:192.168.1.22 9000
A sequence of tokens:192.168.1.22   9000
buf:192.168.1.22
Input a string:linux@ubuntu:~/book/ch6$
```

该程序在执行时，需要用户输入一个字符串。字符串输入函数 gets，没有输入长度限制，若用户输入的字符太多，会导致内存越界。因此，编译程序时，有一个警告，提示 gets 函数是危险的。用户输入的字符串，单词间以空格作为分隔符，strtok 函数可以将一个字符串分解成若干个子串。这样的功能，在 Linux 应用程序开发中，经常出现。建议读者熟练掌握。

从程序的执行结果，很容易发现 strtok 函数的一个特点：会破坏被分解字符串的完整，调用前和调用后的字符串已经不一样了。如果要保持原字符串的完整，可以使用 strchr 和 sscanf 的组合等。

小 结

本章主要介绍了数组。

首先，介绍了一维数组的定义、引用及初始化，一维数组的内存分配；然后介绍了二维数组的相关内容，包括概念、初始化及内存分配；还重点介绍了字符数组，字符串的定义，字符串的输入输出，字符串处理函数等内容。

思考与练习

1. 打印以下图案。

```
*****
 *****
  *****
   *****
    *****
```

2. 求矩阵下三角形元素之和。

3. 删除字符串中的重复字符。

4. 统计字符串中空格的个数。

5. 青年歌手参加歌曲大奖赛，有 10 个评委对他们的表现进行打分，试编程求这位选手的平均得分（去掉一个最高分和一个最低分）。

PART07

第7章

指针

本章要点：

- 指针基础。
- 指针的运算。
- 多级指针。
- 指针数组。
- const与指针。
- void指针。
- 字符指针与字符串。

■ 上一章介绍了一维数组、多维数组、字符数组及字符串等内容。本章将讲解指针。在C程序设计中，指针有很广泛的应用，是很基础、很重要的一部分内容，读者应该深刻理解。

7.1 指针基础

C 程序设计中使用指针，可以使程序简洁、紧凑、高效；有效地表示复杂的数据结构；实现动态分配内存；得到多于一个的函数返回值。随着读者对本书内容的学习，会逐渐体会到指针的好处。在本节，我们首先介绍指针的基础知识。

指针概述

在计算机内部存储器（简称内存）中，每一个字节单元，都有一个编号，称为地址。在这里，读者可以把计算机的内存看作是一条街道上的一排房屋，1 个字节算一个房屋，每个房屋都可以容纳 8 比特数据，每个房屋都有一个门牌号用来标识自身的位置。这个门牌号就相当于内存的编号，就是地址。

在前面的内容里，已经提到过指针的概念，简单地说，内存单元的地址称为指针。专门用来存放地址的变量，称为指针变量（pointer variable）。在不影响理解的情况下，有时对地址、指针和指针变量不区分，通称指针。

由于现在大多数的计算机是 32 位的，也就是说地址的字宽是 32 位的，因此，指针也就是 32 位的。可以看到，由于计算机内存的地址都是统一的宽度，而以内存地址作为变量地址的指针也就都是 32 位宽度。

请读者务必注意所有数据类型的指针（整型、字符型、数组、结构等）在 32 位机上都是 32 位（4 个字节）。

7.1.1 指针变量的定义

指针变量和其他变量一样，在使用之前要先定义，一般形式为

```
类型说明符 *变量名;
```

其中，“*”表示一个指针变量，变量名即为定义的指针变量名，类型说明符表示本指针变量所指向的变量的数据类型，例如：

```
int *p1;
```

以上代码表示 p1 是一个指针变量，它的值是某个整型变量的地址，或者说 p1 指向一个整型变量。至于 p1 究竟指向哪一个整型变量，应由向 p1 赋予的地址来决定。

指针的定义与初始化

再如：

```
static int *p2;          /*p2是指向静态整型变量的指针变量*/
float *p3;               /*p3是指向浮点型变量的指针变量*/
char *p4;                /*p4是指向字符型变量的指针变量*/
```

对于指针变量的定义，需要注意以下两点。

① 指针变量的变量名是“*”后面的内容，而不是“*p2”“*p3”。“*”只是说明定义的是一个指针变量。

② 虽然所有的指针变量都是等长的，但仍然需要定义指针的类型说明符。因为对指针变量的其他操作（如加、减等）都涉及指针所指向变量的数据宽度。要注意的是，一个指针变量只能指向同类型的变量。上例中的 p3 只能指向浮点型变量，不能时而指向一个浮点变量，时而又指向一个字符型变量。

7.1.2 指针变量的赋值

指针变量在使用前不仅要定义说明，而且要赋予具体的值。未经赋值的指针变量不能随便使用，否

则将造成程序运行错误。指针变量的值只能是变量的地址，不能是其他数据，否则将引起错误。

在 C 语言中，变量的地址是由编译系统分配的，用户不知道变量的具体地址。C 语言中提供了地址运算符“&”来表示变量的地址，其一般形式为

```
&变量名;
```

如“&a”表示变量 a 的地址，“&b”表示变量 b 的地址。

```
int i, *p;
p = &i;
```

同样，我们也可以在定义指针的时候对其初始化，如下所示。

```
int i, *p=&i;
```

上面两种赋值方式是等价的。在第二种方式中的“*”并不是赋值的部分，完整的赋值语句应该是“p=&i;”，“*”只是表明变量 p 是指针类型。这里需要明确的一点是，指针变量只能存放地址（指针），而不能将一个整型数据赋给指针(NULL 除外)。

下面通过一个例子来加深对指针变量的理解。

示例如下：

```
#include <stdio.h>

int main(int argc, char *argv[])
{
    int m = 100;
    int *p;

    p = &m;

    printf("%d %d\n", sizeof(m), sizeof(p));
    printf("%d %p %p %p\n", m, &m, p, &p);

    return 0;
}
```

程序执行结果如下：

```
linux@ubuntu:~/book/ch7$ cc test.c–o test -Wall
linux@ubuntu:~/book/ch7$./test
4 4
100 0xbffeb4bc 0xbffeb4bc 0xbffeb4b8
```

在这个程序中，有一个整型变量 m 和一个整型的指针变量 p，p 存储了变量 m 的地址或者说 p 指向 m。程序打印&m 为 0xbffeb4bc，指的是 m 存放的起始地址。一个整型数占 4 个字节，编译器分配内存由低往高分，因此，变量 m 实际占的内存单元是 0xbffeb4bc、0xbffeb4bd、0xbffeb4be、0xbffeb4bf。类似的道理，变量 p 占用的内存单元为 0xbffeb4b8、0xbffeb4b9、0xbffeb4ba、0xbffeb4bb。读者可以通过图 7-1，来看一下变量 m 和 p 在内存中的存放。

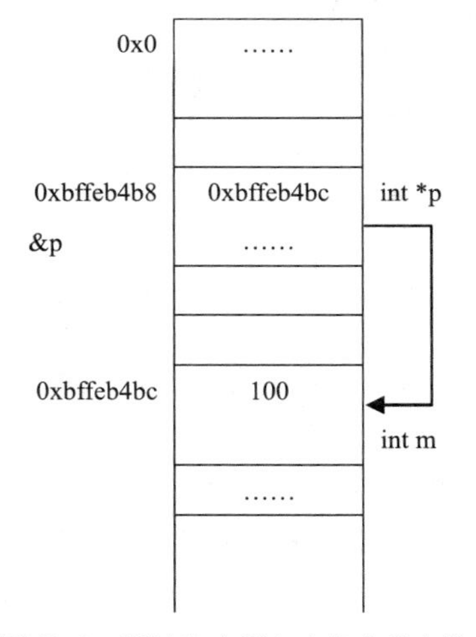

图 7-1　指针和变量在内存中的存放

7.1.3　指针变量的引用

指针指向的内存区域中的数据称为指针的目标。如果它指向的区域是程序中的一个变量的内存空间，则这个变量称为指针的目标变量。指针的目标变量简称为指针的目标。对指针目标的控制，需要用到下

面两个运算符：

- & —— 取地址运算符；
- * ——指针运算符（间接存取运算符）。

两个运算符互为逆操作。例如“&a”就是取变量 a 的地址，而“*b”就是取指针变量 b 所指向的存储单元里的内容。通过一个指针访问它所指向的对象的值称为变量的间接访问（通过操作符“*”）。

一个指定类型的指针变量通过引用后可以表示相应类型的变量。比如，一个整型的指针变量引用后可以表示一个整型变量，一个浮点型的指针变量引用后可以表示一个浮点型的数据。这时的操作符“*”就像是打开大门的钥匙，将该大门打开后就能取到对象的内容。

在图 7-1 中，变量 p 的目标变量 m，因此*p、m 和*(&m)表达的含义相同，如图 7-2 所示。

引入指针要注意程序中的 p、*p 和 &p 三种表示方法的不同意义，如图 7-3 所示。设 p 为一个指针，则

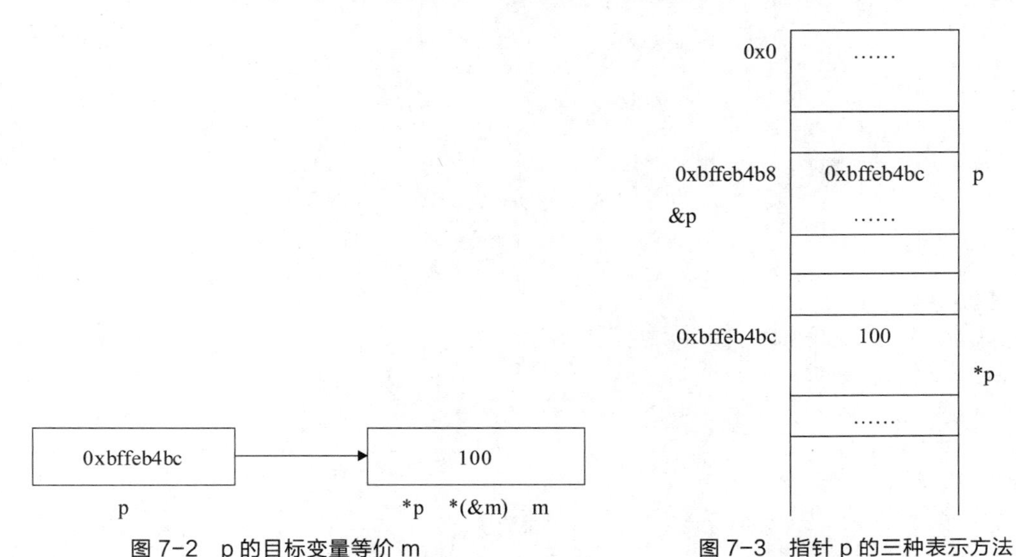

图 7-2 p 的目标变量等价 m

图 7-3 指针 p 的三种表示方法

p—— 指针变量，它的内容是地址量。

*p—— 指针所指向的对象，它的内容是数据。

&p—— 指针变量占用的存储区域的地址，是个常量。

对于指针的引用经常会出现以下的错误：

```
int *a;
*a = 52;
```

虽然已经定义了指针变量 a，但并没有对它进行初始化，也就是说没有让 a 指向一个对象。这时，变量 a 的值是不确定的，即随机指向一个内存单元，这样的指针被称为“野指针”。这样的代码在执行时通常会出现“segmentation fault”的错误，原因是访问了一个非法地址。因此，在对指针变量进行间接引用之前一定要确保它们已经被指向一个合法的对象。

这里要注意的是，若把一个变量的地址赋给指针意味着指针所指向的内存单元实际上就是存储该变量的内存单元。因此，无论改变指针所指向的内存单元的内容还是直接改变变量的内容，都会有相同的效果。例如，下面的程序就说明了这个问题。

```
#include <stdio.h>

int main()
{
```

```
    int *p1, *p2, a, b;

    a = 1; b = 20;
    p1 = &a;
    p2 = &b;

    printf("a = %d, b = %d\n",a ,b);
    printf("*p1 = %d, *p2 = %d\n", *p1, *p2);
    printf("&a = 0x%x, &b = 0x%x\n",&a ,&b);
    printf("p1 = 0x%x, p2 = 0x%x\n", p1, p2);

    *p1 = 20;

    printf("After changing *p1......\n");
    printf("a = %d, b = %d\n",a ,b);
    printf("*p1 = %d, *p2 = %d\n", *p1, *p2);

    return 0;
}
```

程序执行结果如下：

```
linux@ubuntu:~/book/ch7$ cc test.c–o test -Wall
linux@ubuntu:~/book/ch7$./test
a=1, b=20
*p1=1, *p2=20
&a=0xbfa0bc44, &b=0xbfa0bc40
p1=0xbfa0bc44, p2=0xbfa0bc40
After changing *p1......
a=20, b=20
*p1=20, *p2=20
```

从程序的输出结果可以看出，变量 a、b 的地址与指针 p1、p2 的值相同。变量 a、b 的值也与 p1、p2 所指向的内容相同。有了“p1 = &a”语句，*p1 和 a 实际代表同一块内存单元。

该程序显示了指针和变量之间的关系。若将变量的地址赋给指针，就相当于让指针指向了该变量。内存中的变化情况如图 7-4 所示。

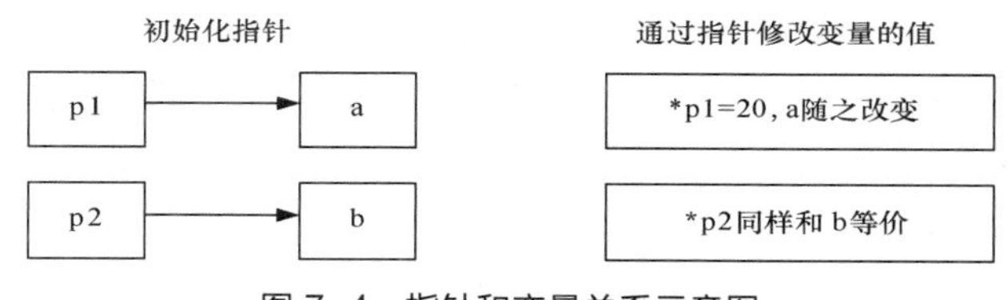

图 7-4　指针和变量关系示意图

若指针在初始化时未将变量 a 的地址赋给指针变量 p1，那么此后变量 a 的值并不会被指针改变，修改后的程序如下所示。

```
#include <stdio.h>

int main()
```

```
{
    int *p1, *p2, a, b, c, d;

    a = 1;
    b = 20;
    p1 = &c;
    p2 = &d;

    printf ("a = %d, b = %d\n", a, b);
    printf("*p1 = %d, *p2 = %d\n", *p1, *p2);
    printf("&a = 0x%x, &b = 0x%x\n", &a, &b);
    printf("p1 = 0x%x, p2 = 0x%x\n", p1, p2);

    *p1 = b;
    *p2 = a;

    printf("after changing *p1......\n");
    printf("a = %d, b = %d, c = %d, d = %d\n",a, b, c, d);
    printf("*p1 = %d, *p2 = %d\n", *p1, *p2);

    return 0;
}
```

该程序的运行结果如下所示。

```
linux@ubuntu:~/book/ch7$ cc test.c–o test -Wall
linux@ubuntu:~/book/ch7$./test

a = 1, b = 20
*p1 = -842150451, *p2 = -842150451
&a = 0x12ff70, &b = 0x12ff6c
p1 = 0x370fe0, p2 = 0x371018
after changing *p1......
a = 1, b = 20, c =20, d = 1
*p1 = 20, *p2 = 1
```

在该程序中，指针 p1、p2 分别指向变量 c、d。因为变量 c、d 没有初始化，因此*p1、*p2 的值也就不确定。但变量 c、d 的内存定义后，就固定了，因此 p1、p2 的值是确定的。“*p1 = b; *p2 = a”的作用，是把变量 b、a 的值赋给了 p1、p2 的目标变量，即 c、d。

指针含义详解

简单地说，变量 a、b 和指针 p1、p2 所指向的是不同的存储单元，因此它们之间的赋值互不干扰。

7.2 指针的运算

指针运算是以指针变量所存放的值（地址量）作为运算量而进行的运算。因此，指针运算的实质就是地址的计算。

指针运算的种类是有限的，它只能进行算术运算、关系运算和赋值运算。赋值运算前面已经介绍过了，这里不再重复。

7.2.1 指针的算术运算

指针的算术运算，在 C 程序中是一个很基础的操作，读者应该熟练掌握，具体内容见表 7-1。

表 7-1 指针的算术运算

运算符	计算形式	意义
+	p+n	指针向地址大的方向移动 *n* 个数据
-	p-n	指针向地址小的方向移动 *n* 个数据
++	p++或++p	指针向地址大的方向移动 1 个数据
--	p--或--p	指针向地址小的方向移动 1 个数据
-	p-q	两个指针之间相居左隔数据元素的个数

不同数据类型的两个指针实行加减整数运算是无意义的。

px+n 表示的实际内存单元的地址量是：(px) + sizeof(px 的类型) * n。

px-n 表示的实际内存单元的地址量是：(px) - sizeof(px 的类型) * n。

下面通过一个程序，来深入讲解指针的运算。

```
#include <stdio.h>

int main(int argc, char *argv[])
{
    int m = 100;
    double n = 200;
    int *p;
    double *q;

    p = &m;
    q = &n;

    printf("m=%d &m=%p\n", m, &m);
    printf("p=%p p+2=%p\n", p, p+2);

    printf("\nn=%lf &n=%p\n", n, &n);
    printf("q=%p q+2=%p\n", q, q+2);
    return 0;
}
```

程序执行结果如下：

```
linux@ubuntu:~/book/ch7$ cc test.c–o test -Wall
linux@ubuntu:~/book/ch7$./test
m=100 &m=0xbf8cdd7c
p=0xbf8cdd7c p+2=0xbf8cdd84

n=200.000000 &n=0xbf8cdd68
q=0xbf8cdd68 q+2=0xbf8cdd78
```

我们已经知道，sizeof(int)是 4，sizeof(double)是 8。根据程序结果， 整型指针 p+2，地址增加了 8，相当于两个整数。double 指针 q+2，增加了 16，相当于两个双精度浮点数。注意此程序是在研究指针的运算，打印 p+2，q+2 代表的地址，并没有修改对应的内存单元的内容。

两指针相减运算，p-q 运算的结果是两指针指向的地址位置之间相隔数据的个数。因此，两指针相减不是两指针的值相减的结果，而是按下列公式计算出的结果：

$$\frac{(p)-(q)}{\text{类型字节长度}}$$

示例程序如下：

```
#include <stdio.h>

int main(int argc, char *argv[])
{
    int m = 100;
    double n = 200;

    int *p1, *p2;
    double *q1, *q2;

    p1 = &m;
    p2 = p1 + 2;

    q1 = &n;
    q2 = q1 + 2;

    printf("p1=%p p2=%p\n", p1, p2);
    printf("p2-p1=%d\n", p2-p1);

    printf("q1=%p q2=%p\n", q1, q2);
    printf("q2-q1=%d\n", q2-q1);

    return 0;
}
```

程序执行结果如下：

```
linux@ubuntu:~/book/ch7$ cc test.c–o test -Wall
linux@ubuntu:~/book/ch7$./test
p1=0xbfc2deac p2=0xbfc2deb4
p2-p1=2
q1=0xbfc2de90 q2=0xbfc2dea0
q2-q1=2
```

可以看出，指针 p2 存储的地址是 0xbfc2deb4，p1 存储的地址是 0xbfc2deac，p2-p1 从数值上算差 8，实际结果为 2，差 2 个整数。指针 q2 存储的地址是 0xbfc2dea0，q1 存储的地址是 0xbfc2de90，q2-q1 从数值上算差 16，实际结果也为 2，差 2 个双精度数。验证了两指针相减的结果值不是地址量，而是一个整数值，表示两指针之间相隔数据的个数。

请读者务必注意两指针相减的结果值不是地址量，而是两指针之间相隔数据的个数。

7.2.2 指针的关系运算

两指针之间的关系运算，表示它们指向的地址之间的关系运算。指向地址大的指针大于指向地址小的指针。具体运算符见表 7-2。

表 7-2　指针的关系运算

运算符	说明	例子	运算符	说明	例子
>	大于	p > q	<=	小于等于	p <= q
<	小于	p < q	!=	不等于	p != q
>=	大于等于	p >= q	==	等于	p == q

关于指针的关系运算，需要注意以下几个问题。

① 具有不同数据类型的指针之间的关系运算没有意义，指向不同数据区域的数据的两指针之间，关系运算也没有意义。

② 指针与一般整数变量之间的关系运算没有意义。但可以和零进行等于或不等于的关系运算，判断指针是否为空。

下面通过一个程序来演示指针的关系运算：

```
#include <stdio.h>
#include <string.h>

int main()
{
    char s[] = "welcome";
    char *p = NULL, *q = NULL, t;

    printf("%s\n", s);

    p = s;
    q = s + strlen(s)-1;

    while (p < q)
    {
        t = *p;
        *p = *q;
        *q = t;
        p++;
        q--;
    }

    printf("%s\n", s);

    return 0;
}
```

在该程序中，指针 p 指向字符数组的第一个字符 w，指针 q 指向最后一个字符 e，循环中指针 p 往地址大的方向移动，指针 q 往地址小的方向移动。当指针相等时，停止字符交换。

表 7-3 列举了一些常见的指针表达式，请读者仔细研读其中的内容，务必弄清每个表达式的含义。图中以方框表示地址，以椭圆表示该地址所指向的内容。

表 7-3　指针表达式归纳说明

表达式语句	表达式说明	表达式图示
char ch='a'; char *cp = &ch;	初始化指针 cp，并赋初值为变量 ch 的地址	cp → ch
*cp ='a';	将字符 ‘a’ 赋给 cp 所指向的对象，此时，*cp 的值为 ‘a’（要确保 cp 已经被初始化），cp 的值并没有改变	*cp → ‘a’
*cp + 1	由于“*”操作符的优先级要高于“+”操作符，因此，cp 首先执行取内容操作，即将*cp 的值加 1 为 ‘b’	*cp → ‘b’
*(cp + 1)	让 cp 指向下一个内存单元，再取出其中的内容。因为下一个内存单元有可能是非法地址，所以此操作一定要格外小心，图示中的“？”表示其内容不确定	cp ?
cp++	由于“++”位于 cp 之后，因此在该表达式中，先取出 cp 的值作为表达式的值，再将 cp 的值加 1	原 cp cp 表达式的值
++cp	由于“++”位于 cp 之前，因此在该表达式中，先将 cp 的值加 1，再将 cp 的值作为表达式的值	原 cp cp 表达式的值
*cp++	这时出现了两个运算符，这两个运算符位于同一个优先级，且结合性自右向左，因此，它相当于*(cp++)。由于“++”操作符位于 cp 的右边，因此，这里涉及 3 个步骤。 （1）产生 cp 的一份复制。 （2）++操作符增加 cp 的值。 （3）在原 cp 复制的部分执行间接访问操作，因此，表达式的值是提取原 cp 的内容	cp cp 表达式的值
*++cp	这里与上例相似，也是出现了两个运算符，它相当于*(++cp)。由于“++”运算符位于 cp 的左边，因此，该表达式先将 cp 的值加 1，再取其中的内存单元的内容	原 cp cp 表达式的值

指针的表达式，涉及了运算符的优先级，读者在使用时，一定要细心，下面通过一个程序，来加深读者对指针表达式的理解。

示例程序如下：

```
#include <stdio.h>

int main()
{
    char *s = "123";
    int num = 0;

    while (*s != '\0')
    {
        num = num * 10 + *s - '0';
        s++;
    }

    printf("num = %d\n", num);
```

```
    return 0;
}
```

程序的执行结果如下：

```
linux@ubuntu:~/book/ch7$cc char_int.c -Wall
linux@ubuntu:~/book/ch7$./a.out
num = 123
```

这个程序完成了一个功能，把字符串“123”转化成对应的整数 123。在这个程序中，我们用到了表达式*s，当需要转换的字符（用*s 表示）不是‘\0’时，用 s++，继续处理下一个字符。该程序还涉及一个细节，即字符和整数的转换，字符‘1’减去字符‘0’就转换成了整数 1。此程序还可以通过下面的方法来实现：

```
#include <stdio.h>

int main()
{
    char *s = "123";
    int num = 0;

    while (*s){
        num = num * 10 + *s++ - '0';
    }
    printf("num = %d\n", num);

    return 0;
}
```

在这个程序中，通过“*s++”这样的表达式，简化了程序，使程序更简洁。有一点需要特别提醒，当程序中使用了指针，有比较复杂的指针操作时，一定要清楚指针的指向。在这个程序中，s 最初指向字符串，即存储了字符串的起始地址，当循环结束时，s 指向结束符\0。

当程序中使用了指针，有比较复杂的指针表达式时，一定要清楚指针的当前值。

7.2.3 空指针

这里所说的空指针，指的是指针变量存了零号地址，在程序中可以为指针赋零，很显然，可以用“int *p = 0”。在前文实例程序中，读者已经看到了 NULL 指针。在 C 语言中指针常量只有 NULL 一个。那么，NULL 究竟代表的是什么含义呢？

C 语言标准中定义了一个 NULL 指针，其就代表了 0。在实际编程中，NULL 指针的使用是非常普遍的，因为它可以用来表明一个指针目前并未指向任何对象。

例如，在数组中查找特定值的函数，在查找成功时，应该返回一个指向查找到的数组元素的指针，如果该数组不包含指定的值时，函数就要返回一个 NULL 指针。很多用户都习惯在初始化时将指针设置为 NULL，这是一个好的习惯。比如有下面几条语句：

```
#include <stdio.h>

int main()
{
    int *p = NULL;
```

```
    printf("%d\n", *p);

    *p = 10;

    return 0;
}
```

上面程序中，p 就是一个空指针，访问零号地址存储的值或者修改其值，都是不允许的。运行程序时，会出现下面情况：

```
linux@ubuntu:~/book/ch7$cc test.c–o test -Wall
linux@ubuntu:~/book/ch7$./test
Segmentation fault
```

假如在该程序中没有为指针 p 初始化，则 p 的指向是不确定的，指向非法内存，对非法内存的读取，后果是不可预料的。本程序中，p 初始化为空，程序一定会有段错误，程序员就可以及早地发现问题，纠正程序。因此说，把指针初始化为空，是个好习惯。但在这里需要注意的是，对 NULL 指针进行间接引用操作是非法的，因为它还没有指向任何对象。因此，在对指针进行间接引用前，应该先判断该指针是否为 NULL，这样才不会出现错误。

将指针设置为 NULL，这是一个好的习惯。但不可以对空指针进行间接引用操作。

7.3 指针与数组

7.3.1 指针与一维数组

1. 数组的指针

在前面章节中，已经介绍过数组。我们已经知道，数组是有一定顺序关系的若干变量的集合，占用连续的存储空间。集合中的每个变量也被称作数组的元素。

数组元素的地址是指数组元素在内存中的起始地址。可以由各个元素加上取地址符“&”构成。&a[0]就表示数组中第一个元素的地址，&a[1]就表示数组中第二个元素的地址，依此类推。

这里要特别强调的是，数组名就代表了数组的起始地址。显然，以下这两个表达式的值是相等的。

```
int a[10]; a   和   &a[0]
```

在这里引出一个概念数组指针。数组指针是指向数组起始地址的指针，其本质为指针。一维数组的数组名为一维数组的指针。

2. 数组元素的表示

读者已经知道，指针也可以进行运算（比如加、减等），例如，“*（a+2）”就是取指针 a 后面第二个对象的内容。

注意，指针的一次相加是以其所指向对象的数据宽度为单位的（不是以字节为单位）。也就是说，对于指向整型变量的指针，加 1 操作就相当于向后移动 4 个字节；对于指向字符型变量的指针，加 1 操作就相当于向后移动 1 个字节。

因此，对于数组而言，指针的相加就相当于依次指向数组中的下一个元素，如图 7-5 所示，这里的 a 指向的是数组的第一个元素。

a	int a[0]	&a[0]	0xbf800000
a+1	int a[1]	&a[1]	0xbf800004
a+2	int a[2]	&a[2]	0xbf800008
a+3	int a[3]	&a[3]	0xbf80000c
a+4	int a[4]	&a[4]	0xbf800010
a+5	int a[5]	&a[5]	0xbf800014

图 7-5 指针运算和数组的关系

由图 7-5 可以看出，指针的加法运算和数组的下标运算有如下的对应关系：

```
数组名 + i   --->    数组名[i]
```

箭头的左边是一个指针常量，它指向箭头右边的变量。事实上，在 C 语言中指针的效率往往高于数组下标。因此，编译器对程序中数组下标的操作全部转换为对指针的偏移量的操作。

下面通过一个程序来加深理解：

```
#include <stdio.h>

int main()
{
    int a[] = {9, 1, 34, 7, 3, 10}, i;
    int *p, n;

    p = a;
    n = sizeof(a) / sizeof(int);

    for (i = 0; i < n; i++)
      printf("%d %d %d %d\n", *(a+i), a[i], *(p+i), p[i]);

    return 0;
}
```

程序执行结果如下：

```
linux@ubuntu:~/book/ch7$ cc test.c -Wall
linux@ubuntu:~/book/ch7$./a.out
9   9   9   9
1   1   1   1
34  34  34  34
7   7   7   7
3   3   3   3
10  10  10  10
```

在该程序中，指针变量 p 的地址值等于数组指针 a（即指针变量 p 指向数组的首元素）。通过程序的执行结果，我们可以看出表达式 p[i]、*(p+i)、*(a+i) 和 a[i]具有完全相同的含义，代表数组的第 i+1 个元素。

读者在理解这个问题时，可以回忆前文提到的指针的运算。p+i 就是向地址大的方向移动 i 个数据，数组的元素连续存储，就指向了第 i 个数据，即代表&a[i]，因此，*(p+i)和 a[i]含义相同。类似的道理，a+i，也相当于&a[i]，*(a+i)和 a[i]含义相同。“[]”是变址运算符，*(a+i)和 a[i]无条件等价。因此，*(p+i)也可以写成 p[i]。

一维数组 a 的第 i 个元素，有下标法和指针法。假设指针变量 p 指向数组的首元素。则有四种数组元素的表达方式：a[i]⇔p[i]⇔ *(p+i) ⇔*(a+i)

需要特别说明的一点是，指针变量和数组在访问数组中元素时，一定条件下其使用方法具有相同的形式，因为指针变量和数组名都是地址量。但指针变量和数组的指针（或叫数组名）在本质上不同，数组在内存中的位置在程序的运行过程中是无法动态改变的。因此，数组名是地址常量，指针是地址变量。数组名可以在运算中作为指针参与，但不允许被赋值。

示例程序如下：

```
#include <stdio.h>
```

```
int main()
{
        int a[10], b[10];
        int i, *p;

        p = b;
        a = p;
        for (i=0; i < 10; i++)
            printf ("a[%d] is %d\n", i, a[i]);

        return 0;
}
```

程序执行结果如下：

```
linux@ubuntu:~/book/ch7$ cc test.c -Wall
test.c: In function‘main’:
test.c:8: error: incompatible types when assigning to type‘int[10]’from type‘int *’
```

在该程序中，试图将指针 p 赋给数组名 a，这时编译器报错。实际就是表达数组名是地址常量，不能给常量赋值。

表 7-4 总结了对指针和数组的常见等价操作。

表 7-4　指针和数组的常见等价操作

指针操作	数组操作	说明
array	&array[0]	数组首地址
*array	array[0]	数组的首元素
array + i	&array[i]	数组第 i 个元素的地址
*(array + i)	array[i]	数组的第 i 个元素
*array + b	array[0] + b	数组首元素的值加 b
*(array+i)+b	array[i] + b	数组第 i 个元素的值加 b
*array++ (当前指向第 i 个元素)	array[i++]	先取得第 i 个元素的值，i 再加 1
*++array (当前指向第 i 个元素)	array[++i]	先将 i 加 1，再取得第 i 个元素的值
*array--（当前指向第 i 个元素）	array[i--]	先取得第 i 个元素的值，i 再减 1
*--array（当前指向第 i 个元素）	array[--i]	先将 i 减 1，再取得第 i 个元素的值

7.3.2　指针与多维数组

1. 列指针遍历二维数组

在前面章节中已经提到过，多维数组就是具有两个或两个以上下标的数组。实际上，在 C 语言中并没有多维数组的概念，多维数组就是低维数组的组合。依然可以理解成若干个数据类型相同的变量的集合。这里，只介绍二维数组。

在 C 语言中，二维数组的元素连续存储，按行优先存，存储了第一行的元素，存第二行的，依次类推。基于这个特点，可以用一级指针来访问二维数组。

示例程序如下：

```
#include <stdio.h>
```

```
int main()
{
    int a[][3] = {9, 1, 4, 7, 3, 6}, i, j;
    int *p, r, c, n;

    p = &a[0][0];
    r = sizeof(a) / sizeof(a[0]);
    c = sizeof(a[0]) / sizeof(int);
    n = sizeof(a) / sizeof(int);

    for (i = 0; i < r; i++)
        for (j = 0; j < c; j++)
            printf("%d   %p\n", a[i][j], &a[i][j]);

    printf("\n");

    for (i = 0; i < n; i++)
        printf("%d   %p\n", *(p+i), p+i);

    return 0;
}
```

程序执行结果如下：

```
linux@ubuntu:~/book/ch7$ cc test.c -Wall
linux@ubuntu:~/book/ch7$./a.out
9  0xbff943a0
1  0xbff943a4
4  0xbff943a8
7  0xbff943ac
3  0xbff943b0
6  0xbff943b4

9  0xbff943a0
1  0xbff943a4
4  0xbff943a8
7  0xbff943ac
3  0xbff943b0
6  0xbff943b4
```

从程序的输出结果，可以看到二维数组中，各元素的地址，如图 7-6 所示。由于一级指针 p，p+i 移动 i 个数，相当于移动了 i 列，因此也称指针 p 为列指针。该程序就是通过列指针，对二维数组进行了遍历。

2．行指针遍历二维数组

从内存管理的角度，二维数组的元素和一维数组的元素的存储是类似的，都是连续存储，因此，可以用一级指针循环遍历二维数组中的所有元素。

换一个角度来理解二维数组，把二维数组看作由多个一维数组组成。比如数组 int a[2][3]，可以理解成含有两个特殊元素：a[0]，a[1]。元素 a[0]是一个一维数组名，含有三个元素 a[0][0]、a[0][1]、a[0][2]，即二维数组第一行。元素 a[1]也是一维数组名，含有三个元素 a[1][0]、a[1][1]、a[1][2]，即二维数组第二行，如图 7-7 所示。

二维数组名代表了数组的起始地址，在数组一章中，我们已经分析过，数组名加 1，是移动一行元素。示例程序如下：

0xbff943a0	int a[0][0]
0xbff943a4	int a[0][1]
0xbff943a8	int a[0][2]
0xbff943ac	int a[1][0]
0xbff943b0	int a[1][1]
0xbff943b4	int a[1][2]

图 7-6　二维数组在内存中的存储形式

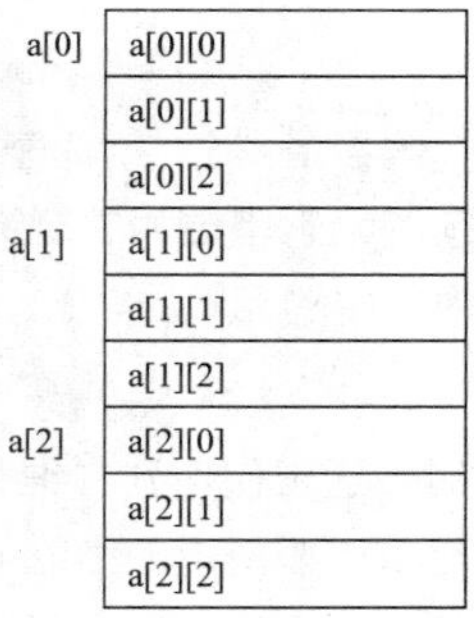

a[0]	a[0][0]
	a[0][1]
	a[0][2]
a[1]	a[1][0]
	a[1][1]
	a[1][2]
a[2]	a[2][0]
	a[2][1]
	a[2][2]

图 7-7　二维数组

```
#include <stdio.h>

int main()
{
    int a[2][3] = {{8, 2, 6}, {1, 4, 7}};

  printf("a     :%p    a+1     :%p     a+2     :%p \n\n", a, a+1, a+2);

    printf("a[0]:%p     &a[0][0]=%p\n", a[0], &a[0][0]);
    printf("a[1]:%p     &a[1][0]=%p\n", a[1], &a[1][0]);
    printf("a[2]:%p     &a[2][0]=%p\n", a[2], &a[2][0]);

    return 0;
```

程序的执行结果如下：

```
linux@ubuntu:~/book/ch7$ cc test.c–o test -Wall
linux@ubuntu:~/book/ch7$./test
a     :0xbfc8ec98     a+1     :0xbfc8eca8     a+2     :0xbfc8ecb8

a[0]:0xbfc8ec98     &a[0][0]=0xbfc8ec98
a[1]:0xbfc8eca8     &a[1][0]=0xbfc8eca8
a[2]:0xbfc8ecb8     &a[2][0]=0xbfc8ecb8
```

可以看出，二维数组名是一个很特殊的地址，参与运算时以行为单位移动，因此被称为行地址。在该程序中，a 代表第一行的首地址，a[0](&a[0][0])代表第一行第一列元素的地址；a+1 代表第二行的首地址，a[1](&a[1][0])代表第二行第一列元素的地址，依次类推。

那么，接下来我们讨论，如何表达二维数组中的任何一个元素。

问题 1：数组 int a[2][3]，如何表达第二行第二列元素的地址？

第一，用下标表示法&a[1][1]。

第二，首先表示第二行的地址。数组名就是行地址，很容易写出 a+1。

然后表示第二行第一个元素的地址。很容易想到，a[1]就是一维数组名，就代表了第二行第一列元素的地址，即&a[1][0]，前文还提到了 a[1]等价于*(a+1)。这里的*修饰行地址，把行地址转换成了列地址。总结起来，第二行第一列元素的地址可表达为：&a[1][0]、a[1]和*(a+1)。

最后，表示第二行第二列的地址。列地址加 1，就移动一列。

最终的表达式有：&a[1][0]+1、a[1]+1 和*(a+1)+1。

问题 2：数组 int a[2][3]，如何表达第二行第二列元素？

找到了第二行第二列元素的地址，在前面加一个*，就能引用到元素。可能的表达式如下：

```
a[1][1]⇔*(&a[1][0]+1) ⇔*(a[1]+1) ⇔*(*(a+1)+1)
```

确定指针偏移量“1”所代表的单位是通过“1”之前的元素单位来定的。在二维数组中，当偏移量前的元素单位为整个数组时，偏移值单位为行；当偏移量前的元素单位为行时，偏移值单位为行中的元素。

在实际使用时，通常使用到二维数组就足够了。更多维的处理会导致程序的可读性及维护难度等加大。因此，建议尽量不要使用二维以上的数组。

存储行地址的指针变量，叫作行指针变量。其说明一般形式如下：

```
<存储类型>    <数据类型>    (*<指针变量名>)[表达式] ;
```

例如，int a[2][3]; int (*p)[3];

存储类型指的是 auto，register，static，extern。若省略，相当于 auto。

数据类型可以是任一种基本数据类型或构造数据类型。

指针变量名是用户定义的指针标识符。

方括号中的常量表达式表示指针加 1，移动几个数据。当用行指针操作二维数组时，代表 1 行的元素个数，即列数。

下面通过一个程序来演示行指针的用法：

```
#include <stdio.h>

int main()
{
    int a[][3] = {9, 1, 4, 7, 3, 6}, i, j,r, c;
    int (*p)[3];

    p = a;
    r = sizeof(a) / sizeof(a[0]);
    c = sizeof(a[0]) / sizeof(int);

    for (i = 0; i < r; i++)
    {
        for (j = 0; j < c; j++)
        {
            printf("%d  %d  %d  ", a[i][j], *(*(a+i)+j), *(a[i]+j));
            printf("%d  %d  %d\n", p[i][j], *(*(p+i)+j), *(p[i]+j));
        }
        printf("\n");
    }

    return 0;
}
```

在该程序中，二维数组名和行指针在表达形式上非常类似。本质的区别是，数组名是地址常量，指针是变量。

7.4 多级指针

7.4.1 多级指针的定义及引用

我们把一个指向指针变量的指针变量，称为多级指针变量。对于指向处理数据的指针变量称为一级指针变量，简称一级指针。而把指向一级指针变量的指针变量称为二级指针变量，简称二级指针。

多级指针讲解

二级指针变量的说明形式如下：

```
<存储类型>  <数据类型>  ** <指针名>
```

示例程序如下：

```
#include <stdio.h>

int main(int argc, char *argv[])
{
    int m = 100, *p;
    int **q;

    p = &m;
    q = &p;

    printf("m=%d     &m=%p    p=%p     &p=%p\n", m, &m, p, &p);
    printf("q=%p     &q=%p    *q=%p    **q=%d\n", q, &q, *q, **q);

    return 0;
}
```

程序执行结果如下：

```
linux@ubuntu:~/book/ch7$ cc test.c -Wall
linux@ubuntu:~/book/ch7$./a.out
m=100     &m=0xbf84bf9c    p=0xbf84bf9c     &p=0xbf84bf98
q=0xbf84bf98     &q=0xbf84bf94    *q=0xbf84bf9c    **q=100
```

在该程序中，变量 m 是 int 类型，存储&m 的指针变量 p 是 int *，存储&p 的指针变量 q 是 int **。依次类推，很容易得出结论，如果想存储二级指针 q 的地址，需要用三级指针 int ***。根据程序的执行结果，变量 m、p、q 所占内存情况如图 7-8 所示。

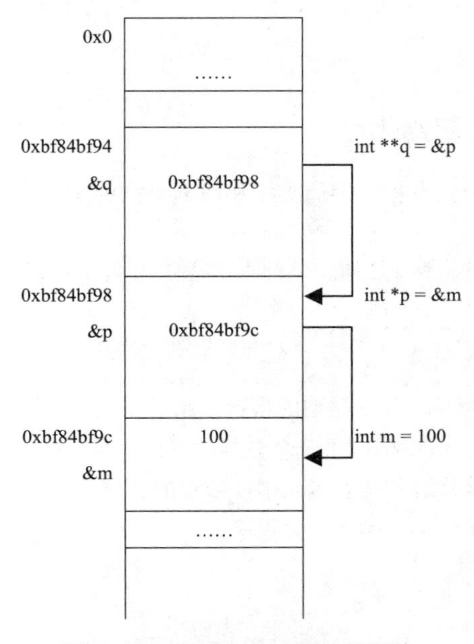

图 7-8　多级指针在内存中的存放

*q 相当于一级指针，得到的是 q 的目标，即变量 p（&m）。**q 相当于 int 类型，可得到变量 m 的值。

7.4.2 多级指针的运算

前面已经提到过指针的运算，指针变量加 1，是向地址大的方向移动一个数据。这里的数据指的是指针的目标变量。类似的道理，多级指针运算也是以其目标变量为单位进行偏移，比如 int **p，p+1 移动一个 int *变量所占的内存空间。再比如 int ***p，p+1 移动一个 int **所占的内存空间。示例程序如下：

```
#include <stdio.h>

int main (int argc, char *argv[])
{
    int m = 100, *p;
    int **q;

    p = &m;
    q = &p;
    printf ("q=%p     &q=%p     *q=%p     **q=%d\n", q, &q, *q, **q);
    printf ("q+1=%p     sizeof(q)=%d\n", q+1, sizeof(q));

    return 0;
}
```

程序执行结果如下：

```
linux@ubuntu:~/book/ch7$ cc test.c–Wall
linux@ubuntu:~/book/ch7$./a.out
q=0xbfae6e58     &q=0xbfae6e54     *q=0xbfae6e5c     **q=100
q+1=0xbfae6e5c   4
```

可以看出 q+1 比 q 大了 4 个字节。多级指针加 1，就是移动一个指针变量，不管是几级的指针，都是存储内存的编号（地址），在 32 位机器上，地址是 32 个二进制位，占 4 个字节，因此，多级指针变量本身占用 4 个字节，而多级指针的运算以 4 个字节为单位进行偏移。

7.5 指针数组

7.5.1 指针数组的定义及初始化

所谓指针数组是指由若干个具有相同存储类型和数据类型的指针变量构成的集合。指针变量数组的一般说明形式：

```
<存储类型>  <数据类型>  *<指针变量数组名>[<大小>]
```

例如有以下定义：

```
int *p[2];
char *n[9];
```

就是定义了一个指向 int 类型和 char 类型的指针数组。要注意，这里由于“[]”的优先级高于“*”，因此，数组名 p 先与“[]”结合，这就构成了一个数组的形式。是一个含有两个元素的一维数组，每个数组元素都是一个一级指针。指针数组名就表示该指针数组的存储首地址，即指针数组名为数组的指针。

关于指针数组的初始化，读者可以参考下面程序：

```
#include <stdio.h>

int main(int argc, char *argv[])
{
```

```
    int m = 100, n = 200;
    int* p[2];

    p[0] = &m;
    p[1] = &n;

    printf("sizeof(p)=%d\n", sizeof(p));
    printf("&m=%p &n=%p\n", &m, &n);
    printf("p[0]=%p p[1]=%p\n", p[0], p[1]);
    printf("p=%p &p[0]=%p &p[1]=%p\n", p, &p[0], &p[1]);

    printf("\nm=%d n=%d\n", m, n);
    printf("*p[0]=%d *p[1]=%d\n", *p[0], *p[1]);
    printf("**p=%d **(p+1)=%d\n", **p, **(p+1));

    return 0;
}
```

程序执行结果如下：

```
linux@ubuntu:~/book/ch7$ cc test.c–o test -Wall
linux@ubuntu:~/book/ch7$./test
sizeof(p)=8
&m=0xbfa74efc &n=0xbfa74ef8
p[0]=0xbfa74efc p[1]=0xbfa74ef8
p=0xbfa74ef0 &p[0]=0xbfa74ef0 &p[1]=0xbfa74ef4

m=100   n=200
*p[0]=100  *p[1]=200
**p=100 **(p+1)=200
```

根据程序的输出结果，可以画出图 7-9 所示的内存分布图。

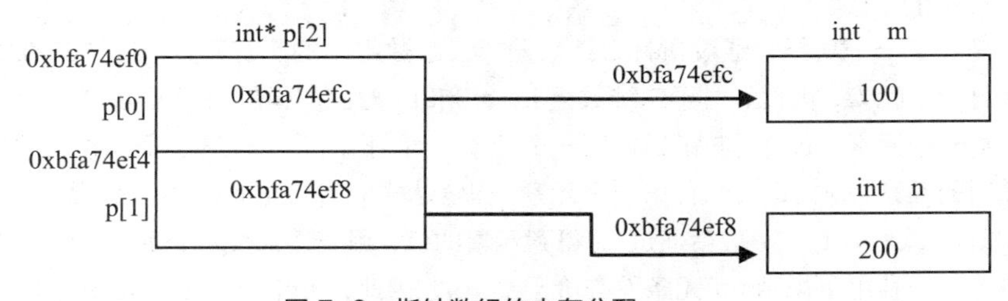

图 7-9　指针数组的内存分配

在该程序中指针数组，存储了两个整数的地址，p[0]指向 m，p[1]指向 n；若取得 m 的值，可以用*p[0]或**p，取得 n 的值，可以用*p[1]或**(p+1)。可以发现，指针数组中相邻两个元素的地址差 4(&p[0]和&p[1]差 4)。由于任何指针都占 4 个字节，所以，指针数组中每个元素占 4 个字节。

7.5.2　理解指针数组名

对于指针数组的数组名，也代表数组的起始地址。由于数组的元素已经是指针了，数组名就是数组首元素的地址，因此数组名是指针的地址，是多级指针了。

比如指针数组 int* p[N]；数组名 p 代表&p[0]，p[0]是 int *，则&p[0]就是 int **。若用指针存储数组的起始地址 p 或&p[0]，可以这样用：int **q = p。

示例程序如下：

```
#include <stdio.h>

int main(int argc, char *argv[])
{
    int a[3][2] = {9, 6, 1, 7, 8, 3};
    int* p[3], i, j;
    int **q;

    p[0] = a[0];
    p[1] = a[1];
    p[2] = a[2];
    q = p;

    for (i = 0; i < 3; i++)
    {
        for (j = 0; j < 2; j++)
        {
            printf("%d %d %d ", *(p[i]+j), *(*(p+i)+j), p[i][j]);
            printf("%d %d %d ", *(q[i]+j), *(*(q+i)+j), q[i][j]);
        }
        printf("\n");
    }

    return 0;
}
```

程序的执行结果如下：

```
linux@ubuntu:~/book/ch7$ cc parr2.c -Wall
linux@ubuntu:~/book/ch7$./a.out
9 9 9 9 9 9 6 6 6 6 6 6
1 1 1 1 1 1 7 7 7 7 7 7
8 8 8 8 8 8 3 3 3 3 3 3
```

该程序完成了一个功能，通过指针数组来遍历二维数组中的所有元素。首先二维数组中有几行，则指针数组就有几个元素，因此，对于二维数组 int a[3][2]，对应的指针数组是 int * p[3]。p[0]是一级指针，指向第一行第一个元素；p[1]指向第二行第一个元素；p[2]指向第三行第一个元素。举个例子，若想访问第二行第二列的元素，先找到第二行第一个元素，即表达式 p[1]或*(p+1)，再继续找到该行的第二个元素，即表达式 p[1]+1 或*(p+1)+1，最后通过*，得到元素的值，用表达式*(p[1]+1)或*(*(p+1)+1)或 p[1][1]。最后一个表达式，是利用了规则 a[i]无条件等价于*(a+i)，因此，*(p[1]+1)可写成 p[1][1]。

二级指针 q 存储了指针数组的数组名，q+1 指向指针数组的第二个元素，即&p[1]，*(q+1)或 q[1]就是 p[1]。关于 q 的表达式有*(*(q+1)+1)，*(q[1]+1)，q[1][1]。

该程序所演示的逻辑关系可以通过图 7-10 来表达。

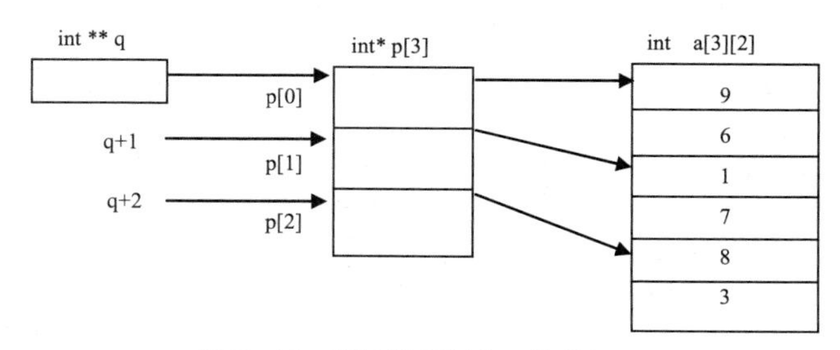

图 7-10　指针数组操作二维数组

7.6 const与指针

在C语言中，关键字const修饰变量，可以使得变量常量化。const修饰基本简单类型（非指针）时，很容易理解，就是变量的值不允许修改，比如下面的表达式：

```
const int m = 10;
int const m = 10;
```

上面两种写法都是允许的，变量m有const修饰，则m的值不能被修改。

若用const修饰指针变量，会使得指针变量常量化，但要注意const的位置，有下面3种情况。

1. 常量化指针目标表达式

常量化指针目标是限制通过指针改变其目标的数值。一般说明形式如下：

```
const <数据类型>*<指针变量名称>[= <指针运算表达式>]
```

读者可以通过下面的程序，来加深理解。

```
#include <stdio.h>

int main(int argc, char *argv[])
{
    int m = 100, n = 200;
    const int *p;

    p = &m;

    printf("1) %d %p %d %p\n", m, &m, *p, p);

    m++;
    printf("2) %d %p %d %p\n", m, &m, *p, p);

    p = &n;
    printf("3) %d %p %d %p\n", n, &n, *p, p);

#ifdef _DEBUG_
    *p = n;
    printf("4) %d %p %d %p\n", m, &m, *p, p);
#endif

    return 0;
}
```

程序执行结果如下：

```
linux@ubuntu:~/book/ch7$ cc const.c -Wall
linux@ubuntu:~/book/ch7$./a.out
1) 100 0xbfe4387c 100 0xbfe4387c
2) 101 0xbfe4387c 101 0xbfe4387c
3) 200 0xbfe43878 200 0xbfe43878
```

这种情况下，编译程序时，cc没有任何选项，相当于没有定义宏_DEBUG_，程序可以正常执行。可以看出，const int *p这种写法，允许修改p，指针p可以改变指向。

换一种方式来执行程序，结果如下：

```
linux@ubuntu:~/book/ch7$ cc const.c -D _DEBUG_ -Wall
const.c: In function'main':
const.c:19: error: assignment of read-only location'*p'
```

这种情况下，cc 加了选项_DEBUG_，相当于程序中定义了宏_DEBUG，编译提示*p 是常量，*p 不能被修改。

总之，“const int *p”，const 的作用，限制了通过指针去修改指针的目标。但还可以直接修改 m。

2．常量化指针变量

常量化指针变量，使得指针变量存储的地址值不能修改。一般说明形式如下：

```
<数据类型>  *const <指针变量名称>= <指针运算表达式>;
```

继续修改上面的程序：

```
#include <stdio.h>

int main(int argc, char *argv[])
{
    int m = 100, n = 200;
    int * const p = &m;

    printf("1) %d %p %d %p\n", m, &m, *p, p);

    m++;
    printf("2) %d %p %d %p\n", m, &m, *p, p);

    *p = n;
    printf("3) %d %p %d %p\n", m, &m, *p, p);

#ifdef _DEBUG_
    p = &n;
     printf("4) %d %p %d %p\n", n, &n, *p, p);
#endif

    return 0;
}
```

程序执行结果如下：

```
linux@ubuntu:~/book/ch7$ cc void.c -Wall
linux@ubuntu:~/book/ch7$./a.out
1) 100 0xbfc6082c 100 0xbfc6082c
2) 101 0xbfc6082c 101 0xbfc6082c
3) 200 0xbfc6082c 200 0xbfc6082c
```

这种情况下，编译程序时，cc 没有任何选项，即没有定义宏_DEBUG_，程序可以正常执行。因此，int *const p 这种写法， *p 可以被重新赋值，即允许通过指针 p 改变指针的目标值。

换另一种方式来执行程序，结果如下：

```
linux@ubuntu:~/book/ch7$ cc const.c-D_DEBUG_-Wall
linux@ubuntu:~/book/ch7$./a.out
const.c: In function'main':
const.c:17: error: assignment of read-only variable'p'
```

这种情况下，加了选项_DEBUG_，相当于程序中定义了宏_DEBUG_，编译提示 p 是常量，p 不能被修改。

总之，“int * const p”，const 的作用，使得指针变量的指向不能修改。但可以通过 * 指针变量名称去修改指针所指向变量的数值。

3．常量化指针变量及其目标表达式

一般说明形式如下：

```
const   <数据类型>   * const      <指针变量名> = <指针运算表达式>    ;
```

常量化指针变量及其目标表达式，使得既不可以修改<指针变量>的地址，也不可以通过*<指针变量名称>修改指针所指向变量的值。

7.7 void 指针

void 型的指针变量是一种不确定数据类型的指针变量，它可以通过强制类型转换让该变量指向任何数据类型的变量或数组。

一般形式为

```
void    *<指针变量名称> ;
```

对于 void 型的指针变量，实际使用时，一般需通过强制类型转换才能使 void 型指针变量得到具体变量或数组地址。在没有强制类型转换之前，void 型指针变量不能进行任何指针的算术运算。

示例程序如下：

```
#include <stdio.h>

int main(int argc, char *argv[])
{
    int m = 100;
    void *p;

    p = (void *)&m;

    printf("%d %p %d %p\n", m, &m, *p, p);

    return 0;
}
```

程序执行结果如下：

```
linux@ubuntu:~/book/ch7$ cc void.c -Wall
linux@ubuntu:~/book/ch7$./a.out
void.c: In function'main':
void.c:10: warning: dereferencing'void *'pointer
void.c:10: error: invalid use of void expression
```

把上面程序中的打印语句，改成下面的形式：

```
printf("%d %p %d %p\n", m, &m, *(int *)p, p);
```

程序执行结果如下：

```
linux@ubuntu:~/book/ch7$ cc const.c -Wall
linux@ubuntu:~/book/ch7$./a.out
100 0xbfc4176c 100 0xbfc4176c
```

在该程序中，使用 void 指针时，应该首先进行类型转换。尤其是引用指针的目标值，若没有经过转换，void *相当于类型不确定，只知道指针目标的起始地址，不知道其占用的字节数，没办法处理，是编译错误。类似的道理，如果 void 指针没有转换成具体的指针类型，也不可以进行指针的运算，因为没办法决定以什么为单位来偏移。

对于 void 型的指针变量，实际使用时，一般需通过强制类型转换才能使 void 型指针变量进行指针的运算或得到其目标的值。

7.8 字符指针

字符指针就是存储字符变量的地址。在这里，重点介绍字符指针，是为了讲解字符指针在处理字符串及字符指针数组时的用法。

7.8.1 字符串

前面已经提到过，在 C 语言中并没有字符串这个数据类型。通常借助于字符数组来存储字符串。字符指针可以存储字符串的起始地址，即指针指向字符串第一个字符。这样，我们可以用指针来处理字符串。

下面通过一个示例程序来演示，如何用字符指针来操作字符串。下面程序完成了字符串反转的功能。

```
#include <stdio.h>
#include <string.h>

int main(int argc, char *argv[])
{
    char s[10];
    char *p, *q, t;

    printf("input a string:");
    scanf("%s", s);
    p = s;
    q = s + strlen(s) - 1;

    while (p < q)
    {
        t = *p;
        *p = *q;
        *q = t;
        p++;
        q--;
    }

    printf ("%s\n", s);

    return 0;
}
```

程序的执行结果如下：

```
linux@ubuntu:~/book/ch7$ cc string.c -Wall
linux@ubuntu:~/book/ch7$./a.out
input a string:
Welcome
emocleW
```

在该程序中，使用字符串为字符数组赋值。指针 p 指向字符串的第一个字符，指针 q 指向字符串的最后一个字符（结束符\0 之前的字符），通过 p++，q--来让指针分别指向待交换的两个字符。

初始化字符指针时，可以把内存中字符串的首地址赋予指针。这时，并不是把该字符串复制到指针中，而是让指针指向字符串的起始字符。请看下面的程序：

```
#include <stdio.h>

int main()
{
        char *s = "Welcome!";

        printf("%s",s);

        s++;
       printf("%s\n",s);

#ifdef _DEBUG_
       (*s)++;
       printf("%s\n",s);
#endif

        return 0;
}
```

程序执行结果如下：

```
linux@ubuntu:~/book/ch7$ cc test.c -Wall
linux@ubuntu:~/book/ch7$./a.out
Welcome! elcome!
```

这就是指向字符串的指针。请读者一定要注意，第一种方式是把字符串的内容保存在数组里，即数组的每一个元素保存一个字符。但指针变量只有 4 个字节，只能用来保存地址。因此，指针变量里的值是字符串“Welcome!”的首地址，而字符串本身存储在内存的其他地方。

在使用字符指针指向字符数组时，有以下两点需要注意。

① 虽然数组名也表示数组的首地址，但由于数组名为指针常量，其值是不能改变的（不能进行自加、自减、赋值等操作）。如果把字符数组的首地址赋给一个字符指针变量，就可以移动这个指针来访问或修改数组中的字符。

② 在使用 scanf 时，其参数前要加上取地址符 &，表明是一个地址。如果指针变量的值已经是一个字符数组的首地址，那么可以直接把指针变量作为参数而不需要再加上取地址符&。

执行程序时，加上选项_DEBUG_，执行结果如下：

```
linux@ubuntu:~/book/ch7$ cc test.c-D _DEBUG_ -Wall
linux@ubuntu:~/book/ch7$./a.out
Segmentation fault
```

当程序中增加了语句“(*s)++”后，发现产生了段错误。在这里，读者要特别注意，当一个字符指针初始化为指向一个字符串常量时，不能对字符指针变量的目标赋值。从这个角度看，“char *s = "Welcome!"”相当于 “const char *s = "Welcome!"”，只是省略了 const。

当一个字符指针初始化为指向一个字符串常量时，不能对字符指针变量的目标赋值。

7.8.2 字符指针数组

若数组中存储了若干个字符串的地址，则这样的数组就叫作字符指针数组。

示例程序如下：

```
#include <stdio.h>
#include <string.h>

int main(int argc, char *argv[])
{
    char s1[] = "Welcome";
    char s2[] = "to";
    char s3[] = "farsight";

    char* a1[3] = {s1, s2, s3};
    char *a2[3] = {"Welcome", "to", "farsight"};
    char **p;
    int i;

    p = a1;
    printf("array1:%s %s %s\n", a1[0], a1[1], a1[2]);

    for (i = 0; i < sizeof(a2) / sizeof(char *); i++)
        printf("%s ", *(p+i));
    printf("\n");

    p = a2;
    printf("array2:%s %s %s\n", a2[0], a2[1], a2[2]);
    for (i = 0; i < sizeof(a2) / sizeof(char *); i++)
        printf("%s ", *(p+i));
    printf("\n");

    return 0;
}
```

程序执行结果如下：

```
linux@ubuntu:~/book/ch7$ cc stringa.c -o stringa -Wall
linux@ubuntu:~/book/ch7$./stringa
array1:Welcome to farsight
Welcome to farsight
array2:Welcome to farsight
Welcome to farsight
```

在该程序中，数组 a1 就是字符指针数组，分别存储了字符数组 s1、s2、s3 的起始地址。即数组 a1 含有 3 个指针，分别指向 s1、s2、s3 存储的 3 个字符串。类似的数组 a2，也是字符指针数组，含有 3 个字符指针，分别指向了常量串“Welcome”，“to”，“farsight”。

需要注意的是字符指针数组的数组名，即代表数组的起始地址，或者第一个元素的地址。数组的元素已经是字符指针类型了，所以很容易理解，元素的地址就是二级指针。因此该程序中，使用二级指针 p 来对字符指针数组进行了遍历。

小 结

本章讲解了指针。在 C 程序设计中，指针有着非常广泛的使用，是非常基础、又非常重要的一章。

第一，介绍了指针的基础，包括指针的定义、指针的赋值及引用等。

第二，介绍了指针的运算。这部分内容，很容易出错，希望读者能够认真学习这部分的内容，并通过实践，切实掌握。

第三，讲解了如何使用指针来访问数组中的元素。包括指针如何控制一维数组和多维数组。

第四，介绍了多级指针、指针数组、const 与指针、void 指针。

第五，介绍了字符指针与字符串。若指针理解不够深刻，程序往往会有内存管理上的错误。因此，希望读者能够切实掌握。

思考与练习

1. 用指针数组处理一个二维数组，要求求出二维数组所有元素的和。

2. 下面程序的运行结果是什么？

```
int main()
{
    char *p, *q;
    char str[]="Hello,World\n";

    q = p = str;
    p++;
    printf("%s\n", q);
    printf("%s\n", p);

    return 0;
}
```

3. 假设 sizeof(short)=2，下面程序的运行结果是什么？

```
int main()
{
    short *p, *q;
    short ar[10] = {0};

    p = q = ar;
    p++;
    printf("%5d", p-q);
    printf("%5d", (char*)p - (char*)q);
    printf("%5d", sizeof(ar)/sizeof(*ar));

    return 0;
}
```

4. 使用字符指针编程实现：统计一个字符串中空格的个数。

PART08

第8章

函数

本章要点：

- 函数定义和声明。
- 函数的调用、参数传递和返回值。
- 函数和数组。
- main函数的参数。
- 指针函数。
- 函数指针。
- 递归函数。
- attribute机制。

■ 在上一章中，读者了解了指针的用法。本章继续介绍 C 语言中一个很重要的内容函数。在编程中，调用函数，可以使代码复用，且使得程序结构更清楚，更简洁。

8.1 函数基础

函数就是一个能完成特定功能的代码模块，其程序代码独立，可以给函数传递参数，也可以得到返回值。可以用面向对象的思想来理解函数：函数的实现人员把函数设计成了一个“黑盒子”，隐藏了实现细节，并对外部提供尽可能简单的接口。因此，对于函数的调用方来说，只需要关心如何提供参数，根据函数的功能，能得到什么样的结果，而函数内部究竟是如何工作的，并不重要，也不需要了解。

我们可以把比较独立的功能，封装成函数，这样在编程过程中，再遇到类似的问题，可以直接调用函数，减少了重复劳动。从这个角度看，函数能够实现代码的复用，使得程序更简洁，可读性更好。

在编程过程中，我们关心的仅限于需要实现的功能，所能提供的信息，以及经过程序处理后，希望达到的效果或得到什么数据。而函数恰恰提供了编制程序的手段，可以

把特定的功能封装成函数，可以传参，且能得到返回值。在需要的位置，调用函数，这样程序易于理解、编写、修改和维护。从这个角度看，函数是实现模块化编程的重要工具。

解决问题时人们习惯把一个规模较大的问题划分成若干个子问题，对每个子问题编写一个函数来解决。所以，C 语言程序一般是由大量的小函数而不是由少量的大函数构成，即所谓“小函数构成大程序”。这样做的好处是让各个模块相互独立，并且任务单一。

C 语言程序中的函数在数目上并没有上限。但一个 C 程序中有且仅有一个以 main 为名的函数，这个函数被称为主函数。整个程序就从这个主函数开始执行，在主函数中还可以调用其他函数来完成所需要的工作。

8.1.1 函数定义和声明

1. 函数定义

函数是一个完成特定功能的代码模块，通常有参数，也可以没有参数；通常要求有返回值，也可以是空值。一般形式如下：

```
<数据类型>  <函数名称>( <形式参数说明> )
{
            语句序列;
            return[(<表达式>)];
}
```

函数名称是一个标识符，要求符合标识符的命名规则。

数据类型是整个函数返回值的类型。这里可以包括存储类型说明符、数据类型说明符以及时间域说明符。如果函数不需要有返回值时，函数类型说明符可以写为 void。

形式参数说明就是形式参数的列表，简称形参。形参可以是任意类型的变量，各参数之间用逗号分隔。在进行函数调用时，调用函数将赋予这些形式参数实际的值。

函数名后有一对花括弧。“{}”中的内容称为函数体。函数体中有若干条语句（大于或等于零个），实现特定的功能。注意：在函数体中，表达式语句里使用的变量必须事先已有说明，否则不能使用。

return[(<表达式>)]语句中表达式的值，要求和函数名前的数据类型保持一致。如果数据类型为 void，可以省略，也可以写成“return;”。

例如，下面是一个很简单的函数定义。

```
void fun()
{
    printf ("Welcome!\n");
}
```

这里的 fun 函数，没有参数，也没有返回值。当被其他函数调用时，输出“Welcome !”字符串。

再举一个有形参的函数，如下所示。

```
void fun(int a, char *name)
{
    printf ("%d : Welcome %s\n", a, name);
}
```

这里的变量 a 和 name 就是形参列表，在运行时由主函数传值进来。

2. 函数声明

在前面已经介绍了函数的定义。“定义”是对函数功能的确立，包括函数名、函数返回值类型、形参列表、函数体，是一个完整、独立的函数。在这里所说的“函数声明”，是为了把函数名、返回值类型以及形参类型、个数和顺序通知编译系统，以便在调用该函数时，编译系统进行对照检查，包括函数名是否正确、传递参数的类型、个数是否与形参一致。如若出现不对应的情况，编译会有语法错误。

了解了函数声明的作用后，就不难理解，在编程的过程中，可以简单地照写已定义的函数的首部，再加一个分号，就成为了对函数的“声明”。在函数声明中也可以不写形参名，而只写形参的类型。在 C 语言中，函数声明称为函数原型（function prototype）。用函数原型是 ANSI C 的一个重要特点。它的作用主要是利用它在程序的编译阶段对调用函数的合法性进行全面检查。

在 C 语言中，用户可以通过两种方法来进行函数声明。

① 如果函数调用前，没有对函数作声明，且同一源文件的前面出现了该函数的定义，那么编译器就会记住它的参数数量和类型以及函数的返回值类型，即把它作为函数的声明，并将函数返回值的类型默认为 int 型。

② 如果在同一源文件的前面没有该函数的定义，则需要提供该函数的函数原型。用户自定义的函数原型通常可以一起写在头文件中，通过头文件引用的方式来声明。

函数原型的一般形式如下。

① 函数类型 函数名（参数类型 1，参数类型 2……）;

② 函数类型 函数名（参数类型 1 参数名 1，参数类型 2 参数名 2……）;

第一种形式是基本的形式，同时为了使程序便于阅读，也允许在函数原型中加上参数名，这就成了第二种形式。但编译器实际上并不检查参数名，参数名可以任意改变。

实际上，如果在调用函数之前没有对函数进行声明，则编译系统会把第一次遇到的该函数形式（函数定义或函数调用）作为函数的声明，并将函数返回值的类型默认为 int 型。

函数的定义和声明

细心的读者可能还记得，在前面的内容中介绍过变量的声明。对于全局变量的声明可以加上 extern 标识，同样对于函数的声明，也可以使用 extern。如果函数的声明中带有关键字 extern，是告诉编译器这个函数是在别的源文件里定义的。还有一个关键字 static，若全局变量前有 static 修饰，则变量只能在当前文件中被使用，同样若函数的声明前面有 static 限制，是告诉编译器，该函数只能在当前文件中被调用，外部文件不能调用。

8.1.2 函数的调用、参数传递和返回值

1. 函数的调用

函数的使用也叫函数的调用，形式如下：

函数名称（〈实际参数〉）

其中：

<函数名称>是一个标识符，符合标识符的命名规则；

〈实际参数〉需要确切的数据，也可以是具有确定值的表达式。实参就是在使用函数时，调用函数传递给被调用函数的数据，用以完成所要求的任务。

函数的参数分为形式参数和实际参数两种。

形式参数指的是出现在函数定义中的参数列表，简称形参。实际参数简称实参，出现在主调函数中。发生函数调用时，主调函数把实参的值传送给被调函数的形参，从而实现主调函数向被调函数的数据传送。

需要提醒的是，函数调用可以作为一个运算量出现在表达式中，也可以单独形成一个语句。对于无返回值的函数来讲，只能形成一个函数调用语句。

如果是调用无参函数，则实参列表可以没有，但括弧不能省略。如果实参列表包含多个实参，则各参数间用逗号隔开。实参与形参的个数应相等，类型应一致。实参与形参按顺序对应，一一传递数据。这里，对实参列表取值的顺序并不是确定的，有的系统按自左至右顺序求实参的值，有的系统则按自右至左顺序。

首先，看一个简单的例子，编写一个函数显示“Welcome”，然后编写主程序 main 调用它。示例程序如下：

```
#include <stdio.h>

void fun()
{
      printf ("Welcome!\n");
}
int main()
{
   fun();
   return 0;
}
```

上面的写法，相当于把函数的定义写在了调用语句之前，fun 函数没有参数，也没有返回值。当被调用的函数有参数时，就涉及了参数的传递问题。

被调函数必须是已经声明了的函数，或者被调函数的位置位于调用函数之前。

函数的调用一般形式为

函数名（实参列表）；

按照函数在程序中出现的不同位置，有以下 3 种函数调用方式。

① 函数语句：把函数调用作为一个语句。这时不要求函数带返回值，只要求函数完成一定的操作，如：

```
printf("Hello C world\n");
```

② 函数表达式：函数出现在一个表达式中，这种表达式称为函数表达式。这时要求函数返回一个确定的值以参加表达式的运算，如：

```
i = sum(a,b);
```

③ 函数参数：函数调用作为一个函数的实参。函数调用作为函数的参数，实质上也是函数表达式形式调用的一种，因为函数的参数本来就要求是表达式形式，如：

```
printf("the sum of a and b is %d\n",sum(a, b));
```

2. 函数的参数传递

在 C 语言中，传递参数主要有 3 种方式，下面分别进行介绍。

（1）值传递方式

在 C 语言中，函数间传参采用值传递的方法，请读者先看一个例子：

```
#include <stdio.h>

void exchange(int a, int b)
{
    int t;

    printf("&a=%p &b=%p\n", &a, &b);

    t = a;
    a = b;
    b = t;

    printf("a=%d b=%d\n\n", a, b);
}

int main()
{
    int m = 10, n = 20;

    exchange(m, n);
    printf("&m=%p &n=%p\n", &m, &n);
    printf("m=%d n=%d\n", m, n);

    return 0;
}
```

程序执行结果如下：

```
linux@ubuntu:~/book/ch8$cc swap.c
linux@ubuntu:~/book/ch8$./a.out
&a=0xbfcff4f0 &b=0xbfcff4f4
a=20 b=10

&m=0xbfcff50c &n=0xbfcff508
m=10 n=20
```

在该程序中，main 函数调用了 exchange 函数。在 exchange 函数的定义中，参数 a、b 是形参，它在 exchange 函数体内都可以使用，离开函数体则不能使用。主调函数是 main 函数，调用语句是“exchange(m,n)”，其中的 m 就是实参，且 m 是局部变量，只能在 main 函数体内使用。在执行了函数调用后，m 的值就传给了形参 a，这个传参过程自动进行，相当于执行了代码“int a = m; int b = n”。形参和实参是两个不同的变量，占用不同的存储空间，因此，当形参的值发生变化时，并不影响实参的值。图 8-1 演示了实参和形参在函数调用时的变化情况。

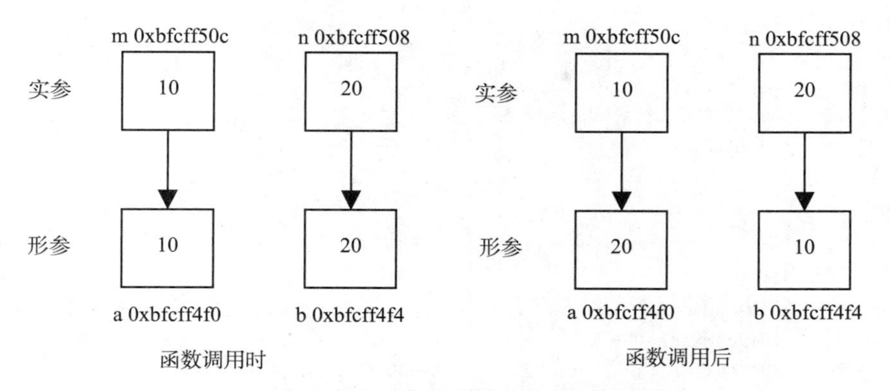

图 8-1　实参和形参在函数调用时的变化情况

函数的形参和实参具有以下特点。

① 形参变量只有在被调用时才分配内存单元，在调用结束时，即刻释放所分配的内存单元。因此，形参只有在函数内部有效。调用结束返回主调函数后则不能再使用该形参变量。

② 实参可以是常量、变量、表达式、函数等，无论实参是何种类型的量，在进行函数调用时，它们都必须具有确定的值，以便把这些值传送给形参。因此应先用赋值、输入等办法使实参获得确定值。

③ 实参和形参在数量上、类型上、顺序上应严格一致，否则会发生“类型不匹配”的错误。

从图 8-1 中可以看出，实参和形参所占用的存储单元完全是独立的。在函数调用时，实参把存储单元中的数据赋值给形参的存储单元；而在函数调用后，若形参的值发生了改变，它也无法传递给实参（由于参数的传递是单向的，只能从实参传递给形参）。

（2）地址传递方式

如果希望通过对形参的操作来影响实参的值，可以在调用函数时，传递变量的地址。

地址传递方式和值传递方式正好相反，这种方式是将调用函数的参数本身传给被调用函数。因此，被调用函数中对形参的操作，将直接改变实参的值。调用函数将实参的地址传送给被调用函数，被调用函数对该地址的目标操作，相当于对实参本身的操作。按地址传递，实参为变量的地址，而形参为同类型的指针。

示例程序如下：

```
#include <stdio.h>

void exchange(int *p, int *q)
{
    int t;

    printf("&p=%p &q=%p p=%p q=%p\n", &p, &q, p, q);

    t = *p;
    *p = *q;
    *q = t;

    printf("*p=%d *q=%d\n\n", *p, *q);
}

int main()
{
```

```
    int m = 10, n = 20;

    exchange (&m, &n);
    printf ("&m=%p &n=%p\n", &m, &n);
    printf ("m=%d n=%d\n", m, n);

    return 0;
}
```

程序执行结果如下：

```
linux@ubuntu:~/book/ch8$cc swap.c
linux@ubuntu:~/book/ch8$./a.out
&p=0xbfeb67c0 &q=0xbfeb67c4 p=0xbfeb67dc q=0xbfeb67d8
*p=20 *q=10

&m=0xbfeb67dc &n=0xbfeb67d8
m=20 n=10
```

在该程序中，实参是&m 和&n，形参是两个指针。传参的过程相当于两条语句“int *p = &m; int *q = &n;”。在函数 exchange 中，交换了*p 和*q，即交换了 p 和 q 的目标，交换了变量 m 和 n 的值。在 C 程序中，通过传递变量的地址，可以起到改变主调函数中变量的作用。

图 8-2 演示了实参和形参在函数调用时的变化情况。

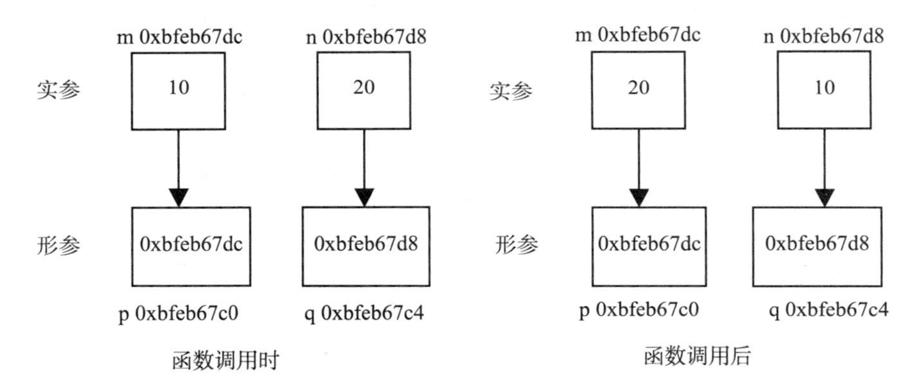

图 8-2　实参和形参在函数调用时的变化情况

值传参和地址传参

（3）全局变量传参

全局变量就是在函数体外说明的变量，它们在程序中的每个函数里都是可见的。实际上，全局变量也是一种静态型的变量。将它初始化为 0。全局变量一经定义后就会在程序的任何地方可见。使用全局变量传递数据的先后顺序的不同会影响计算结果，应用顺序不当，会导致错误，这种方式尽量少用。

下面是一个利用全局变量进行函数间传递数据的例子：

```
#include <stdio.h>

int n;
double factorial();

int main()
{
```

```
    double s = 0;

    printf("input:");
    scanf("%d", &n);

    s = factorial();
    printf("%e\n", s);

    return 0;
}

double factorial()
{
    double ret = 1;
    int i;

    for (i = 1; i <= n; i++)
        ret *= i;

    return ret;
}
```

程序执行结果如下：

```
linux@ubuntu:~/book/ch8$cc test.c
linux@ubuntu:~/book/ch8$./a.out
input:15
1.307674e+12
```

3. 函数的返回值

函数的返回值是指被调用函数返回给调用函数的值。

① 函数的返回值只能通过 return 语句返回主调函数，return 语句的一般形式为

```
return表达式;
```

或者

```
return (表达式);
```

该语句的功能是计算表达式的值，并返回给主调函数。在函数中允许有多个 return 语句，但每次调用只能有一个 return 语句被执行，因此只能返回一个值。

② 函数返回值的类型和函数定义中函数的类型应保持一致。如果两者不一致，则以函数定义中的类型为准，自动进行类型转换。

③ 如函数返回值为整型，在函数定义时可以省去类型说明。

④ 没有返回值的函数，可以明确定义为空类型，类型说明符为 void。

示例程序如下：

```
#include <stdio.h>

int fun(int n);

int main()
{
    int sum = 0, n;

    printf("input:");
```

```
    sum=scanf("%d", &n);

    sum = fun(n);
    printf("1+2+...+%d=%d\n", n, sum);

    return 0;
}

int fun(int n)
{
    int i, sum = 0

    for (i = 1; i <= n; i++)
        sum += i;

    return sum;
}
```

程序执行结果如下：

```
linux@ubuntu:~/book/ch8$cc test.c
linux@ubuntu:~/book/ch8$./a.out
input:100
1+2+...+100=5050
```

该程序中，main 函数获得用户输入的 n 值，fun 函数计算 1 到 n 的和，并把和返回给 main 函数。

表 8-1 列举了常见的函数分类。

表 8-1　常见的函数分类说明

分类角度	分类	说明
函数定义的角度	库函数	由 C 语言系统提供，用户无需定义，也不必在程序中作类型说明，只需在程序中包含有该函数原型的头文件即可在程序中直接调用，如 printf 等
	用户定义函数	不仅要在程序中定义函数本身，而且在主调函数模块中还必须对该被调函数进行类型说明，然后才能使用
有无返回值	有返回值函数	被调用执行完后将向调用者返回一个值
	无返回值函数	此类函数用于完成某项特定的处理任务，执行完成后不向调用者返回函数值
主调函数和被调函数之间数据传送的角度	无参函数	函数定义、函数说明及函数调用中均不带参数。主调函数和被调函数之间不进行参数传送。此类函数通常用来完成一组指定的功能，可以返回或不返回函数值
	有参函数	在函数定义及函数说明时都有参数，称为形式参数（简称为形参）。在函数调用时也必须给出参数，称为实际参数（简称为实参）。进行函数调用时，主调函数将把实参的值传送给形参，供被调函数使用
库函数功能	字符类型分类函数	用于对字符按 ASCII 码分类：字母、数字、控制字符、分隔符、大小写字母等
	转换函数	用于字符或字符串的转换；在字符量和各类数字量（整型、实型等）之间进行转换；在大、小写之间进行转换

续表

分类角度	分类	说明
库函数功能	目录路径函数	用于文件目录和路径操作
	诊断函数	用于内部错误检测
	图形函数	用于屏幕管理和各种图形功能
	输入输出函数	用于完成输入输出功能
	接口函数	用于与 DOS、BIOS 和硬件的接口
	字符串函数	用于字符串操作和处理
	内存管理函数	用于内存管理
	数学函数	用于数学函数计算
	日期和时间函数	用于日期、时间转换操作
	进程控制函数	用于进程管理和控制

8.1.3 函数和数组

前面介绍了函数之间的参数传递都是基本数据类型的数据，本小节将介绍数组在函数与函数间的传递。

1. 传递数组

当形参是数组形式时，其本质上也是一个指针。数组作为实参传递时，形参并没有复制实参所有的内容，而是复制了实参数组的首地址。

在本书数组一章中，就强调过数组名是一个地址量。既然实参是一个地址量，那么形参也必定是一个地址量。

由于数组的特殊性，只要知道了数组的首地址，就可以依次访问数组中的所有元素。

示例程序如下：

```
#include <stdio.h>

int test_array(int a[], int n, int *p)
{
    int i, sum = 0;

    *p = 0;
    for (i = 0; i < n; i++)
    {
        sum += a[i];
        if (a[i] % 2)
            (*p)++;
    }

    return sum;
}

int main()
{
    int a[] = {9, 12, 2, 3, 29, 31, 40, 80}, n;
    int sum = 0,   odd= 0;

    n = sizeof(a) / sizeof(int);
```

```
    sum = test_array(a, n, &odd);

    printf("sum=%d odd numbers count =%d\n",
            sum, odd);

    return 0;
}
```

程序执行结果如下：

```
linux@ubuntu:~/book/ch8$cc test.c–o test -Wall
linux@ubuntu:~/book/ch8$./test
sum=206 odd numbers count =4
```

在该程序中，子函数用来计算主调函数中的整型数组的元素的和，并统计数组中奇数的个数。实参传的是数组名、数组的元素个数及一个整型的指针（除了传递数组名以外，还要传递数组中元素的个数）。形参是一维数组的形式，在这里，读者要特别注意：当形参是数组形式时，本质是同级别的指针。该程序中的形参 int a[]，实际上是 int *a。

当形参是数组形式时，本质是同级别的指针。

上面的程序，演示的是传递一维数组的情况，下面我们讨论如何传递二维数组。

首先二维数组在内存中也是连续存储，按行存放，从这个角度，可以像处理一维数组一样来处理二维数组。

示例程序如下：

```
int main()
{
    int a[2][3] = {{9, 12, 2}, {3, 29, 31} } , n;
    int sum = 0,   odd= 0;

    n = sizeof(a) / sizeof(int);

    sum = test_array(a[0], n, &odd);

    printf("sum=%d odd numbers count =%d\n",
            sum, odd);

    return 0;
}
```

程序执行结果如下：

```
linux@ubuntu:~/book/ch8$cc test.c–o test -Wall
linux@ubuntu:~/book/ch8$./test
sum=86 odd numbers count =4
```

在该程序中，子函数不需要修改，只需要在主调函数中修改第一个实参，改为元素的地址即可。

除了上面的处理方式，也可以按照行列的方式来处理二维数组。这时要传递二维数组名、行数及列数。

示例程序如下：

```
#include <stdio.h>
```

```
int test_array(int n, int m, int a[][m], int *p)
{
    int i, j, sum = 0;

    *p = 0;
    for (i = 0; i < n; i++)
        for (j = 0; j < m; j++)
        {
            sum += a[i][j];
            if (a[i][j] % 2)
                (*p)++;
        }

    return sum;
}

int main()
{
    int a[2][3] = {{9, 12, 2}, {3, 29, 31} } , n, m;
    int sum = 0,   odd= 0;

    n = sizeof(a) / sizeof(a[0]);
    m = sizeof(a[0]) / sizeof(int);

    sum = test_array(n, m, a, &odd);

    printf("sum=%d odd numbers count =%d\n",
            sum, odd);

    return 0;
}
```

在该程序中，第三个实参是二维数组名，与之对应的第三个形参是二维数组的形式，且第二维的个数不能省略。这种写法，避免了去考虑二维数组相当于一个什么类型的指针，代码书写简单，可读性很好。

2. 传递指针

前面介绍了函数形参是数组形式的用法，下面介绍另一种很常见的写法即传递指针。其实，读者如果熟练掌握了上一章中数组和指针部分的内容，这里就很容易理解。若需要给子函数传递一维数组，可以写成下面的形式：

```
int test_array(int *a, int n, int *p)
```

若需要给子函数传递二维数组，应该写成下面的形式：

```
int test_array(int n, int m, int (*a)[m], int *p)
```

在这种形式中，int (*a)[m]是一种数组指针或称为行指针，指针加 1，移动 m 个数据，和 m 列的二维数组名是类似的。

8.1.4 main 函数的参数

普通函数可以带参数，其实，main 函数也可以带参数。当执行程序时，也可以在命令行上给 main 函数传参。完整的 main 函数原型如下：

```
int main(int argc, char *argv[])
```

上面是数组的形式，也可以写成指针的形式：

```
int main(int argc, char **argv)
```

其中，argc 是传给 main 函数的参数的个数，argv 指向具体的参数。

示例程序如下：

```
#include <stdio.h>

int main(int argc, char *argv[])
{
    int i;

    printf("argc=%d\n", argc);

    for (i = 0; i < argc; i++)
        printf("argv[%d]=%s\n", i, argv[i]);

    return 0;
}
```

程序执行结果如下：

```
linux@ubuntu:~/book/ch8$cc test.c–o test -Wall
linux@ubuntu:~/book/ch8$./test
argc=1
argv[0]=./test
linux@ubuntu:~/book/ch8$cc test.c–o test -Wall
linux@ubuntu:~/book/ch8$./test 192.168.1.20 9000
argc=3
argv[0]=./ test
argv[1]=192.168.1.20
argv[2]=9000
```

8.2 指针函数

8.2.1 指针函数的定义和使用

main 函数的参数

通常一个函数都有返回值。如果一个函数没有返回值，则该函数是一个无值型函数。若一个函数的返回值是指针，则称函数为指针函数。

指针函数的定义的一般形式如下：

```
<数据类型>  *<函数名称>(<参数说明>)
{
        语句序列;
}
```

其中，<数据类型>、<函数名称>、<形式参数说明>等与一般函数定义相同。在<函数名称>之前的*符号，说明该函数返回一个地址量。

示例程序如下：

```
#include <stdio.h>
#include <string.h>

char *mystring(void)
```

```
{
    char str[20] = {0};
    strcpy(str, "Welcome");
    return str;
}

int main()
{
    printf("%s\n", mystring());

    return 0;
}
```

程序执行结果如下：

```
linux@ubuntu:~/book/ch8$cc pf.c -o pf -Wall
pf.c: In function'mystring':
pf.c:8: warning: function returns address of local variable
linux@ubuntu:~/book/ch8$./pf
�4@
```

在该程序中，mystring 函数的返回值是 char *，因此，这是一个指针函数，函数返回了字符数组名 str，确实是一个 char *。但是，编译程序时，有一个警告，提示返回了一个局部变量的地址，程序的执行结果，打印的是乱码。

在实现一个指针函数时，读者应该特别注意，指针函数返回的地址，在主调函数中，必须是有效的，是可以访问的内存。在上面程序中，str 是函数内部的局部数组，局部变量分配在堆栈中，当函数执行完后，局部变量自动释放，在主调函数中，不能再访问，因此会有警告。访问一段释放的内存，是非法操作，显示的是乱码，若修改非法内存中的值，程序的后果可能更严重，是不可预料的。

通过以上的分析，我们可以把上述程序改成下面的形式：

```
#include <stdio.h>
#include <string.h>

char *mystring(void)
{
    static char str[20];
    strcpy(str, "Welcome");
    return str;
}

int main()
{
    printf("%s\n", mystring());

    return 0;
}
```

程序执行结果如下：

```
linux@ubuntu:~/book/ch8$cc pf.c -o pf -Wall
linux@ubuntu:~/book/ch8$./pf
Welcome
```

在该程序中，把局部数组改成了静态数组。静态变量，当程序结束时才回收内存。因此，在 main 函数中，依然可以访问数组。通过这个例子，我们可以知道，指针函数可以返回静态变量的地址。类似的方法，可以把程序改成下面的形式：

```
#include <stdio.h>
#include <string.h>

char *mystring(void)
{
    char *str = "Welcome";
    return str;
}

int main()
{
    printf("%s\n", mystring());

    return 0;
}
```

程序会有相同的执行结果，在程序中，str 指向一个字符串常量，字符串常量和静态变量类似，都是程序结束时，才释放内存，因此指针函数可以返回一个字符串常量的地址。

除了上述两种情况，还有一种，指针函数可以返回一个堆空间上的地址。关于这部分内容，读者先看一个例子，后面章节会详细讲解。

示例程序如下：

```
#include <stdio.h>
#include <string.h>
#include <stdlib.h>

char *mystring(void)
{
    char *str = NULL;

str = (char *)malloc(20);
if (str == NULL)
{
    printf("malloc error\n");
    return str;
}
strcpy(str, "Welcome");

 return str;
}

int main()
{
    char *s;

    if ((s = mystring()) != NULL)
    {
        printf("%s\n", s);
        free(s);
    }
```

```
    return 0;
}
```

指针函数不可以返回局部变量的地址，可以返回的地址有 3 种情况：一、静态变量的地址；二、字符串常量的地址；三、堆上的地址。

8.2.2 指针函数程序举例

在库函数和系统调用中，有很多指针函数，下面列举几个，供读者参考。

1. 字符串拷贝函数

```
#include <string.h>
char *strcpy(char *dest, const char *src);
char *strncpy(char *dest, const char *src, size_t n);
```

程序示例如下：

```
#include <stdio.h>
#include <string.h>
int main()
{
 char a[128] = "asdfdsf";
 char *b = "tt";
 char p[128] = {0};

      printf("%s\n", strcpy(a, b));

      strcpy(p, strcpy(a, b));
      printf("a=%s b=%s p=%s\n", a, b, p);

      return 0;
}
```

程序执行结果如下：

```
linux@ubuntu:~/book/ch8$cc strcpy.c –o strcpy –Wall
linux@ubuntu:~/book/ch8$./strcpy
tt
a=tt b=tt p=tt
```

该程序使用了字符串拷贝函数，为数组 a、p 赋值。由于 strcpy 函数返回目标串的地址，因此，可以作为一次新的调用的源串。在使用该函数时，要注意目标串的存储空间足够大。

指针函数介绍

读者不仅仅需要掌握 strcpy 函数的使用，还应该能够自己去实现该函数，这样，在运用时，才能够更灵活，更准确。下面是不借助于任何字符串函数实现的字符串拷贝函数。

```
#include <stdio.h>

char * mystrcpy(char *dest, const char *src)
{
     char *p = dest;
```

```
    while(*dest++ = *src++);
    return p;
}

int main()
{
    char a[128] = "asdfdsf";
    char *b = "tt";
    char p[128] = {0};

    printf("%s\n", mystrcpy(a, b));

    strcpy(p, mystrcpy(a, b));
    printf("a=%s b=%s p=%s\n", a, b, p);

    return 0;
}
```

2. 字符串连接函数

```
#include <string.h>
char *strcat(char *dest, const char *src);
char *strncat(char *dest, const char *src, size_t n);
```

程序示例如下：

```
#include <stdio.h>
#include <string.h>

int main()
{
    char a[128] = "asdfdsf";
    char *b = "tt";
    char p[128] = {0};

    printf("%s\n", strcat(a, b));

    strcat(p, strcat(a, b));
    printf("a=%s b=%s p=%s\n", a, b, p);

    return 0;
}
```

程序执行结果如下：

```
linux@ubuntu:~/book/ch8$cc strcat.c -o strcat -Wall
linux@ubuntu:~/book/ch8$./strcat
asdfdsftt
a=asdfdsftttt b=tt p=asdfdsftttt
```

和 strcpy 函数类似，该程序使用 strcat 函数，为数组 a、p 赋值。由于 strcat 函数返回目标串的地址，因此，也可以作为一次新的调用的源串。在使用该函数时，要注意目标串的存储空间足够大。

读者不仅仅需要掌握 strcat 函数的使用，还应该能够自己去实现该函数。下面是不借助于任何字符串函数实现的字符串连接函数。

```
#include <stdio.h>
```

```
char * mystrcat(char *dest, const char *src)
{
 char *p = dest;
 while(*dest++);
 dest--;

 while(*dest++ = *src++);
 return p;
}

int main()
{
    char a[128] = "asdfdsf";
    char *b = "tt";
    char p[128] = {0};

    printf("%s\n", mystrcat(a, b));

    mystrcat(p, mystrcat(a, b));
    printf("a=%s b=%s p=%s\n", a, b, p);

    return 0;
}
```

3. 信号注册函数

```
#include <signal.h>
typedef void (*sighandler_t)(int);
sighandler_t signal(int signum, sighandler_t handler);
```

signal 函数的功能是信号注册，当进程收到信号时，可以调用该函数，来改变进程对信号的响应方式，新的响应方式通过参数传递。函数返回值是信号之前的处理方式。这个函数，读者可以参考《嵌入式应用程序设计综合教程》方面的课程。

8.3 函数指针

8.3.1 函数指针的声明

函数指针是专门用来存放函数地址的指针。函数地址是一个函数的入口地址，函数名代表了函数的入口地址。

当一个函数指针指向了一个函数，就可以通过这个指针来调用该函数，可以将函数作为参数传递给函数指针。

函数指针变量说明的一般形式如下：

```
<数据类型> (*<函数指针名称>) (<参数说明列表>);
```

其中，

<数据类型>是函数指针所指向的函数的返回值类型；

<函数指针名称>符合标识符命名规则；

<参数说明列表>应该与函数指针所指向的函数的形参说明保持一致；

(*<函数指针名称>) 中，*说明为指针，( ) 不可缺省，表明为指向函数的指针。

示例程序如下：

```
#include <stdio.h>

int test(int a, int b, int (*pFunc)(int,int));
int plus(int a, int b);                    //函数声明
int minus(int, int);                       //函数声明，缺省形参名称

int main()
{
    int x = 5, y = 8;
    int (*pFunc)(int, int);

    pFunc = plus;
    printf("%d\n", (*pFunc)(x, y));

    pFunc = minus;
    printf("%d\n", (*pFunc)(x, y));

    printf("%d\n", test(15, 5, plus));
    printf("%d\n", test(15, 5, minus));

    return 0;
}

int plus(int a, int b)
{
    return (a+b);
}

int minus(int a, int b)
{
    return (a-b);
}

int test(int a, int b, int (*pFunc)(int, int))
{
    return ((*pFunc)(a, b));
}
```

函数指针介绍

程序执行结果如下：

```
linux@ubuntu:~/book/ch8$cc fp.c -o fp -Wall
linux@ubuntu:~/book/ch8$./fp
13
-3
20
10
```

该程序演示了如何声明一个函数指针变量，如何为函数指针赋值及如何通过函数指针来调用函数。

8.3.2　定义函数指针类型

有时为了书写方便，可以声明一个函数指针数据类型。

函数指针类型说明的一般形式如下：

```
typedef <数据类型>  (*<函数指针类型名称>) ( <参数说明列表>);
```

在函数指针变量说明前面，加上 typedef，就变成了函数指针类型。则上面的示例程序，可以改写成下面的形式：

```
#include <stdio.h>

typedef int (*MFunc)(int, int);

int test(int a, int b, MFunc pFunc);
int plus(int a, int b);             //函数声明
int minus(int, int);                //函数声明，缺省形参名称

int main()
{
    int x = 5, y = 8;
    MFunc   pFunc;

    pFunc = plus;
    printf("%d\n", (*pFunc)(x, y));

    pFunc = minus;
    printf("%d\n", (*pFunc)(x, y));

    printf("%d\n", test(15, 5, plus));
    printf("%d\n", test(15, 5, minus));

    return 0;
}

int plus(int a, int b)
{
    return (a+b);
}

int minus(int a, int b)
{
    return (a-b);
}

int test(int a, int b, MFunc pFunc)
{
    return ((*pFunc)(a, b));
}
```

8.3.3 函数指针数组

函数指针数组是一个包含若干个函数指针变量的数组。

定义形式如下：

```
<数据类型> ( * <函数指针数组名称> [<大小>] ) ( <参数说明列表> );
```

其中，<大小>是指函数指针数组元素的个数。

示例程序如下：

```
#include <stdio.h>

int plus(int, int);
int minus(int, int);

int main()
{
    int (*pFunc[2])(int, int);
    int i;

    pFunc[0] = plus;
    pFunc[1] = minus;

    for (i = 0; i < 2; i++)
        printf ("%d\n", (* pFunc[i])(15, 85));

    return 0;
}

int plus(int a, int b)
{
    return (a+b);
}

int minus(int a, int b)
{
    return (a-b);
}
```

程序执行结果如下：

```
linux@ubuntu:~/book/ch8$cc fp.c -o fp -Wall
linux@ubuntu:~/book/ch8$./fp
100
-70
```

在该程序中，pFunc 是一个含有 2 个元素的一维数组，则 pFunc[0]是第一个函数指针，pFunc[1]是第二个函数指针。

8.3.4 函数指针程序举例

在库函数和系统调用中，有很多函数的原型中都涉及了函数指针，现在举几个例子，来加深读者对函数指针的理解。

① 线程创建的函数。

```
#include <pthread.h>

    int pthread_create(pthread_t *restrict thread,
          const pthread_attr_t *restrict attr,
          void *(*start_routine)(void*), void *restrict arg);
```

该函数的功能是创建一个线程，第三个参数就是函数指针。

② 信号注册的函数。

```
#include <signal.h>

        typedef void (*sighandler_t)(int);

        sighandler_t signal(int signum, sighandler_t handler);
```

在该函数原型中，使用 typedef，定义了一个函数指针类型。signal 函数的第二个参数，是函数指针，返回值也是函数指针。如果不定义函数指针数据类型，即省略了 typedef，函数原型也可以写成下面形式：

```
#include <signal.h>

void (*signal(int sig, void (*func)(int)))(int);
```

③ 快速排序的函数。

```
#include <stdlib.h>

        void qsort(void *base, size_t nmemb, size_t size,
                    int(*compar)(const void *, const void *));
```

该函数是用快速排序算法对数组进行排序。第四个参数是函数指针，需要调用者提供数组中元素的比较规则。

示例程序如下：

```
#include <stdio.h>
#include <stdlib.h>

int fun_int(const void *p, const void *q);
int fun_float(const void *p, const void *q);
int fun_string(const void *p, const void *q);

int main()
{
    int a[] = {98, 1, 24, 15, 78, 29, 36, 10, 91}, i;
    float b[] = {34.213, 92.123, 14, 91.231, 55, 60.345, 120.1};
    char *c[] = {"hello", "about", "who", "apple", "banana", "a", "zoo"};

    qsort(a, sizeof(a)/sizeof(int), sizeof(int), fun_int);
    for (i = 0; i < sizeof(a)/sizeof(int); i++)
        printf("%d ", a[i]);
    printf("\n");

    qsort(b, sizeof(b)/sizeof(float), sizeof(float), fun_float);
    for (i = 0; i < sizeof(b)/sizeof(float); i++)
        printf("%f ", b[i]);
    printf("\n");

    qsort(c, sizeof(c)/sizeof(char *), sizeof(char *), fun_string);
    for (i = 0; i < sizeof(c)/sizeof(char *); i++)
        printf("%s ", c[i]);
    printf("\n");

    return 0;
}
```

```
int fun_int(const void *p, const void *q)
{
    return (*(int const *)p - *(int const *)q);
}

int fun_float(const void *p, const void *q)
{
    float t = *(float const *)p - *(float const *)q;

    if (t > 1e-6)
      return 1;
    else if (t < -1e-6)
        return -1;
    else
        return 0;
}

int fun_string(const void *p, const void *q)
{
    return strcmp(*( char * const * )p, *( char * const *)q);
}
```

通过该程序，可以看出 qsort 函数，可以对各种类型的数组进行排序。由于不同类型的数据比较大小的方法不一样，因此，需要定义一个比较函数，写出比较规则。在这个例子中，定义了三个比较函数，利用 qsort 函数，分别对整型、浮点型、字符串数组进行了排序。

8.4 递归函数

8.4.1 递归函数的定义

所谓递归函数是指一个函数的函数体中直接调用或间接调用了该函数自身的函数。

递归函数调用的执行过程分为两个阶段。

递推阶段：从原问题出发，按递归公式递推从未知到已知，最终达到递归终止条件。

回归阶段：按递归终止条件求出结果，逆向逐步代入递归公式，回归到原问题求解。

示例程序如下：

```
#include <stdio.h>

double factorial(int n);

int main()
{
    double r;

    r = factorial(5);
    printf("5!=%lf\n", r);

    return 0;
}
```

```
double factorial(int n)
{
    if (n <= 1)
      return 1;
    return (n * factorial(n-1));
}
```

程序执行结果如下：

```
linux@ubuntu:~/book/ch8$cc fp.c -o fp -Wall
linux@ubuntu:~/book/ch8$./fp
5!=120.000000
```

该程序实现了 $n!$，已知 0! 或 1! 是 1。递归规律是：$n! = n\times(n-1)!$。

8.4.2 函数调用机制说明

任何函数之间不能嵌套定义，调用函数与被调用函数之间相互独立(彼此可以调用)。发生函数调用时，被调函数中保护了调用函数的运行环境和返回地址，使得调用函数的状态可以在被调函数运行返回后完全恢复，而且该状态与被调函数无关。

递归函数介绍

被调函数运行的代码虽是同一个函数的代码体，但由于调用点，调用时状态，返回点的不同，可以看作是函数的一个副本，与调用函数的代码无关，所以函数的代码是独立的。被调函数运行的栈空间独立于调用函数的栈空间，所以与调用函数之间的数据也是无关的。函数之间靠参数传递和返回值来联系，函数看作为黑盒。

8.4.3 递归调用的形式

递归调用有直接递归调用和间接递归调用两种形式。

直接递归即在函数中出现调用函数本身。

例如，求斐波那契数列第 n 项。斐波那契数列的第一和第二项是 1，后面每一项是前二项之和，即 1，1，2，3，5，8，13，…

下面程序采用直接递归调用：

```
#include <stdio.h>

long fib(int n)
{
   if (n == 0 || n == 1)
     return 1;
   else
     return (fib(n-1)+fib(n-2));
}

int main()
{
   int i;
   for (i = 0; i < 8; i++)
      printf("%ld  ", fib(i));
   printf("\n");

   return 0;
}
```

程序执行结果如下：

```
linux@ubuntu:~/book/ch8$cc fp.c -o fp -Wall
linux@ubuntu:~/book/ch8$./fp
1  1  2  3  5  8  13  21
```

间接递归调用是指函数中调用了其他函数，而该其他函数却又调用了本函数。例如，下面的代码定义两个函数，它们构成了间接递归调用：

```
int fnl(int a)
{
  int b;
  b=fn2(a+1);                    //间接递归
}

int fn2(int s)
{
  int c;
  c=fnl(s-1);                    //间接递归
}
```

上例中，fn1()函数调用了 fn2()函数，而 fn2()函数又调用了 fn1()函数。

8.4.4 递归的条件

一个问题能否用递归实现，看其是否具有以下特点。

① 须有完成函数任务的语句。

例如，下面的代码定义了一个递归函数：

```
#include  <stdio.h>
void count(int val)              //递归函数可以没有返回值
{
  if(val>1)
    count(val-1);
  printf("ok:%d\n", val);
}
```

该函数的任务是在输出设备上显示“ok：整数值”。

② 一个确定是否能避免递归调用的测试。

例如，上例的代码中，语句“if(val>1)”便是一个测试，如果不满足条件，就不进行递归调用。

③ 一个递归调用语句。

该递归调用语句的参数应该逐渐逼近不满足条件，以至最后断绝递归。

例如，上面的代码中，语句 count(val-1)；便是一个递归调用，参数在渐渐变小，这种发展趋势能使测试“if(val>1)”最终不满足。

④ 先测试，后递归调用。

在递归函数定义中，必须先测试，后递归调用。也就是说，递归调用是有条件的，满足了条件后，才可以递归。

例如，下面的代码无条件调用函数自己，造成无限制递归，终将使栈空间溢出：

```
#include <stdio.h>

void count(int val)
{
  count(val-1);                     //无限制递归
```

```
    if(val>1)                    //该语句无法到达
      printf("ok:%d\n", val);
}
```

下面是完整的示例程序：

```
#include <stdio.h>

void count(int val)
{
    if (val > 1)
       count(val - 1);
    printf("OK:%d\n", val);
}

int main()
{
    int n = 10;

    count(n);

    return 0;
}
```

程序执行结果如下：

```
linux@ubuntu:~/book/ch8$cc test.c -o test -Wall
linux@ubuntu:~/book/ch8$./test
OK:1
OK:2
OK:3
OK:4
OK:5
OK:6
OK:7
OK:8
OK:9
OK:10
```

8.5 回调函数

8.5.1 回调函数的定义

回调函数就是一个通过函数指针调用的函数。如果你把函数的指针（地址）作为参数传递给另一个函数，当这个指针被用来调用其所指向的函数时，我们就说这是回调函数。

回调函数的定义的一般形式如下：

```
<数据类型> <函数名称> (<参数说明列表>)
{
     语句序列;
}
```

其中，<数据类型> <函数名称>与一般函数定义相同。<参数说明列表>中的某个参数是一个函数指针。

8.5.2 回调函数实现机制

① 定义一个回调函数；

② 提供函数实现的一方在初始化的时候，将回调函数的函数指针注册给调用者；

③ 当特定的事件或条件发生的时候，调用者使用函数指针调用回调函数对事件进行处理。

8.5.3 自定义回调函数

回调函数定义主要有以下两种方式，下面分别进行介绍。

方式一：通过命名方式。

```
#include <stdio.h>

typedef int (*CallBackFun)(char *p);

int fun(char *p)
{
 printf("fun %s\n",p);
 return 0;
}
int call(CallBackFun pCallBack,char *p)
{
 printf("call %s\n",p);
 pCallBack(p);
 return 0;
}
int main(int argc, const char *argv[])
{
 char *p = "hello";

 call(fun,p);
 return 0;
}
```

程序执行结果如下：

```
linux@ubuntu:~/ch8$ gcc callback.c
linux@ubuntu:~/ch8$ ./a.out
call hello
fun hello
```

方式二：直接通过函数指针。

```
#include <stdio.h>

int fun(char *p)
{
 printf("fun %s\n",p);
 return 0;
}

int call(int (*ptr)(char *p),char *p)
{
 printf("call\n",p);
```

```
    (*ptr)(p);
}

int main(int argc, const char *argv[])
{
    char *p = "hello";

    call(fun,p);
    return 0;
}
```

程序执行结果如下：

```
linux@ubuntu:~/ch8$ gcc callback.c
linux@ubuntu:~/ch8$ ./a.out
call hello
fun hello
```

8.5.4 嵌入式开发中常见的回调函数

在嵌入式开发中有很多回调函数，下面列举几个，供读者参考。

（1）信号注册函数（通过命名方式）

```
typedef void (*sighandler_t)(int);

sighandler_t signal(int signum, sighandler_t handler);
```

（2）线程创建函数（直接通过函数指针）

```
#include <pthread.h>

int pthread_create(pthread_t *thread, const pthread_attr_t *attr,
                   void *(*start_routine) (void *), void *arg);
```

8.6 attribute 机制介绍

GNU C 的一大特色就是__attribute__机制。__attribute__可以设置函数属性（function attribute）、变量属性（variable attribute）和类型属性（type attribute）。

__attribute__书写特征是__attribute__前后都有两个下划线，并且后面会紧跟一对圆括弧，括弧里面是相应的__attribute__参数。

__attribute__语法格式为__attribute__ ((attribute-list))。

1. 函数属性（function attribute）

函数属性可以帮助开发者把一些特性添加到函数声明中，从而可以使编译器在错误检查方面的功能更强大。__attribute__机制也很容易同非 GNU 应用程序做到兼容。GNU C 需要使用 –Wall 编译选项来激活该功能，这是控制警告信息的一个很好的方法。下面介绍几个常见的属性参数。

（1）__attribute__ format

该属性可以给被声明的函数加上类似 printf 或者 scanf 的特征。它可以使编译器检查函数声明和函数实际调用参数之间的格式化字符串是否匹配。该功能十分有用，尤其是处理一些很难发现的 bug。

format 的语法格式为 format (archetype, string-index, first-to- check)。

format 属性告诉编译器，按照 printf、scanf、strftime 或 strfmon 的参数列表格式规则对该函数的参数进行检查。“archetype”指定是哪种风格；“string-index”指定传入函数的第几个参数是格式化字符串；“first-to-check”指定从函数的第几个参数开始按上述规则进行检查。

具体使用格式如下：

```
__attribute__((format(printf,m,n)))
__attribute__((format(scanf,m,n)))
```

其中参数 m 与 n 的含义如下。

① m：第几个参数为格式化字符串（format string）。

② n：参数集合中的第一个即参数“...”里的第一个参数在函数参数总数排在第几。

在使用上，“__attribute__((format(printf,m,n)))”是最常用的，而另一种很少见到。下面举例说明，其中 myprint 为自己定义的一个带有可变参数的函数，其功能类似于 printf。

```
/*m=1; n=2 */
extern void myprint(const char *format,...) __attribute__((format(printf,1,2)));
/*m=2; n=3*/
extern void myprint(int l, const char *format,...) __attribute__((format(printf,2,3)));
```

需要特别注意的是，如果 myprint 是一个函数的成员函数，那么 m 和 n 的值可有点“悬乎”了，例如：

```
/*m=3; n=4*/
extern void myprint(int l, const char *format,...) __attribute__((format(printf,3,4)));
```

其原因是类成员函数的第一个参数实际上是一个“隐身”的“this”指针。（有点 C++语言基础的都知道点 this 指针，不知道你在这里还知道吗？）

这里给出测试用例“attribute.c”，代码如下。

```
1:
2: extern void myprint(const char *format,...) __attribute__((format(printf,1,2)));
3:
4: void test()
5: {
6: myprint("i=%d\n",6);
7: myprint("i=%s\n",6);
8: myprint("i=%s\n","abc");
9: myprint("%s,%d,%d\n",1,2);
10: }
```

运行“$gcc–Wall–c attribute.c attribute.o”后，输出结果如下。

```
attribute.c: In function 'test':
attribute.c:7: warning: format argument is not a pointer (arg 2)
attribute.c:9: warning: format argument is not a pointer (arg 2)
attribute.c:9: warning: too few arguments for format
```

如果在“attribute.c”中的函数声明去掉“__attribute__((format(printf, 1,2)))”，再重新编译，即运行“$gcc–Wall–c attribute.c attribute.o”后，就不会输出任何警告信息。

注意，默认情况下，编译器能识别类似 printf 的“标准”库函数。

（2）__attribute__ noreturn

该属性通知编译器函数从不返回值，当遇到类似函数需要返回值而不可能运行到返回值处就已经退出来的情况，该属性可以避免出现错误信息。C 语言库函数中的 abort 和 exit 的声明格式就采用了这种格式，如下所示。

```
extern void exit(int) __attribute__((noreturn));
extern void abort(void) __attribute__((noreturn));
```

为了方便理解，大家可以参考如下的例子。

```
/*name: noreturn.c; 测试__attribute__((noreturn))*/
extern void myexit();
```

```
int test(int n)
{
 if ( n > 0 )
 {
 myexit();
 /* 程序不可能到达这里*/
 }
 else
 return 0;
}
```

编译显示的输出信息如下。

```
$gcc-Wall-c noreturn.c
noreturn.c: In function 'test':
noreturn.c:12: warning: control reaches end of non-void function
```

警告信息也很好理解，因为定义了一个有返回值的函数 test 却有可能没有返回值，程序当然不知道该怎么办了。

加上“__attribute__((noreturn))”则可以很好地处理类似这种问题。把

```
extern void myexit();
```

修改为

```
extern void myexit() __attribute__((noreturn));
```

之后，编译不会再出现警告信息。

（3）__attribute__ const

该属性只能用于带有数值类型参数的函数上。当重复调用带有数值参数的函数时，由于返回值是相同的，所以此时编译器可以进行优化处理，除第一次需要运算外，其他只需要返回第一次的结果就可以了，进而可以提高效率。该属性主要适用于没有静态状态（static state）和副作用的一些函数，并且返回值仅仅依赖输入的参数。

为了说明问题，下面举个非常“糟糕”的例子，该例子将重复调用一个带有相同参数值的函数，具体如下。

```
extern int square(int n) __attribute__((const));
……
 for (i = 0; i < 100; i++ )
 {
 total += square(5) + i;
 }
```

通过添加“__attribute__((const))”声明，编译器只调用了函数一次，以后只是直接得到了相同的一个返回值。

事实上，const 参数不能用在带有指针类型参数的函数中，因为该属性不但影响函数的参数值，同样也影响到了参数指向的数据，它可能会对代码本身产生严重甚至是不可恢复的后果。

并且，带有该属性的函数不能有任何副作用或者是静态的状态，所以，类似 getchar 或 time 函数是不适合使用该属性的。

（4）-finstrument-functions

该参数可以使程序在编译时在函数的入口和出口处生成 instrumentatio n 调用。恰好在函数入口之后并恰好在函数出口之前，将使用当前函数的地址和调用地址来调用下面的 profiling 函数。（在一些平台上，__builtin_return_ address 不能在超过当前函数范围之外正常工作，所以调用地址信息可能对

profiling 函数是无效的。）

```
void __cyg_profile_func_enter(void *this_fn, void *call_site);
void __cyg_profile_func_exit(void *this_fn, void *call_site);
```

其中，第一个参数 this_fn 是当前函数的起始地址，可在符号表中找到；第二个参数 call_site 是指调用处地址。

instrumentation 也可用于在其他函数中展开的内联函数。从概念上来说，profiling 调用将指出在哪里进入和退出内联函数。这就意味着这种函数必须具有可寻址形式。如果函数包含内联，而所有使用到该函数的程序都要把该内联展开，这会额外地增加代码长度。如果要在 C 语言代码中使用 extern inline 声明，必须提供这种函数的可寻址形式。

可对函数指定 no_instrument_function 属性就不会进行 instrument ation 操作。例如，可以在以下情况下使用 no_instrument_function 属性：上面列出的 profiling 函数、高优先级的中断例程以及任何不能保证 profiling 正常调用的函数。

如果使用了-finstrument-functions，将在绝大多数用户编译的函数的入口和出口点调用 profiling 函数。使用该属性，将不进行 instrumentation 操作。

（5）constructor/destructor

若函数被设定为 constructor 属性，则该函数会在 main 函数执行之前被自动地执行。类似地，若函数被设定为 destructor 属性，则该函数会在 main 函数执行之后或者 exit 被调用后被自动地执行。拥有此类属性的函数经常隐式地用在程序的初始化数据方面。

这两个属性还没有在面向对象 C 语言中实现。

（6）同时使用多个属性

可以在同一个函数声明里使用多个__attribute__，并且实际应用中这种情况是十分常见的。使用方式上，可以选择两个单独的__attribute__，或者把它们写在一起，可以参考下面的例子。

```
/* 把类似printf的消息传递给stderr并退出 */
extern void die(const char *format, ...)
  __attribute__((noreturn))
  __attribute__((format(printf, 1, 2)));
```

或者写成

```
extern void die(const char *format, ...)
  __attribute__((noreturn, format(printf, 1, 2)));
```

如果带有该属性的自定义函数追加到库的头文件里，那么所有调用该函数的程序都要做相应的检查。

（7）和非 GNU 编译器的兼容性

庆幸的是，__attribute__设计得非常巧妙，很容易做到和其他编译器保持兼容，也就是说，如果工作在其他的非 GNU 编译器上，可以很容易地忽略该属性。即使__attribute__使用了多个参数，也可以很容易地使用一对圆括弧进行处理，例如：

```
/* 如果使用的是非GNU C，就忽略__attribute__ */
#ifndef __GNUC__
# define __attribute__(x) /*NOTHING*/
#endif
```

需要说明的是，__attribute__适用于函数的声明而不是函数的定义。所以，当需要使用该属性的函数时，必须在同一个文件里进行声明，例如：

```
/* 函数声明 */
void die(const char *format, ...) __attribute__((noreturn))
 __attribute__((format(printf,1,2)));
```

```
void die(const char *format, ...)
{
 /* 函数定义 */
}
```

更多的属性含义参考：

```
http://gcc.gnu.org/onlinedocs/gcc-4.0.0/gcc/Function-Attributes.html
```

2. 变量属性（variable attribute）

关键字__attribute__也可以对变量（variable）或结构体成员（structure field）进行属性设置。这里给出几个常用的参数的解释，更多的参数可参考给出的链接。

在使用__attribute__参数时，也可以在参数的前后都加上“__”（两个下划线），例如，使用__aligned__而不是 aligned，这样就可以在相应的头文件里使用它而不用关心头文件里是否有重名的宏定义。

（1）aligned (alignment)

该属性规定变量或结构体成员的最小的对齐格式，以字节为单位。例如：

```
int x __attribute__ ((aligned (16))) = 0;
```

编译器将以 16 字节（注意是字节 byte 不是位 bit）对齐的方式分配一个变量。也可以对结构体成员变量设置该属性。例如，创建一个双字对齐的 int 对，可以这么写：

```
struct foo { int x[2] __attribute__ ((aligned (8))); };
```

如上所述，可以手动指定对齐的格式，同样，也可以使用默认的对齐方式。如果 aligned 后面不紧跟一个指定的数字值，那么编译器将依据目标机的情况使用最大最有益的对齐方式。例如：

```
short array[3] __attribute__ ((aligned));
```

选择针对目标机的最大的对齐方式，可以提高复制操作的效率。

aligned 属性使被设置的对象占用更多的空间，相反地，使用 packed 可以减小对象占用的空间。

需要注意的是，attribute 属性的效率与链接器也有关。如果链接器最大只支持 16 字节对齐，那么此时定义 32 字节对齐也是无济于事的。

（2）packed

使用该属性可以使得变量或者结构体成员使用最小的对齐方式，即对变量是一字节对齐，对域（field）是位对齐。

下面的例子中，x 成员变量使用了该属性，则其值将仅放置在 a 的后面。

```
struct test
 {
 char a;
 int x[2] __attribute__ ((packed));
 };
```

其他可选的属性值还可以是 cleanup、common、nocommon、deprecated、mode、section、shared、tls_model、transparent_union、unused、vector_size、weak、dllimport、dllexport 等。

详细信息可参考：

http://gcc.gnu.org/onlinedocs/gcc-4.0.0/gcc/Variable-Attributes.html#Variable-Attributes

3. 类型属性（type attribute）

关键字__attribute__也可以对结构体（struct）或共用体（union）进行属性设置。大致有 6 个参数值可以被设定，即 aligned、packed、transparent_ union、unused、deprecated 和 may_alias。

（1）aligned (alignment)

该属性设定一个指定大小的对齐格式（以字节为单位），例如：

```
struct S { short f[3]; } __attribute__ ((aligned (8)));
typedef int more_aligned_int __attribute__ ((aligned (8)));
```

该声明将强制编译器确保（尽它所能）变量类型为 struct S 或者 more_aligned_int 的变量在分配空间时采用 8 字节对齐方式。

如上所述，可以手动指定对齐的格式，同样，也可以使用默认的对齐方式。如果 aligned 后面不紧跟一个指定的数字值，那么编译器将依据目标机的情况使用最大最有益的对齐方式。例如：

```
struct S { short f[3]; } __attribute__ ((aligned));
```

这里，如果 sizeof（short）的大小为 2（字节），那么 S 的大小就为 6。取一个 2 的三次方值，使得该值大于等于 6，则该值为 8，所以编译器将设置 S 类型的对齐方式为 8 字节。

aligned 属性使被设置的对象占用更多的空间，相反地，使用 packed 可以减小对象占用的空间。

需要注意的是，attribute 属性的效率与链接器也有关，如果链接器最大只支持 16 字节对齐，那么此时定义 32 字节对齐也是无济于事的。

（2）packed

使用该属性对 struct 或者 union 类型进行定义，设定其类型的每一个变量的内存约束。当用在 enum 类型定义时，暗示了应该使用最小完整的类型（it indicates that the smallest integral type should be used）。

下面的例子中，my_packed_struct 类型的变量数组中的值将会紧紧地靠在一起，但内部的成员变量 s 不会被"packed"，如果希望内部的成员变量也被 packed 的话，my_unpacked_struct 也需要使用 packed 进行相应的约束。

```
struct my_unpacked_struct
{
 char c;
 int i;
};

struct my_packed_struct
{
 char c;
 int i;
 struct my_unpacked_struct s;
}__attribute__ ((__packed__));
```

其他属性的含义见：

http://gcc.gnu.org/onlinedocs/gcc-4.0.0/gcc/Type-Attributes.html#Type-Attributes

4. 变量属性与类型属性举例

下面的例子中使用__attribute__属性定义了一些结构体及其变量，并给出了输出结果和对结果的分析。

程序代码如下。

```
struct p
{
int a;
char b;
char c;
}__attribute__((aligned(4))) pp;

struct q
{
int a;
char b;
struct p qn;
char c;
}__attribute__((aligned(8))) qq;
```

```
int main()
{
printf("sizeof(int)=%d,sizeof(short)=%d.sizeof(char)=%d\n",sizeof(int),sizeof(short),sizeof(char));
printf("pp=%d,qq=%d \n", sizeof(pp),sizeof(qq));

return 0;
}
```

输出结果如下。

```
sizeof(int)=4,sizeof(short)=2.sizeof(char)=1
pp=8,qq=24
```

分析如下。

```
sizeof(pp):
sizeof(a)+ sizeof(b)+ sizeof(c)=4+1+1=6<2^3=8= sizeof(pp)
sizeof(qq):
sizeof(a)+ sizeof(b)=4+1=5
sizeof(qn)=8;即qn是采用8字节对齐的，所以要在a、b后面添3个空余字节，然后才能存储qn，
4+1+（3）+8+1=17
```

因为 qq 采用的对齐是 8 字节对齐，所以 qq 的大小必定是 8 的整数倍，即 qq 的大小是一个比 17 大又是 8 的倍数的一个最小值，由此得到

```
17<2^4+8=24= sizeof(qq)
```

小 结

本章是嵌入式 Linux C 语言中很基础的一章。

首先，本章中讲解了函数的基础，包括函数的定义和声明，函数的调用以及函数传递参数的三种方式和函数的返回值。

接下来，介绍了函数和数组，如何给 main 函数传参。

然后讲解了指针函数，函数指针。这两部分内容有一些难理解，但很重要，希望读者掌握。

接下来本章介绍了递归函数，包括递归函数的定义，调用机制分析，递归调用的形式和条件。

最后，本章介绍了 attribute 机制。

思考与练习

1. 编写并测试函数 larger_of()，其功能是将两个 double 类型变量的数值替换成它们中的较大值，例如：larger_of(x,y)会把 x,y 中的较大数值重新赋给变量 x 和 y。

2. 编写一个函数，其参数为一个字符串，函数删除字符串中的空格，在一个可以循环读取的程序中进行测试，直到用户输入空行，对于任何输入的字符串，函数都应该可以使用，并显示结果。

3. 编写一个函数 is-within()。它接受两个参数，一个是字符，另一个是字符串指针。其功能是如果字符在字符串中，就返回一个非 0 值（真）；如果字符不在字符串中，就返回 0 值（假）。在一个使用循环语句为这个函数提供输入的完整程序中进行测试。

4. 请写出 main 函数的原型，并解释参数的含义。

PART09

第9章

用户自定义数据类型

本章要点：

- 结构体的定义。
- 结构体变量的声明。
- 结构体数组。
- 结构体指针。
- 共用体。
- 枚举。

■ 在C语言中，允许用户自定义数据类型，在编程中，用户自定义类型的应用非常广泛，非常重要。因此，本章对这部分内容进行了系统的介绍。

9.1 结构体

9.1.1 结构体的定义

在实际的处理对象中，有许多信息是由多个不同类型的数据组合在一起进行描述，而且这些不同类型的数据是互相联系组成了一个有机的整体。此时，就要用到一种新的构造类型数据——结构体（structure），简称结构。

结构体的使用为处理复杂的数据结构（如动态数据结构等）提供了有效的手段，而且，它们为函数间传递不同类型的数据提供了方便。

结构体和数组一样，也是一种构造型数据类型，是用户自定义的新数据类型，在结构体中可以包含若干个不同数据类型和不同意义的数据项（当然也可以相同），从而使这些数据项组合起来反映某一个信息。

例如，可以定义一个职工 worker 结构体，在这个结构体中包括职工编号、姓名、性

别、年龄、工资、家庭住址、联系电话。这样就可以用一个结构体数据类型的变量来存放某个职工的所有相关信息。并且，用户自定义的数据类型 worker 也可以与 int、double 等基本数据类型一样，用来作为定义其他变量的数据类型。

定义一个结构体类型的一般形式为

```
struct  结构体名
{
  数据类型        成员名1;
  数据类型        成员名2;
  :
  数据类型        成员名n;
};
```

在花括号中的内容也称为“成员列表”或“域表”。

其中，每个成员名的命名规则与变量名相同；

数据类型可以是基本变量类型和数组类型，或者是一个结构体类型；

用分号“;”作为结束符。整个结构的定义也用分号作为结束符。

例如：定义一个职工 worker 结构体如下：

```
struct worker
{
   long number;
     char name[20];
     char gender;
     int age;                    //  age是成员名
     float salary;
     char address[80];
};                               //注意分号不能省略
int  age = 10;                   //age是变量名
```

结构体类型中的成员名可以与程序中的变量名相同，二者并不代表同一对象，编译程序可以自动对它们进行区分。

由于结构体的成员的数据类型可以是任何类型，可能是基本变量类型、数组类型、结构体类型、联合体类型或枚举类型等。因此，结构体的定义形式可能非常复杂，下面再给读者演示几个结构体的定义。

① 结构体的成员含结构体类型。

```
/* Structure describing an Internet (IP) socket address. */
#define __SOCK_SIZE__     16          /* sizeof(struct sockaddr)   */
struct sockaddr_in {
  sa_family_t         sin_family; /* Address family          */
  __be16           sin_port;    /* Port number             */
  struct in_addr     sin_addr;    /* Internet address        */

  /* Pad to size of 'struct sockaddr'. */
  unsigned char          __pad[__SOCK_SIZE__ - sizeof(short int) -
              sizeof(unsigned short int) - sizeof(struct in_addr)];
};
```

上面是 Linux 内核中，网络地址结构体 struct sockaddr_in 的定义，可以看到，结构体中的成员 sin_addr 依然是结构体。

② 结构体的成员含结构体类型和联合体类型。

```
struct icmp
{
  u_int8_t   icmp_type;   /* type of message, see below */
  u_int8_t   icmp_code;   /* type sub code */
  u_int16_t icmp_cksum; /* ones complement checksum of struct */
  union
  {
    u_char ih_pptr;                          /* ICMP_PARAMPROB */
    struct in_addr ih_gwaddr;                /* gateway address */
    struct ih_idseq                          /* echo datagram */
    {
      u_int16_t icd_id;
      u_int16_t icd_seq;
    } ih_idseq;
    u_int32_t ih_void;

    /* ICMP_UNREACH_NEEDFRAG -- Path MTU Discovery (RFC1191) */
    struct ih_pmtu
    {
      u_int16_t ipm_void;
      u_int16_t ipm_nextmtu;
    } ih_pmtu;

    struct ih_rtradv
    {
      u_int8_t irt_num_addrs;
      u_int8_t irt_wpa;
      u_int16_t irt_lifetime;
    } ih_rtradv;
  } icmp_hun;
#define icmp_pptr     icmp_hun.ih_pptr
#define icmp_gwaddr icmp_hun.ih_gwaddr
#define icmp_id       icmp_hun.ih_idseq.icd_id
#define icmp_seq      icmp_hun.ih_idseq.icd_seq
#define icmp_void     icmp_hun.ih_void
```

```
#define icmp_pmvoid icmp_hun.ih_pmtu.ipm_void
#define icmp_nextmtu       icmp_hun.ih_pmtu.ipm_nextmtu
#define icmp_num_addrs   icmp_hun.ih_rtradv.irt_num_addrs
#define icmp_wpa        icmp_hun.ih_rtradv.irt_wpa
#define icmp_lifetime     icmp_hun.ih_rtradv.irt_lifetime
  union
  {
    struct
    {
      u_int32_t its_otime;
      u_int32_t its_rtime;
      u_int32_t its_ttime;
    } id_ts;
    struct
    {
      struct ip idi_ip;
      /* options and then 64 bits of data */
    } id_ip;
    struct icmp_ra_addr id_radv;
    u_int32_t     id_mask;
    u_int8_t      id_data[1];
  } icmp_dun;
#define icmp_otime   icmp_dun.id_ts.its_otime
#define icmp_rtime   icmp_dun.id_ts.its_rtime
#define icmp_ttime   icmp_dun.id_ts.its_ttime
#define icmp_ip      icmp_dun.id_ip.idi_ip
#define icmp_radv    icmp_dun.id_radv
#define icmp_mask    icmp_dun.id_mask
#define icmp_data    icmp_dun.id_data
};
```

上面的结构体是 Linux 内核中关于 icmp 协议的结构体的定义。读者可以看到，该结构体的定义特别复杂，其成员有基本类型、结构体类型、联合体类型及宏定义。关于联合体类型，本章的后面部分，会详细讲解。结构体的使用非常灵活，可以方便地构建复杂的数据类型。

总结一下结构体类型的特点。

① 结构体类型是用户自行构造的。

② 它由若干不同的基本数据类型的数据构成。

③ 它属于 C 语言的一种数据类型，与整型、浮点型相当。因此，定义它时不分配空间，只有用它定义变量时才分配空间。

9.1.2 结构体变量的声明、使用及初始化

1. 结构体变量的声明

在定义了结构体类型后，就可以声明结构体类型的变量。有下面几种形式。

① 先定义结构体类型，再定义变量名。

定义结构体变量的一般形式如下：

```
struct结构体名
{
类型 成员名;
```

```
类型 成员名;
……
};
struct结构体名 结构体变量名;
```

这里的结构体名是结构体的标识符，不是变量名。类型可以是基本的数据类型也可以是其他构造型数据类型。

示例如下：

```
struct employee
{
char name[8];
int age;
char gender;
char address[20];
float salary;
};
struct employee e1, e2;
```

需要注意的是："struct employee"代表类型名，不能分开写为：struct　e1, e2；这种写法，没有指明是哪种结构体类型。也不能写成 employee e1, e2;这种写法也是错误的，因为没有 struct 关键字，系统不认为 employee 是结构体类型。如果要定义多个具有相同类型的结构体变量，用这种方法比较方便。它定义结构体类型，再用结构体名来定义变量。

② 在定义类型的同时，定义变量。

这种形式的定义的一般形式为

```
struct结构体名
{
类型 成员名;
类型 成员名;
……
}变量名
```

示例如下：

```
struct employee
{
char name[8];
int age;
char gender;
char address[20];
float salary;
} e1, e2;
```

③ 直接定义结构体变量。

如果省略结构体名，则称之为无名结构体，这种情况常常出现在函数内部。

这种形式的定义的一般形式为

```
struct
{
类型 成员名;
类型 成员名;
……
}变量名
```

示例如下：

```
struct
{
char name[8];
int age;
char gender;
char address[20];
float salary;
} e1, e2;
```

一个结构体变量占用内存的实际大小，可以利用 sizeof 求出。它的运算表达式为

结构体变量的声明

```
sizeof（运算量）
```

其中运算量可以是变量、数组或结构体变量，可以是数据类型的名称。这样，就可以求出给定的运算量占用内存空间的字节数。

例如：

```
sizeof(struct employee);
sizeof(e1);
```

2．结构体变量的使用

结构体变量是不同数据类型的若干数据的集合体。在程序中使用结构体变量时，一般情况下不能把它作为一个整体参加数据处理，而参加各种运算和操作的是结构体变量的各个成员项数据。

结构体变量的成员用以下一般形式表示：

```
结构体变量名.成员名
```

例如，前面给出的结构体变量 e1 具有下列 5 个成员：

```
e1.name; e1.age; e1.gender; e1.address; e1.salary
```

在定义了结构体变量后，就可以用不同的赋值方法对结构体变量的每个成员赋值。例如：

```
strcpy(e1.name,"Zhang San");
e1.age=26;
e1.gender ='m';
strcpy(e1.address,"Beijing city!");
e1.salary = 6000.72;
```

除此之外，还可以引用结构体变量成员的地址以及成员中的元素。例如：引用结构体变量成员的首地址&e1.name；引用结构体变量成员的第二个字符 e1.name[1]；引用结构体变量的首地址&e1。

结构体变量在使用中应注意以下几点。

① 不能将一个结构体类型变量作为一个整体加以引用，而只能对结构体类型变量中的各个成员分别引用。

例如，对上面定义的结构体类型变量 e1，下列引用都是错误的：

```
printf("%?\n", e1);
```

但是可以如下引用：

```
printf("%s\n", e1.name);
scanf("%s", e1.name);
```

示例程序如下：

```
#include <stdio.h>
#include <string.h>
#define N 64

struct employee
{
```

```
    char name[N];
    int age;
    char gender;
    char address[N];
    float salary;
};

int main()
{
    struct employee e1;

    memset(&e1, 0, sizeof(e1));

    printf("name:");
    scanf("%s", e1.name);

    printf("age:");
    scanf("%d", &e1.age);

    getchar();
    printf("gender:");
    scanf("%c", &e1.gender);

    printf("address:");
    scanf("%s", e1.address);

    printf("salary:");
    scanf("%f", &e1.salary);


    printf ("\ninformation:%s %d %c %s %f\n", e1.name, e1.age,
            e1.gender, e1.address, e1.salary);

    return 0;
}
```

程序执行结果如下：

```
linux@ubuntu:~/book/ch9$ cc test.c -o test -Wall
linux@ubuntu:~/book/ch9$./test
name:zhangsan
age:21
gender:m
address:Beijing
salary:3412.5

information:zhangsan 21 m Beijing 3412.500000
```

注意在运行程序的时候，使用 scanf 输入字符串时，不能加空格，而且回车符不会被读走，接下来用户输入性别（字符型），先调用 getchar，把缓冲区中的回车符取走。

② 如果成员本身又属一个结构体类型，则要用若干个成员运算符，一级一级地找到最低的一级成员。只能对最低级的成员进行赋值或存取以及运算。

示例程序如下：

```
#include <stdio.h>
#include <string.h>
#define N 64

struct employee
{
    char name[N];
    struct
    {
        int year;
        int month;
        int day;
    }birthday;
    char gender;
    char address[N];
    float salary;
};

int main()
{
    struct employee e1;

    memset(&e1, 0, sizeof(e1));

    printf("name:");
    scanf("%s", e1.name);

    printf("year:");
    scanf("%d", &e1.birthday.year);

    printf("month:");
    scanf("%d", &e1.birthday.month);

    printf("day:");
    scanf("%d", &e1.birthday.day);

    getchar();
    printf("gender:");
    scanf("%c", &e1.gender);

    printf("address:");
    scanf("%s", e1.address);

    printf("salary:");
    scanf("%f", &e1.salary);

    printf("\ninformation:%s %d-%d-%d %c %s %f\n", e1.name, e1.birthday.year,
          e1.birthday.month, e1.birthday.day, e1.gender, e1.address, e1.salary);

    return 0;
}
```

程序执行结果如下：

```
linux@ubuntu:~/book/ch9$ cc test.c -o test -Wall
linux@ubuntu:~/book/ch9$./test
name:zhangsan
year:1989
month:12
day:11
gender:m
address:Suzhou
salary:3200.5

information:zhangsan 1989-12-11 m Suzhou 3200.500000
```

在该程序中，结构体的成员 birthday，是一个结构体类型的变量。对于这样的变量，可以这样访问各成员：

```
e1.birthday.year
e1.birthday.month
e1.birthday.day
```

注意：不能用 e1.birthday 来访问 e1 变量中的成员 birthday，因为 birthday 本身是一个结构体变量。

③ 对成员变量可以像普通变量一样进行各种运算（根据其类型决定可以进行的运算）。例如：

```
e2.age=e1.age;
sum=e1.age+e2.age;
e1.age++;
```

④ 在数组中，数组是不能彼此赋值的，而结构体类型变量可以相互赋值。在 C 程序中，同一结构体类型的结构体变量之间允许相互赋值，而不同结构体类型的结构体变量之间不允许相互赋值，即使两者包含有同样的成员。

示例程序如下：

```
#include <stdio.h>
#include <string.h>
#define N 64

struct employee
{
    char name[N];
    struct
    {
        int year;
        int month;
        int day;
    }birthday;
    char gender;
    char address[N];
    float salary;
};

int main()
{
    struct employee e1, e2;

    memset(&e1, 0, sizeof(e1));
```

```
    strcpy(e1.name, "zhangsan");

    e1.birthday.year = 1989;
    e1.birthday.month = 11;
    e1.birthday.day = 10;

    e1.gender = 'w';
    strcpy(e1.address, "Suzhou");
    e1.salary = 6100.9;

    e2 = e1;
    printf("information e1:%s %d-%d-%d %c %s %f\n", e1.name, e1.birthday.year,
   e1.birthday.month, e1.birthday.day, e1.gender, e1.address, e1.salary);

    printf("information e2:%s %d-%d-%d %c %s %f\n", e2.name, e2.birthday.year,
          e2.birthday.month, e2.birthday.day, e2.gender, e2.address, e2.salary);

    if (memcmp(&e1, &e2, sizeof(struct employee)) == 0)
        printf("e1 = e2\n");
    else
        printf("e1 != e2\n");

    return 0;
}
```

程序执行结果如下：

```
linux@ubuntu:~/book/ch9$ cc test.c –o test -Wall
linux@ubuntu:~/book/ch9$./test
information e1:zhangsan 1989-11-10 w Suzhou 6100.899902
information e2:zhangsan 1989-11-10 w Suzhou 6100.899902
e1 = e2
```

该程序中演示了结构体变量，没有必要逐个成员赋值，可以直接赋值。当对两个结构体变量进行比较时，可以逐个成员进行比较，也可以使用内存比较函数 memcmp，该函数的原型如下：

```
#include <string.h>
int memcmp(const void *s1, const void *s2, size_t n);
```

该函数功能，比较两段内存中的值是否相等。

第一个参数 s1，是参与比较的第一段内存的起始地址；

第二个参数 s2，是参与比较的第二段内存的起始地址；

第三个参数是比较内存的大小。

函数返回值为 0，代表两段内存的值相等；大于 0，代表第一段内存的值大于第二段内存的值；小于 0，代表第一段内存的值小于第二段内存的值。

3. 结构体变量的初始化

与其他类型变量一样，也可以给结构体的每个成员赋初值，这称为结构体的初始化。一种是在定义结构体变量时进行初始化，语法格式如下：

```
struct  结构体名 变量名={初始数据表};
```

另一种是在定义结构体类型时进行结构体变量的初始化。

```
struct  结构体名
{
类型 成员名;
```

```
类型 成员名;
……
}变量名={初始数据表};
```

前述 employee 结构体类型的结构体变量 e1 在说明时可以初始化如下：

```
struct employee e1={"Wan Jun", 20, 'm', "SuZhou Road No.100", 5600};
```

等价于下列代码：

```
strcpy(el.name,"Wan Jun");
e1.age = 20;
e1.gender = 'm';
strcpy(e1.address, "SuZhou Road No.100");
e1.salary = 5600;
```

示例程序如下：

```
#include <stdio.h>
#include <string.h>
#define N 64

struct employee
{
    char name[N];
    struct
    {
        int year;
        int month;
        int day;
    }birthday;
    char gender;
    char address[N];
    float salary;
}e1 = {"zhangsan", {1980, 9, 4}, 'w', "Shanghai", 3400};

int main()
{
    struct employee e2 = {"lisi", {1990, 12, 4}, 'w', "Guangzhou", 8400};

    printf("information e1:%s %d-%d-%d %c %s %f\n", e1.name, e1.birthday.year,
          e1.birthday.month, e1.birthday.day, e1.gender, e1.address, e1.salary);

    printf("information e2:%s %d-%d-%d %c %s %f\n", e2.name, e2.birthday.year,
           e2.birthday.month, e2.birthday.day, e2.gender, e2.address, e2.salary);

    return 0;
}
```

在该程序中，结构体变量 e1、e2 的初始化都是在声明变量时，直接给定。这种方式，比后续再逐个成员的赋值，要更方便，更简洁。

9.1.3　结构体数组

1. 结构体数组的定义

具有相同结构体类型的结构体变量也可以组成数组，称它们为结构体数组。结构体数组的每一个数组元素都是结构体类型的数据，它们都分别包括各个成员（分量）项。

定义结构体数组的方法和定义结构体变量的方法相仿，只需说明其为数组即可。可以采用以下方法。

① 先定义结构体类型，再用它定义结构体数组，定义形式如下：

```
struct结构体名
{
类型 成员名;
类型 成员名;
……

};
struct结构体名 数组名[元素个数];
```

示例程序如下：

```
#define N 64
struct employee
{
    char name[N];
    int age;
    char gender;
    char address[N];
    float salary;
};

struct employee e[10];
```

这种声明结构体数组的方式，使用的最多。

② 定义结构体类型的同时，定义结构体数组，定义形式如下：

```
struct结构体名
{
类型 成员名;
类型 成员名;
……

}数组名[元素个数];
```

示例程序如下：

```
#define N 64
struct employee
{
    char name[N];
    int age;
    char gender;
    char address[N];
    float salary;
} e[10];
```

这种情况，定义结构体数组，不用重复写结构体类型，很简洁。一般，当需要声明一个全局的结构体数组时，使用这种方式。

③ 直接定义结构体数组，定义形式如下：

```
struct
{
类型 成员名;
类型 成员名;
……
```

```
}数组名[元素个数];
```

示例程序如下：

```
#define N 64
struct
{
    char name[N];
    int age;
    char gender;
    char address[N];
    float salary;
} e[10];
```

2. 结构体数组的初始化

结构体数组在定义的同时也可以进行初始化，并且与结构体变量的初始化规定相同。

结构体数组初始化的一般形式是：

```
struct结构体名
{
类型 成员名;
类型 成员名;
……

};
struct结构体名 数组名[元素个数]={初始数据表};
```

或者

```
struct结构体名
{
类型 成员名;
类型 成员名;
……

}数组名[元素个数]={初始数据表};
```

或者

```
struct
{
类型 成员名;
类型 成员名;
……

}数组名[元素个数]={初始数据表};
```

由于结构体变量是由若干不同类型的数据组成，而结构体数组又是由若干结构体变量组成。所以要特别注意包围在大括号中的初始数据的顺序，以及它们与各个成员项间的对应关系。

3. 结构体数组的使用

结构体数组的定义

一个结构体数组的元素相当于一个结构体变量，因此前面介绍的有关结构体变量的规则也适用于结构体数组元素。以上面定义的结构体数组 e[2]为例，说明对结构体数组的引用。

① 引用某一元素中的成员。

若要引用数组第二个元素的 name 成员，则可写为：e[1].name。

② 可以将一个结构体数组元素值赋给同一结构体类型的数组中的另一个元素，或赋给同一类型的变量。如：

```
struct employee e[2];
```

现在定义了一个结构体类型的数组，它有 2 个元素，又定义了一个结构体类型变量 e1，则下面的赋值是合法的。

```
e1 = e[0];
e[0] = e[1];
e[1] = e1;
```

③ 不能把结构体数组元素作为一个整体直接进行输入输出。如：

```
printf("...",e[0]);
```

或

```
scanf("...",&e[0]);
```

都是错误的。

只能以单个成员为对象进行输入输出，如：

```
scanf("...",e[0].name);
scanf("...",&e[1].gender);
printf("...",e[0].name);
printf("...",e[1].gender);
```

示例程序如下：

```
#include <stdio.h>
#include <string.h>
#define N 64

struct employee
{
    char name[N];
    struct
    {
        int year;
        int month;
        int day;
    }birthday;
    char gender;
    char address[N];
    float salary;
}e1[2] = { {"zhangsan", {1980, 9, 4}, 'w', "Shanghai", 3400},
           {"lisi", {1991, 10, 24}, 'w', "Hebei", 3400}};

int main()
{
    struct employee e2[2] = {{"wangwu", {1986, 2, 24}, 'w', "Hubei", 6400},
                             {"Lucy", {1986, 8, 14}, 'w', "Henan", 3421}};
    int i;

    for (i = 0; i < sizeof(e1)/sizeof(struct employee); i++)
        printf("information :%s %d-%d-%d %c %s %f\n", e1[i].name,
               e1[i].birthday.year, e1[i].birthday.month, e1[i].birthday.day,
               e1[i].gender, e1[i].address, e1[i].salary);
```

```
    printf("\n");

    for (i = 0; i < sizeof(e2)/sizeof(struct employee); i++)
        printf("information :%s %d-%d-%d %c %s %f\n", e2[i].name,
                e2[i].birthday.year, e2[i].birthday.month, e2[i].birthday.day,
                e2[i].gender, e2[i].address, e2[i].salary);

    return 0;
}
```

在该程序中，声明了两个结构体数组，一个全局数组，一个局部数组。在声明的同时，写初始化列表初始化。

9.1.4 结构体指针

可以设定一个指针变量用来指向一个结构体变量。此时该指针变量的值是结构体变量的起始地址，该指针称为结构体指针。

结构体指针与前面介绍的各种指针变量在特性和方法上是相同的。与前述相同，在程序中结构体指针也是通过访问目标运算“*”访问它的对象。结构体指针在程序中的一般定义形式为

```
struct结构体名  *结构指针名;
```

其中的结构体名必须是已经定义过的结构体类型。

结构体指针的定义

例如，对于上一小节中定义的结构体类型 struct employee，可以说明使用这种结构体类型的结构指针如下：

```
struct employee *p;
```

其中 p 是指向 struct employee 结构体类型的指针。结构体指针的说明规定了它的数据特性，并为结构体指针本身分配了一定的内存空间。但是指针的内容尚未确定，即它指向随机的对象，需要为指针变量赋初值。

下面，通过一个例子来演示指针的用法：

```
#include <stdio.h>
#include <string.h>
#define N 64

struct employee
{
    char name[N];
    int age;
    char gender;
    char address[N];
    float salary;
};

void input(struct employee *p)
{
    printf("name:");
    scanf("%s", p->name);

    printf("age:");
    scanf("%d", &p->age);
```

```
        getchar();
        printf("gender:");
        scanf("%c", &p->gender);

        printf("address:");
        scanf("%s", p->address);

        printf("salary:");
        scanf("%f", &p->salary);
}

void output(struct employee *p)
{
        printf("information:%s %d %c %s %f\n", p->name, p->age,
                p->gender, p->address, p->salary);
}
int main()
{
        struct employee e1;

        memset(&e1, 0, sizeof(e1));

        input(&e1);
        output(&e1);

        return 0;
}
```

程序执行结果如下：

```
linux@ubuntu:~/book/ch9$ cc test.c -o test -Wall
linux@ubuntu:~/book/ch9$./test
name:zhao
age:21
gender:m
address:Shanghai
salary:3421.1
information:zhao 21 m Shanghai 3421.100098
```

9.2 位域

9.2.1 位域的定义

通过前面数据及指针等相关章节的学习，读者已经知道了，计算机的内存是以字节为单位，为变量分配内存，也是以字节为单位。但是，实际上，有些信息的存储，并不需要占用一个字节，只需要 1 个或几个二进制位就够了。比如：人的性别，只有两种可能的取值男和女，可以用 0 表示男，1 表示女，1 个二进制位就够了。在以往的编程中，我们会选择 char 类型，占用 1 个字节，这种做法是非常浪费空间的。为了节省存储空间，C 语言中又提供了一种数据结构，称为“位域”或“位段”。

所谓“位域”是把一个字节中的二进位划分为几个不同的区域，并说明每个区域的位数。每个域有一个域名，允许在程序中按域名进行操作。这样就可以把几个不同的对象用一个字节的二进制位域来表示。

位域的定义与结构体的定义相似，其一般形式如下：

```
struct位域结构名
{
  位域列表
};
```

其中位域列表的形式为

```
 类型说明符 位域名：位域长度
```

例如：

```
 struct data
{
    unsigned int a：2；
    unsigned int b：3；
    unsigned int c：3；
};
```

其中 a 表示 data 的低两位，b 表示 data 的 3～5 位，c 表示 data 的 6～8 位。

在 Linux 内核中，网络协议栈的代码中，使用了位域。下面是 Linux 源码（include/linux/tcp.h）中关于 tcp 头部的定义：

```
struct tcphdr {
    __be16  source;
    __be16  dest;
    __be32  seq;
    __be32  ack_seq;
#if defined(__LITTLE_ENDIAN_BITFIELD)
    __u16      res1:4,
        doff:4,
        fin:1,
        syn:1,
        rst:1,
        psh:1,
        ack:1,
        urg:1,
        ece:1,
        cwr:1;
#elif defined(__BIG_ENDIAN_BITFIELD)
    __u16      doff:4,
        res1:4,
        cwr:1,
        ece:1,
        urg:1,
        ack:1,
        psh:1,
        rst:1,
        syn:1,
        fin:1;
#else
#error      "Adjust your <asm/byteorder.h> defines"
#endif
    __be16  window;
    __sum16      check;
```

```
    __be16  urg_ptr;
};
```

关于位域的定义，有一些问题需要注意。

① 各位域必须存储在同一个字节中，不能跨两个字节。请读者看下面的例子：

```
struct data
{
    unsigned int a：2；
    unsigned int b：4；
    unsigned int c：3；
};
```

在这个例子中，域名a、b占用6个位，域名c占3个位，这样1个完整的字节就没法存储a、b和c，c就得跨两个字节，这是不允许的。当一个字节所剩空间不够存放另一位域时，应从下一单元起存放该位域。也可以有意使某位域从下一单元开始。可以使用下面的方式，来解决这个问题。

```
struct data
{
    unsigned int a：2；
    unsigned int b：4；
    unsigned int : 0  //  /*空域*/
    unsigned int c：3；
};
```

这样修改后，a占第一个字节的2位，b占接下来的4位，剩余的2位用0填充，表示不用。c会从第二个字节开始存储。

② 位域的占用的位数，不能超过8个二进制位。

前面已经提到了，位域不允许跨字节，当然位域的长度不能大于一个字节的长度。

③ 允许位域无域名。

前文已经提到了，为了使某个域名从新的一个字节开始，可以使用无名的域来填充，做一下调整。要注意的是，无名的位域是不能使用的。

从以上分析可以看出，位域在本质上就是一种结构类型，不过其成员是按二进位分配的。

9.2.2 位域变量的说明

在前文，已经介绍过了结构体变量的说明方式，共有3种，位域变量类似，下面具体介绍。

① 先定义位域类型，再声明变量。

例如：

```
struct data
{
    unsigned int a：2；
    unsigned int b：3；
    unsigned int c：3；
};
struct data t1, t2;
```

② 定义位域类型的同时，声明变量。

例如：

```
struct data
{
    unsigned int a：2；
    unsigned int b：3；
```

```
    unsigned int c：3；
} t1，t2；
```

和结构体类似，这种方式声明的变量，多是全局变量。

③ 直接定义位域类型的变量。

例如：

```
struct
{
     unsigned int a：2；
     unsigned int b：3；
     unsigned int c：3；
} t1，t2；
```

这种方式，由于位域没有类型名，因此，不能在程序的其他位置，继续声明变量。这种写法，通常用在函数内部。

9.2.3 位域的使用

位域的使用和结构成员的使用相同，其一般形式为

```
位域变量名.位域名
```

示例程序如下：

```
#include <stdio.h>

struct data
{
    unsigned int a: 2;
    unsigned int b: 4;
    unsigned int: 0;
    unsigned int c: 3;
}t;

int main()
{
    struct data *p;

    t.a = 3;
    t.b = 5;
    t.c = 6;

    printf("t.a=%d t.b=%d t.c=%d\n",
           t.a, t.b, t.c);

    p = &t;

    p->a = 2;
    p->b &= 0;
    p->c |= 1;

    printf("t.a=%d t.b=%d t.c=%d\n",
           t.a, t.b, t.c);

    return 0;
}
```

程序执行结果如下：

```
linux@ubuntu:~/book/ch9$ cc test.c –o test -Wall
linux@ubuntu:~/book/ch9$./test
t.a=3 t.b=5 t.c=6
t.a=2 t.b=0 t.c=7
```

由于位域中的各个域是以二进制位为单位，因此，大部分的位域程序，都有位运算。

9.3 共用体

在 C 语言中，不同数据类型的数据可以使用共同的存储区域，这种数据构造类型称为共用体，简称共用，又称联合体。共用体在定义、说明和使用形式上与结构体相似。两者本质上的不同仅在于使用内存的方式上。

定义一个共用体类型的一般形式为

```
union共用体名
{
    成员表列;
};
```

示例如下：

```
union gy
{
  int i;
  char c;
  float f;
};
```

这里定义了一个共用体类型 union gy，它由 3 个成员组成，这 3 个成员在内存中使用共同的存储空间。由于共用体中各成员的数据长度往往不同，所以共用体变量在存储时总是按其成员中数据长度最大的成员占用内存空间。在这一点上共用体与结构体不同，结构体类型变量在存储时总是按各成员的数据长度之和占用内存空间。因此，当多个数据需要共享内存或者多个数据每次只取其一时，可以用共用体。

共用体的定义

例如，定义了一个结构体类型：

```
struct gy
{
  int i;
  char c;
  float f;
};
```

则结构体类型 struct gy 的变量占用的内存大小为 4+1+4=9 个字节（不考虑字节对齐）。下面通过一个例子，来加深读者对联合体的理解：

```
#include <stdio.h>

union gy
{
    char a;
    short b;
    int c;
};
```

```
int main()
{
    union gy t;

    t.c = 0x12345678;

    printf("sizeof(union gy) = %d\n", sizeof(union gy));

    printf("%p %p %p\n", &t.a, &t.b, &t.c);
    printf("%#x %#x %#x\n", t.a, t.b, t.c);

    return 0;
}
```

程序执行结果如下：

```
linux@ubuntu:~/book/ch9$ cc union.c -o union -Wall
linux@ubuntu:~/book/ch9$./union
sizeof(union gy) = 4
0xbfba214c 0xbfba214c 0xbfba214c
0x78 0x5678 0x12345678
```

在该程序中，可以看到 sizeof(union gy)的值是 4，各个成员的起始地址是相同的，这充分说明了联合体的各个成员共用内存，且整个联合体占用的存储空间以长度最大的成员为准。根据程序的执行结果，可以画出图 9-1。

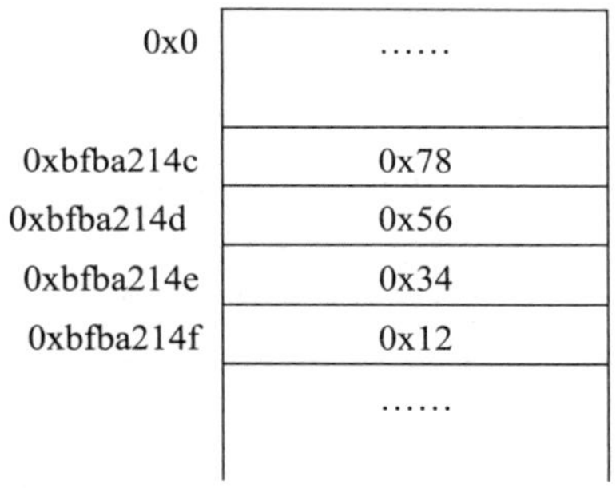

地址	内容
0x0	……
0xbfba214c	0x78
0xbfba214d	0x56
0xbfba214e	0x34
0xbfba214f	0x12
	……

图 9-1　内存存储空间

在图 9-1 中，可以看到联合体变量存储了整数 0x12345678，且是低位存放在低地址，证明了，本程序执行时，使用的处理器是小端。

库函数和系统调用中，有很多函数用到了联合体，请参考下面的例子。

```
#include <sys/types.h>
#include <sys/ipc.h>
#include <sys/sem.h>

int semctl(int semid, int semnum, int cmd, ...);
```

该函数是 Linux 内核中，操作信号灯集的一个函数，依据 cmd 的值，可以有三个参数或四个参数。第四个参数是一个联合体类型的变量，联合体的定义如下：

```
union semun
{
        int                     val;        /* Value for SETVAL */
```

```
        struct semid_ds *buf;       /* Buffer for IPC_STAT, IPC_SET */
        unsigned short  *array;     /* Array for GETALL, SETALL */
        struct seminfo  *__buf;     /* Buffer for IPC_INFO
                                       (Linux-specific) */
};
```

联合体中的成员共用内存，是因为特定情况下，往往只用到其中的一个成员。上面提到的联合体，当 cmd 的值是 SETVAL 时，使用联合体中的 val 成员；当 cmd 的值是 IPC_STAT 或 IPC_SET 时，使用联合体中的 buf 成员等。

共用体也可以和位域结合起来使用。

示例程序如下：

```
#include <stdio.h>

union A
{
    struct
    {
       unsigned int a: 2;
       unsigned int b: 4;
       unsigned int c: 2;
    }t;
    char m;
}data;

int main()
{
    data.t.a = 2;
    data.t.b = 5;
    data.t.c = 1;

    printf("%d\n", data.m);

    return 0;
}
```

程序执行结果如下：

```
linux@ubuntu:~/book/ch9$ cc union.c –o union -Wall
linux@ubuntu:~/book/ch9$./union
86
```

在该程序中，共用体内的一个成员是位域类型，含有 3 个域，占 1 个字节，a 是最低的 2 位，b 是中间的 4 位，c 是最高的 2 位，则整个字节里存的二进制数是 01010110，转换成十进制，是 86，char 型的共用体成员和位域共用内存，因此，执行结果为 86。可以看出，以这样的方式，相当于按位的方式，给共用体成员 m 赋值，非常方便。

9.4 枚举

在 C 语言中还有一种构造类型，即枚举。在实际问题中，有些变量只有几种可能的取值。例如：一周有七天，程序中的错误只有那么几种等。针对这样特殊的变量，C 语言中提供了“枚举”类型，在枚举的定义中，会将变量的值一一列出来。当然，枚举类型的变量的值也就只限于列举出来的值的范围内。

9.4.1 枚举类型的定义

枚举类型的定义形式如下：

```
enum枚举名{ 枚举成员列表 };
```

在枚举成员列表中列出所有可能的取值，以分号结尾。注意和结构体、联合体类似，“enum 枚举名”是新定义的类型名。

举例如下：

```
enum TimeofDay
{
morning,
afternoon,
evening
};
```

该枚举名为 TimeofDay，共有 3 种可能的取值。在定义该枚举类型的变量时，也只能取其中的一个值，进行赋值。

在 Linux 内核中，也有很多地方用到了枚举类型。接触过 Linux 内核网络协议栈的人，一定对下面的枚举类型有印象：

```
enum {
    TCP_FLAG_CWR = __cpu_to_be32(0x00800000),
    TCP_FLAG_ECE = __cpu_to_be32(0x00400000),
    TCP_FLAG_URG = __cpu_to_be32(0x00200000),
    TCP_FLAG_ACK = __cpu_to_be32(0x00100000),
    TCP_FLAG_PSH = __cpu_to_be32(0x00080000),
    TCP_FLAG_RST = __cpu_to_be32(0x00040000),
    TCP_FLAG_SYN = __cpu_to_be32(0x00020000),
    TCP_FLAG_FIN = __cpu_to_be32(0x00010000),
    TCP_RESERVED_BITS = __cpu_to_be32(0x0F000000),
    TCP_DATA_OFFSET = __cpu_to_be32(0xF0000000)
};
```

该枚举类型，描述的是 TCP 协议头中 flag 标志位，这里就不再详细介绍。

接下来，我们对枚举成员进行详细的分析，枚举成员是该枚举类型的命名常数。任意两个枚举成员不能具有相同的名称。每个枚举成员均具有相关联的常数值。此值的类型就是 int 型。每个枚举成员的常数值必须在该枚举的基础类型的范围之内。

示例如下：

```
enum TimeofDay
{
    morning = 22.2,
    afternoon = "hello",
    evening
};
```

产生编译错误，因为 22.2，hello 不是整型的。

在枚举类型中，声明的第一个枚举成员的默认值为零。

以后的枚举成员值是将前一个枚举成员（按照文本顺序）的值加 1 得到的。这样增加后的值必须在整型可表示的值的范围内；否则，会出现编译时错误。

也可以在定义枚举类型时，为枚举成员显示赋值，允许多个枚举成员有相同的值。没有显示赋值的枚举成员的值，总是前一个枚举成员的值+1。

示例如下：

```
enum TimeofDay
{
    morning = 1,
    afternoon,
    evening = 1
};
```

morning 的值为 1，afternoon 的值为 2，evening 的值为 1。注意：以上给定的默认值都不能超过 int 型的范围。

9.4.2 枚举变量的声明和使用

1. 枚举变量的声明

在前文讲解结构体变量的声明时，提到了三种方式，枚举变量的声明也有这三种方式，示例如下。

方式一：先定义类型，再声明变量。

```
enum TimeofDay
{
morning,
afternoon,
evening
};
enum TimeofDay a, b;
```

方式二：在定义类型的同时，声明变量。

```
enum TimeofDay
{
morning,
afternoon,
evening
} a, b;
```

方式三：直接定义无名枚举变量。

```
enum
{
morning,
afternoon,
evening
} a, b;
```

2. 枚举变量的使用

根据枚举类型的概念，读者应该很容易理解，枚举成员都是常量，因此，一旦定义了枚举类型，在程序中，就不能用赋值语句再对它赋值。

例如对枚举 TimeofDay 的元素再作以下赋值都是错误的。

```
morning = 5;
afternoon = 2;
evening = 10;
```

示例程序如下：

```
#include <stdio.h>

enum TimeofDay
{
```

```
    morning = 2,
    afternoon,
    evening
}a;

int main()
{
    enum TimeofDay a, b, c;

    a = morning;
    b = afternoon;
    c = evening;
    printf("a=%d b=%d c=%d\n", a, b, c);

    c = 10;
    printf("a=%d b=%d c=%d\n", a, b, c);

    return 0;
}
```

程序执行结果如下：

```
linux@ubuntu:~/book/ch9$ cc enum.c -o enum -Wall
linux@ubuntu:~/book/ch9$./enum
a=2 b=3 c=4
a=2 b=3 c=10
```

枚举的定义

通过该程序，可以看出，可以把枚举成员的值赋予枚举变量，也可以把整数值直接赋予枚举变量。实际上，枚举变量，也是一种整型变量，因此，也可以使用 switch-case 结构，示例程序如下：

```
#include <stdio.h>

enum TimeofDay
{
    morning,
    afternoon,
    evening
};

int main()
{
    int i, j;
    enum TimeofDay a[10];

    j = morning;
    for (i = 0; i < 10; i++)
    {
        a[i] = j;
        j++;
        if (j > evening)
            j = morning;
    }
```

```
    for (i = 0; i < 10; i++)
    {
        switch (a[i])
        {
            case morning: printf("%d morning\n", a[i]); break;
            case afternoon: printf("%d afternoon\n", a[i]); break;
            case evening: printf("%d evening\n", a[i]); break;
            default:break;
        }
    }

    return 0;
}
```

程序执行结果如下：

```
linux@ubuntu:~/book/ch9$ cc enum.c -Wall
linux@ubuntu:~/book/ch9$./a.out
0 morning
1 afternoon
2 evening
0 morning
1 afternoon
2 evening
0 morning
1 afternoon
2 evening
0 morning
```

小 结

本章主要介绍了 C 语言中的用户自定义的数据类型。

首先，介绍了结构体，包括结构体的定义，声明结构体变量，结构体数组及结构体指针的用法等。

然后本章介绍了共用体，包括共用体的类型定义，声明变量，占内存情况等内容。

最后介绍了枚举类型。

本章每一部分都以 Linux 内核中的实例进行讲解，读者可以看到在 Linux 内核中是如何组织和使用这些基本元素的。

思考与练习

1. 定义以下结构体类型：

```
struct A
{
  int a;
  char b;
  float c;
  char name[10];
};
```

则语句 printf("%d", sizeof(struct A))的输出结果是什么？

2．定义以下结构体数组：

```
struct A
{
  int a;
  int b;
  int c;
}arr[2] = {10, 3, 21, 7, 29, 1};
```

语句 printf("%d", arr[0].b * arr[1].c)的输出结果是什么？

3．运行下列程序段，输出结果是什么？

```
struct city
{
  int num;
  char name[10];
}s[3] = {{1, "Beijing"}, {2, "Shanghai"}, {3, "Guangzhou"}};

struct city *p;
p = s+1;
printf("%d, %c\n", p->num, (*p).name[1]);
```

4．定义以下共用体类型：

```
union A
{
  int a;
  char b;
  float c;
};
```

则语句 printf("%d", sizeof(union A))的输出结果是什么？

5．定义以下枚举类型：

```
enum A {apple, pear, orange};
```

则语句 printf("%d", sizeof(enum A))的输出结果是什么？

PART10

第10章

嵌入式C语言的高级用法

本章要点：

- 内存管理。
- malloc函数。
- free函数。
- 野指针。
- 堆和栈的区别。
- 动态内存程序举例。
- C语言和汇编语言的接口。

■ 上一章介绍了结构体、共用体、枚举等用户自定义数据类型。本章继续介绍C 语言中一个很基础、很重要的内容：内存管理。本章重点介绍内存管理中最容易出错的一种，即动态内存分配。

10.1 内存管理

嵌入式 C 语言高级用法概述

内存管理讲解

内存的使用是程序设计中需要考虑的重要因素之一，这不仅由于系统内存是有限的（尤其在嵌入式系统中），而且内存分配也会直接影响到程序的效率。因此，读者要对 C 语言中的内存管理有个系统的了解。

在 C 语言中，定义了 4 个内存区间：代码区；全局变量与静态变量区；局部变量区即栈区；动态存储区，即堆区。下面分别对这 4 个区进行介绍。

① 代码区。代码区中主要存放程序中的代码，属性是只读的。

② 全局变量与静态变量区。也称为静态存储区域。内存在程序编译的时候就已经分配好，这块内存在程序的整个运行期间都存在。例如：全局变量、静态变量和字符串常量。分配在这个区域中的变量，当程序结束时，才释放内存。因此，经常利用这样的变量，在函数间传递信息。

③ 栈区。在栈上创建。在执行函数时，函数内局部变量的存储单元都可以在栈上创建，函数执行结束时这些存储单元自动被释放。栈内存分配运算内置于处理器的指令集中，效率很高，但是分配的内存容量有限。在 Linux 系统中，通过命令“ulimit–s”，可以看到，栈的容量为 8192kbytes，即 8M。

这种内存方式，变量内存的分配和释放都自动进行，程序员不需要考虑内存管理的问题，很方便使用。但缺点是，栈的容量有限制，且当相应的范围结束时，局部变量就不能再使用。

④ 堆区。有些操作对象只有在程序运行时才能确定，这样编译器在编译时就无法为它们预先分配空间，只能在程序运行时分配，所以称为动态分配。比如：下面的结构体定义：

```
struct employee
{
char name[8];
int age;
char gender;
float salary;
};
```

在该结构体定义中，员工的姓名是用字符数组来存储。若员工的姓名由用户输入，则只有在用户输入结束后，才能精确知道需要多少内存，在这种情况下，使用动态内存分配更合乎逻辑，应该把结构体的定义改成下面的形式：

```
struct employee
{
char *name;
int age;
char gender;
float salary;
};
```

动态分配内存就是在堆区上分配。程序在运行的时候用 malloc 申请任意多少的内存，程序员自己负责在何时用 free 释放内存。动态内存的生存期由我们决定，使用非常灵活，但问题也最多。

下面的这段程序说明了不同类型的内存分配。

```
#include <stdio.h>
#include <stdlib.h>
```

```
#include <string.h>

/*C语言中数据的内存分配*/
int a = 0;
char *p1;

int main()
{
    int b;                          /* b在栈 */
    char s[] = "abc";               /* s在栈， "abc"在常量区 */
    char *p2;                       /* p2在栈 */
    char *p3 = "123456";            /*"123456"在常量区，p3在栈*/
    static int c =0;                /*可读可写数据段*/

    p1 = (char *)malloc(10);        /*分配得来的10个字节的区域在堆区*/
    p2 = (char *)malloc(20);        /*分配得来的20个字节的区域在堆区*/
    /* 从常量区的“Hello”字符串复制到刚分配到的堆区 */
    strcpy(p1, "Hello");

    return 0;
}
```

10.2 动态内存的申请和释放

当程序运行到需要一个动态分配的变量时，必须向系统申请取得堆中的一块所需大小的存储空间，用于存储该变量。当不再使用该变量时，也就是它的生命结束时，要显式释放它所占用的存储空间，这样系统就能对该堆空间进行再次分配，做到重复使用有限的资源。下面将介绍动态内存申请和释放的函数。

10.2.1 malloc 函数

在C语言中，使用malloc函数来申请内存。函数原型如下：

```
#include <stdlib.h>

void *malloc(size_t size);
```

其中，参数size代表需要动态申请的内存的字节数。若内存申请成功，函数返回申请到的内存的起始地址，若申请失败，返回NULL。使用该函数时，有下面几点要注意。

动态内存分配讲解

① 只关心申请内存的大小。该函数的参数，很简单，只有申请内存的大小，单位是字节。

② 申请的是一块连续的内存。该函数一定是申请一块连续的区间，可能申请到的内存比实际申请的大。也可能申请不到，若申请失败，返回NULL。一定记得写出错判断。

③ 返回值类型是void *。函数的返回值是void *，不是某种具体类型的指针。读者可以理解成，该函数只是申请内存，对在内存中存储什么类型的数据，没有要求。因此，返回值是 void *。在实际编程中，根据实际情况，将void * 转换成所需要的指针类型。

④ 显示初始化。注意，堆区是不会自动在分配时做初始化的（包括清零），所以程序中需要显式的初始化。

10.2.2 free 函数

在堆区上分配的内存，需要用 free 函数显式释放。函数原型如下：

```
#include <stdlib.h>
void free(void *ptr);
```

函数的参数 ptr，指的是需要释放的内存的起始地址。该函数没有返回值。使用该函数，也有下面几点需要注意。

① 必须提供内存的起始地址。调用该函数时，必须提供内存的起始地址，不能提供部分地址，释放内存中的一部分是不允许的。因此，必须保存好 malloc 返回的指针值，若丢失，则所分配的堆空间无法回收，称内存泄漏。

② malloc 和 free 配对使用。编译器不负责动态内存的释放，需要程序员显示释放。因此，malloc 与 free 是配对使用的，避免内存泄漏。

示例程序如下：

```
#include <stdio.h>
#include <stdlib.h>
#include <string.h>

int *get_memory(int n)
{
    int *p, i;

    if ((p = (int *)malloc(n * sizeof(int))) == NULL)
    {
      printf("malloc error\n");
      return p;
    }
    memset(p, 0, n * sizeof(int));

    for (i = 0; i < n; i++)
      p[i] = i+1;

    return p;
}

int main()
{
    int n, *p, i;

    printf("input n:");
    scanf("%d", &n);
    if ((p = get_memory(n)) == NULL)
      return 0;

    for (i = 0; i < n; i++)
      printf("%d ", p[i]);
    printf("\n");

    free(p);
```

```
    p = NULL;

    return 0;
}
```

程序执行结果如下：

```
linux@ubuntu:~/book/ch10$ cc malloc.c -Wall
linux@ubuntu:~/book/ch10$./a.out
input n:10
1 2 3 4 5 6 7 8 9 10
```

该程序演示了动态内存的标准用法。动态内存的申请，通过一个指针函数来完成。内存申请时，判断是否申请成功，成功后，对内存初始化。在主调函数中，动态内存依然可以访问，不再访问内存时，用 free 函数释放。

③ 不允许重复释放。同一空间的重复释放也是危险的，因为该空间可能已另分配。在上面程序中，如果释放堆空间两次（连续调用两次 free(p)），会出现下面的结果。

```
linux@ubuntu:~/book/ch10$ cc malloc.c -Wall
linux@ubuntu:~/book/ch10$./a.out
input n:1
1
*** glibc detected *** ./a.out: double free or corruption (fasttop): 0x08f1a008 ***
======= Backtrace: =========
/lib/libc.so.6(+0x6c501)[0x687501]
/lib/libc.so.6(+0x6dd70)[0x688d70]
/lib/libc.so.6(cfree+0x6d)[0x68be5d]
./a.out[0x804861e]
/lib/libc.so.6(__libc_start_main+0xe7)[0x631ce7]
./a.out[0x8048471]
======= Memory map: ========
0061b000-00772000 r-xp 00000000 08:01 1048623        /lib/libc-2.12.1.so
00772000-00773000 ---p 00157000 08:01 1048623        /lib/libc-2.12.1.so
00773000-00775000 r--p 00157000 08:01 1048623        /lib/libc-2.12.1.so
00775000-00776000 rw-p 00159000 08:01 1048623        /lib/libc-2.12.1.so
00776000-00779000 rw-p 00000000 00:00 0
008e1000-008fb000 r-xp 00000000 08:01 1048657        /lib/libgcc_s.so.1
008fb000-008fc000 r--p 00019000 08:01 1048657        /lib/libgcc_s.so.1
008fc000-008fd000 rw-p 0001a000 08:01 1048657        /lib/libgcc_s.so.1
00a8f000-00aab000 r-xp 00000000 08:01 1048599        /lib/ld-2.12.1.so
00aab000-00aac000 r--p 0001b000 08:01 1048599        /lib/ld-2.12.1.so
00aac000-00aad000 rw-p 0001c000 08:01 1048599        /lib/ld-2.12.1.so
00b6c000-00b6d000 r-xp 00000000 00:00 0              [vdso]
08048000-08049000 r-xp 00000000 08:01 1079938        /home/linux/book/ch10/a.out
08049000-0804a000 r--p 00000000 08:01 1079938        /home/linux/book/ch10/a.out
0804a000-0804b000 rw-p 00001000 08:01 1079938        /home/linux/book/ch10/a.out
08f1a000-08f3b000 rw-p 00000000 00:00 0              [heap]
b7700000-b7721000 rw-p 00000000 00:00 0
b7721000-b7800000 ---p 00000000 00:00 0
b7815000-b7816000 rw-p 00000000 00:00 0
b7823000-b7827000 rw-p 00000000 00:00 0
bf9a5000-bf9c6000 rw-p 00000000 00:00 0              [stack]
Aborted
```

④ free 只能释放堆空间。像代码区、全局变量与静态变量区、栈区上的变量，都不需要程序员显示释放，这些区域上的空间，不能通过 free 函数来释放，否则执行时，会出错。

示例程序如下：

```
#include <stdlib.h>

int main()
{
    int a[10] = {0};

    free(a);

    return 0;
}
```

程序执行结果如下：

```
linux@ubuntu:~/book/ch10$ cc free.c -o free -Wall
free.c: In function 'main':
free.c:7: warning: attempt to free a non-heap object 'a'
```

可以看到有一个警告，即释放一个非堆上的空间。如果强行执行程序，会出现下面的结果：

```
linux@ubuntu:~/book/ch10$./free
Segmentation fault
```

10.2.3 关于野指针

常见内存错误讲解

野指针指的是指向“垃圾”内存的指针，不是 NULL 指针。出现“野指针”主要有以下原因。

① 指针变量没有被初始化。指针变量和其他的变量一样，若没有初始化，值是不确定的。也就是说，没有初始化的指针，指向的是垃圾内存，非常危险。

示例程序如下：

```
#include <stdio.h>

int main()
{
    int *p;

    printf("%d\n", *p);

    *p = 10;
    printf("%d\n", *p);

    return 0;
}
```

程序执行结果如下：

```
linux@ubuntu:~/book/ch10$ cc p.c -o p -Wall
linux@ubuntu:~/book/ch10$./p
1416572
Segmentation fault
```

② 指针 p 被 free 之后，没有置为 NULL。free 函数是把指针所指向的内存释放掉，使内存成为了

自由内存。但是，该函数并没有把指针本身的内容清除。指针仍指向已经释放的动态内存，这是很危险的。

程序员稍有疏忽，会误以为是个合法的指针。就有可能再通过指针去访问动态内存。实际上，这时的内存已经是垃圾内存了。

关于野指针会造成什么样的后果，这是很难估计的。若内存仍然是空闲的，可能程序暂时正常运行；若内存被再次分配，又通过野指针对内存进行了写操作，则原有的合法数据，会被覆盖，这时，野指针造成的影响将是无法估计的。

示例程序如下：

```
#include <stdio.h>
#include <stdlib.h>
#include <string.h>

int main()
{
    int n = 5, *p, i;

    if ((p = (int *)malloc(n * sizeof(int))) == NULL)
    {
      printf("malloc error\n");
      return 0;
    }
    memset(p, 0, n * sizeof(int));

    for (i = 0; i < n; i++)
    {
        p[i] = i+1;
        printf("%d ", p[i]);
    }
    printf("\n");

    printf("p=%p *p=%d\n", p, *p);
    free(p);
    printf("after free:p=%p *p=%d\n", p, *p);

    *p = 100;
    printf("p=%p *p=%d\n", p, *p);

    return 0;
}
```

程序执行结果如下：

```
linux@ubuntu:~/book/ch10$cc test.c –o test -Wall
linux@ubuntu:~/book/ch10$./test
1 2 3 4 5
p=0x92cf008 *p=1
after free:p=0x92cf008 *p=0
p=0x92cf008 *p=100
```

该程序中，故意在执行了“free(p)”之后，通过野指针 p 对动态内存进行了读写，程序正常执行，也在预料之中。前面已经分析过，内存释放后，若继续访问甚至修改，后果是不可预料的。

③ 指针操作超越了变量的作用范围。指针操作时，由于逻辑上的错误，导致指针访问了非法内存，这种情况让人防不胜防，只能依靠程序员好的编码风格，以及扎实的基本功。下面演示一个指针操作越界的情况。

示例程序如下：

```
#include <stdio.h>
#include <stdlib.h>
#include <string.h>

int main()
{
    int a[5] = {1, 9, 6, 2, 10}, *p, i, n;

    n = sizeof(a) / sizeof(n);
    p = a;

    for (i = 0; i <= n; i++)
    {
        printf("%d ", *p);
        p++;
    }
    printf("\n");

    *p = 100;
    printf("*p=%d\n", *p);

    return 0;
}
```

程序执行结果如下：

```
linux@ubuntu:~/book/ch10$ cc test.c -o test -Wall
linux@ubuntu:~/book/ch10$./test
1 9 6 2 10 5
*p=100
```

该程序故意出了两个错误，一是 for 循环的条件“i <= n”，p 指针指向了数组以外的空间。二是“*p = 100”，对非法内存进行了写操作。

④ 不要返回指向栈内存的指针。在函数一章中，详细介绍了指针函数，指针函数会返回一个指针。在主调函数中，往往会通过返回的指针，继续访问指向的内存。因此，指针函数不能返回栈内存的起始地址，因为栈内存在函数结束时会被释放。

10.3 堆和栈的区别

1. 申请方式

栈（stack）是由系统自动分配的。例如，声明函数中一个局部变量“int b;”，那么系统自动在栈中为 b 开辟空间。堆（heap）需要程序员自己申请，并在申请时指定大小。使用 C 语言中的 malloc 函数的例子如下所示。

```
p1 = (char *)malloc(10);
```

2. 申请后系统的响应

堆在操作系统中有一个记录空闲内存地址的链表。当系统收到程序的申请时，系统就会开始遍历该链表，寻找第一个空间大于所申请空间的堆节点，然后将该节点从空闲节点链表中删除，并将该节点的空间分配给程序。另外，对于大多数系统，会在这块内存空间中的首地址处记录本次分配的大小。这样，代码中的删除语句才能正确地释放本内存空间。如果找到的堆节点的大小与申请的大小不相同，系统会自动地将多余的那部分重新放入空闲链表中。

只有栈的剩余空间大于所申请空间，系统才为程序提供内存，否则将报异常，提示栈溢出。

3．申请大小的限制

堆是向高地址扩展的数据结构，是不连续的内存区域。这是由于系统用链表来存储的空闲内存地址，地址是不连续的，而链表的遍历方向是由低地址向高地址。堆的大小受限于计算机系统中有效的虚拟内存，因此堆获得的空间比较灵活，也比较大。

栈是向低地址扩展的数据结构，是一块连续的内存区域。因此，栈顶的地址和栈的最大容量是系统预先规定好的，如果申请的空间超过栈的剩余空间时，将提示栈溢出，因此，能从栈获得的空间较小。

4．申请速度的限制

堆是由 malloc 等语句分配的内存，一般速度比较慢，而且容易产生内存碎片，不过用起来很方便。栈由系统自动分配，速度较快，但程序员一般无法控制。

5．堆和栈中的存储内容

堆一般在堆的头部用一个字节存放堆的大小，堆中的具体内容由程序员安排。

在调用函数时，第一个进栈的是函数调用语句的下一条可执行语句的地址，然后是函数的各个参数，在大多数的 C 语言编译器中，参数是由右往左入栈的，然后是函数中的局部变量。当本次函数调用结束后，局部变量先出栈，然后是参数，最后栈顶指针指向最开始的存储地址，也就是调用该函数处的下一条指令，程序由该点继续运行。

10.4 动态内存程序举例

前面程序，已经介绍了动态内存的基础知识。在实际编程中，关于动态内存，会遇到一些比较复杂的情况，请读者先看下面的例子：

```
#include <stdio.h>
#include <string.h>
#include <stdlib.h>

#define N 20
struct employee
{
    char *name;
    int age;
    float salary;
};

int main()
{
    struct employee *p1;

    if ((p1 = (struct employee *)malloc(sizeof(struct employee))) == NULL)
    {
        printf("malloc struct error");
        return 0;
```

```
    }
    memset(p1, 0, sizeof(struct employee));

    if ((p1->name = (char *)malloc(N)) == NULL)
    {
      printf("malloc name error");
      return 0;
    }
    printf("name:");
    scanf("%s", p1->name);

    getchar();
    printf("age:");
    scanf("%d", &p1->age);

    printf("salary:");
    scanf("%f", &p1->salary);

    printf("\ninformation: name:%s age:%d salary:%f\n",
         p1->name, p1->age, p1->salary);


    free(p1->name);
    p1->name = NULL;

    free(p1);
    p1 = NULL;

    return 0;
}
```

程序执行结果如下：

```
linux@ubuntu:~/book/ch10$ cc test.c -o test -Wall
linux@ubuntu:~/book/ch10$./test
name:zhangsan
age:21
salary:8912.1

information: name:zhangsan age:21 salary:8912.099609
```

在该程序中，用到了两个 malloc 函数。首先结构体变量是在堆区上分配的。结构体变量的成员 name，也指向堆区上的一个地址，该程序中涉及的变量占内存情况，可以通过图 10-1 来表示。

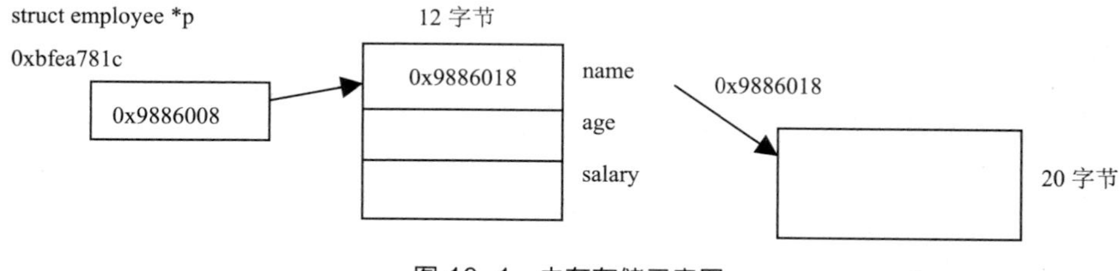

图 10-1　内存存储示意图

在该程序中，指针 p 分配在栈上，其他的两段内存都在堆上，都需要显示释放，因此，程序中用到了两个 free 函数，而且，还要先释放 name 指向的空间。

10.5 C 语言和汇编语言的接口

C 语言既可以实现高级语言的模块化编程，又可以实现很多底层的操作。但是，与汇编语言相比，C 语言的效率毕竟还是无法媲美的。因此，在对效率或硬件操作要求比较高的地方，可以采用将部分汇编语句嵌入到 C 语言中的方式来进行。

GCC 的内联汇编语言提供了一种在 C 语言源程序中直接嵌入汇编指令的很好的办法，既能够直接控制所形成的指令序列，又有着与 C 语言的良好接口，所以在 Linux 内核代码中很多地方都使用了这一语句。

在内联汇编中，可以将 C 语言表达式指定为汇编指令的操作数，而且不用去管将 C 语言表达式的值读入哪个寄存器以及如何将计算结果写回 C 语言变量，用户只要告诉程序中 C 语言表达式与汇编指令操作数之间的对应关系即可，GCC 会自动插入代码完成必要的操作。

10.5.1 内联汇编的语法

在阅读 C/C++语言源代码时经常会遇到内联汇编的情况，下面简要介绍一下 ARM 体系结构下的__asm__内联汇编用法。带有 C/C++语言表达式的内联汇编格式为

```
__asm__ （汇编语句模板：输出部分：输入部分：破坏描述部分）
```

__asm__是 GCC 关键字 asm 的宏定义。

__asm__或 asm 用来声明一个内联汇编表达式，所以任何一个内联汇编表达式都是以它开头的，是必不可少的。

```
#define __asm__ asm
#define __volatile__ volatile
```

有时在__asm__后面使用__volatile__。__volatile__或 volatile 是可选的。如果用了它，则是向 GCC 声明不允许对该内联汇编优化，否则当使用了优化选项(-O)进行编译时，GCC 将会根据自己的判断决定是否对这个内联汇编表达式中的指令进行优化。

内联汇编总共由 4 个部分组成：汇编语句模板、输出部分、输入部分和破坏描述部分，各部分使用“:”隔开。如果使用了后面的部分，而前面部分为空，也需要用“:”隔开，相应部分内容为空，例如：

```
__asm__ ("": : :"memory")
```

下面就分别对关键部分进行介绍。

1. 汇编语句模板

汇编语句模板由汇编语句序列组成，语句之间使用“;”“\n”或“\n\t”分开。它可以是空的，比如“__asm__ __volatile__("")”；或“__asm__ ("")”；都是完全合法的内联汇编表达式，只不过这两条语句没有什么意义。但并非所有汇编语句模板为空的内联汇编表达式都是没有意义的，比如“__asm__ ("":::"memory")”；就非常有意义，它向 GCC 声明“内存做了改动”，GCC 在编译的时候，会将此因素考虑进去。当在汇编语句模板中有多条指令的时候，可以在一对引号中列出全部指令，也可以将一条或几条指令放在一对引号中，所有指令放在多对引号中。如果是前者，可以将每一条指令放在一行，如果要将多条指令放在一行，则必须用分号（;）或换行符（\n）将它们分开。

综上所述，总结如下。

① 每条指令都必须被双引号括起来。

② 两条指令必须用换行或分号分开。

③ 指令中的操作数可以使用占位符引用 C 语言变量，操作数占位符最多 10 个，名称可为%0，%1，…，%9。

例如，在 ARM 系统结构上关闭中断的操作。

```
int disable_interrupts(void)
{
    unsigned long old,temp;
    __asm__ __volatile__("mrs %0, cpsr\n"
                "orr %1, %0, #0x80\n"
                "msr cpsr_c, %1"
                : "=r" (old), "=r" (temp)
                :
                : "memory");
    return (old & 0x80) == 0;
}
```

2. 输出部分

输出部分用来指定当前内联汇编语句的输出。

例如，从 ARM 协处理器 p15 中读出 c1 值。

```
static unsigned long read_p15_c1 (void)
{
    unsigned long value;
    __asm__ __volatile__(
        "mrc    p15, 0, %0, c1, c0, 0    @ read control reg\n"
        : "=r" (value)    @编译器选择一个R*寄存器
        :
        : "memory");
#ifdef MMU_DEBUG
    printf ("p15/c1 is = %08lx\n", value);
#endif
    return value;
}
```

输出部分描述输出操作数，不同的操作数描述符之间用逗号隔开，每个操作数描述符由限定字符串和 C 语言变量组成。每个输出操作数的限定字符串必须包含“=”表示它是一个输出操作数。限定字符串表示对该变量的限制条件，这样 GCC 就可以根据这些条件决定如何分配寄存器，如何产生必要的代码处理指令处理操作数与 C 语言表达式或 C 语言变量之间的联系。

3. 输入部分

输入部分用来指定当前内联汇编语句的输入。每个操作数描述符由限定字符串和 C 语言表达式或者 C 语言变量组成，格式为形如“constraint”(variable)的列表（不同的操作数描述符之间使用逗号隔开）。例如，向 ARM 协处理器 p15 中写入 C1 值。

```
static void write_p15_c1 (unsigned long value)
{
#ifdef MMU_DEBUG
    printf ("write %08lx to p15/c1\n", value);
#endif
    __asm__ __volatile__(
        "mcr    p15, 0, %0, c1, c0, 0    @ write it back\n"
        :
```

```
        : "r" (value)      @编译器选择一个R*寄存器
        : "memory");
}
```

4．破坏描述部分

有时候，我们想通知 GCC 当前内联汇编语句可能会对某些寄存器或内存进行修改，希望 GCC 在编译时能够将这一点考虑进去，那么就可以在破坏描述部分声明这些寄存器或内存。这种情况一般发生在一个寄存器出现在汇编语句模板中，但不是由输入/输出部分操作表达式所指定的，也不是在一些输入/输出操作表达式使用“r”约束时由 GCC 为其选择的，同时此寄存器被汇编语句模板中的指令修改，而这个寄存器只是供当前内联汇编临时使用的情况。

例如：

```
__asm__ ("mov R0, #0x34" : : : "R0");
```

寄存器 R0 出现在汇编语句模板，并且被 mov 指令修改，但却未被任何输入/输出部分操作表达式指定，所以需要在破坏描述部分指定“R0”，让 GCC 知道这一点。

在输入/输出部分操作表达式所指定的寄存器，或当为一些输入/输出部分操作表达式使用“r”约束，让 GCC 为你选择一个寄存器时，因为 GCC 对这些寄存器是非常清楚的——它知道哪些寄存器是被修改的，所以我们根本不需要在破坏描述部分再声明它们。但除此之外，GCC 对剩下的寄存器中哪些会被当前的内联汇编修改一无所知。所以如果你真的在当前内联汇编指令中修改了它们，就最好在破坏描述部分中声明它们，让 GCC 针对这些寄存器做相应的处理，否则有可能会造成寄存器的不一致，从而造成程序执行错误。

如果一个内联汇编语句的破坏描述部分存在“memory”，那么 GCC 会保护内存数据。如果在此内联汇编之前，某个内存的内容被装入了寄存器，那么在这个内联汇编之后，当需要使用这个内存处的内容时，就会直接到这个内存处重新读取，而不是使用被存放在寄存器中的复制内容。因为这个时候寄存器中的复制内容已经很可能和内存处的内容不一致了。

这只是使用“Memory”时，GCC 会保证做到的一点，但并不是全部。因为使用“memory”是向 GCC 声明内存发生了变化，而内存发生变化带来的影响并不止这一点。

例如：

```
int main(int __argc, char* __argv[])
{
    int* __p = (int*)__argc;
    (*__p) = 9999;
    __asm__("":::"memory");
    if((*__p) == 9999)
      return 5;
    return (*__p);
}
```

本例中，如果没有那条内联汇编语句，if 语句的判断条件就完全是多余的。GCC 在优化时会意识到这一点，而只生成 return 5 的汇编代码，不会再生成 if 语句的相关代码，也不会生成 return (*__p)的相关代码。但加上了这条内联汇编语句，它除了声明内存变化之外，什么都没有做。因为内存变量可能发生变化，GCC 就不能简单地认为它不需要判断都知道 (*__p)一定与 9999 相等，只有老老实实生成这条 if 语句的汇编代码，以及相关的两个 return 语句相关代码。

另外在 Linux 内核中内存屏障也是基于它实现的，“include/asm/system. h”中，

```
# define barrier() _asm__volatile_("": : :"memory")
```

“memory”可能是内嵌汇编中比较难懂的部分。为解释清楚它，先介绍一下编译器的优化知识，再看 C 关键字 volatile。

10.5.2 编译器优化介绍

由于内存访问速度远不及 CPU 处理速度，因此为提高计算机整体性能，在硬件上引入硬件高速缓存 Cache，加速对内存的访问。另外在现代 CPU 中指令的执行并不一定严格按照顺序执行，没有相关性的指令可以乱序执行，以充分利用 CPU 的指令流水线，提高执行速度，以上是硬件级别的优化。

软件级别的优化有两种：一种是在编写代码时由程序员优化，另一种是由编译器进行优化。编译器优化常用的方法有将内存变量缓存到寄存器和调整指令顺序充分利用 CPU 指令流水线等，常见的是重新排序读写指令。对常规内存进行优化的时候，这些优化是透明的，而且效率很高。

由编译器优化或者硬件重新排序引起的问题的解决办法是在特定顺序执行的操作之间设置内存屏障（memory barrier），Linux 提供了一个宏用于解决编译器的执行顺序问题。

```
void barrier(void)
```

主要是保证程序的执行遵循顺序一致性。有时候写代码的顺序，不一定是最终执行的顺序，这个是与处理器有关的。这个函数通知编译器插入一个内存屏障，但对硬件无效，编译后的代码会把当前 CPU 寄存器中的所有修改过的数值存入内存，需要这些数据的时候再重新从内存中读出。

10.5.3 C 语言关键字 volatile

C 语言关键字 volatile（注意它是用来修饰变量而不是上面介绍的__volatile__）表明某个变量的值可能随时被外部改变（例如，外设端口寄存器值），因此对这些变量的存取不能缓存到寄存器，每次使用时需要重新读取。

该关键字在多线程环境下经常使用，因为在编写多线程的程序时，同一个变量可能被多个线程修改，而程序通过该变量同步各个线程。对于 C 语言编译器来说，它并不知道这个值会被其他线程修改，自然就把它缓存到寄存器里面。volatile 的本意是指这个值可能会在当前线程外部被改变，此时编译器知道该变量的值会在外部改变，因此每次访问该变量时会重新读取。这个关键字在外设接口编程中经常被使用。

10.5.4 “memory”描述符

有了上面的知识就不难理解“memory”修改描述符了，“memory”描述符告知 GCC 以下内容。

① 不要将该段内嵌汇编指令与前面的指令重新排序，也就是说在执行内嵌汇编代码之前，它前面的指令都执行完毕。

② 不要将变量缓存到寄存器，因为这段代码可能会用到内存变量，而这些内存变量会以不可预知的方式发生改变，因此 GCC 插入必要的代码先将缓存到寄存器的变量值写回内存，如果后面又访问这些变量，需要重新访问内存。

如果汇编指令修改了内存，GCC 本身其实察觉不到，因为在输出部分没有描述，此时就需要在修改描述部分增加“memory”，告诉 GCC 内存已经被修改，GCC 得知这个信息后，就会在这段指令之前，插入必要的指令将前面因为优化 Cache 而写到寄存器中的变量值先写回内存，如果以后又要使用这些变量，则再重新读取。当然，使用 volatile 也可以达到这个目的。

小结

内存管理是 C 语言中一个非常重要的内容。在实际编程中，内存管理也是最容易出问题的地方。因此，读者要对这部分内容进行重视。

本章首先对 C 语言中的内存管理做了总体介绍。

接下来，重点讲了其中的一种内存分配的方式，即动态内存。具体包括动态内存的申请函数malloc，释放函数free，野指针的问题。

然后介绍了堆和栈的区别，动态程序举例。

最后介绍了一些C语言与汇编语言之间的混合编程。

本章重点介绍了在实际编程中，关于内存管理的基本问题和高级问题，希望读者把这些内容作为重点，熟练掌握。

思考与练习

1. 下面的程序有什么问题?

```
char *p;
if (p = (char *)malloc(10) == NULL)
{
  puts("Got a null pointer");
}
else
{
  puts("Got a valid pointer");
}
```

2. 已有定义如下:

```
struct node
{
  int data;
  struct node *next;
}*p;
```

以下语句调用malloc函数，使指针p指向一个具有struct node类型的动态存储空间。请填空:

```
p = (struct node *)malloc(________);
```

3. 简述C语言的各种数据如何在内存中分配，它们分别对程序的运行效率有哪些影响。

4. 下面程序有什么问题，运行结果如何，如何改正?

```
#include <stdio.h>
#include <stdlib.h>

void getmemory(char *p)
{
  p = (char *)malloc(100);
}

int main()
{
  char *str = NULL;

  getmemory(str);
  strcpy(str, "hello world");
  printf("%s\n", str);
```

```
    return 0;
}
```

5. 下面程序有什么问题，运行结果如何，如何改正?

```
#include <stdio.h>
#include <stdlib.h>

char * getmemory()
{
    char p[] = "hello world";
    return p;
}

int main()
{
    char *str = NULL;

    str = getmemory();
    strcpy(str, "hello world");
    printf("%s\n", str);

    return 0;
}
```

PART11

第11章

嵌入式Linux内核常见数据结构

本章要点：

- 链表。
- 树。
- 哈希表。

■ 本章主要讲解嵌入式 Linux 内核中常见的数据结构和相关算法，并分析其在嵌入式 Linux 内核中的应用。

11.1 链表

链表是一种常见的重要数据结构，它可以动态地进行存储分配，根据需要开辟内存单元，还可以方便地实现数据的增加和删除。链表中的每个元素都由两部分组成：数据域和指针域。

数据域用于存储数据元素的信息，指针域用于存储该元素的直接后继元素的地址。其整体结构就是用指针链接起来的线性表，如图 11-1 所示。

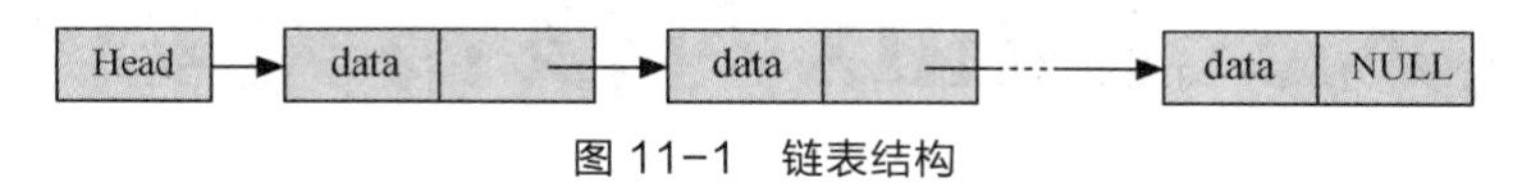

图 11-1 链表结构

从图 11-1 中，读者可以清楚地看到，每个链表都有一个头指针 Head，其用于指示链表中第一个节点的存储位置。之后，链表由第一个节点指向第二个节点，依此类推。链表的最后一个数据元素由于没有直接后续节点，因此其节点的指针域为空（NULL）。

11.1.1 单向链表

1. 单向链表的组织与存储

单向链表的每个节点中除数据域以外还有一个指针域，用来指向其后续节点，其最后一个节点的指针域为空（NULL）。

单向链表由头指针唯一确定，因此单向链表可以用头指针的名字来命名，头指针指向单向链表的第一个节点。

在用 C 语言实现时，首先说明一个结构类型，在这个结构类型中包含一个（或多个）数据成员以及一个指针成员，如下所示。

```
typedef struct _link_node
{
    element_type data;       /* element_type为有效数据类型*/
    struct _link_node *next;
} link_node;
typedef   link_node *link_list;
```

链表结构中包含指针型的结构成员，类型为指向相同结构类型的指针。根据 C 语言的语法要求，结构的成员不能是结构自身类型，即结构不能自己定义自己，因为这样将导致一个无穷的递归定义，但结构的成员可以是结构自身的指针类型，通过指针引用自身这种类型的结构。

2. 单向链表常见操作

（1）节点初始化

由于链表是一种动态分配数据的数据结构，因此单向链表中各个节点的初始化通常使用 malloc 函数，把节点中的 next 指针赋为 NULL，同时再把数据域的部分初始化为需要的数值，通常使用 memset 涵数。

```
int init_link(link_list *list)
{
    /*用malloc分配函数节点*/
    *list = (link_list)malloc(sizeof(link_node));
    /*若分配失败，返回*/
    if (!list)
    {
      return -1;
```

```
    }
    /*初始化链表节点的数据域*/
    memset(&((*list)->data), 0, sizeof(element_type));
    /*初始化链表节点的指针域*/
     (*list)->next = NULL;
    return 0;
}
```

（2）数据查询

在操作链表时，通常需要检查链表中是否存在某种数据，这时，可以通过顺序遍历链表来查询所需要的元素。

```
int get_element(link_list list, int i, element_type *elem)
{
    /* list为带头节点的单向链表的头指针 */
    /*当第i个元素存在时，其值赋给elem并返回*/
    link_list p = NULL;
    int j = 0;

    /*初始化，指向链表的第一个节点，j为计数器*/
    p = list->next;
    /* 为防止i过大，通过判断p是否为空来确定是否到达链表的尾部 */
    while ((j++ < i) && (p = p->next));
    /* 若第i个元素不存在，返回 */
    if (!p || (j <= i))
    {
        return -1;
    }
    /*取得第i个元素*/
    *elem = p->data;
    return 0;
}
```

（3）链表的插入与删除

链表的插入与删除是链表中最常见的操作，也是最能体现链表灵活性的操作。

在单向链表中插入一个节点要引起插入位置前面节点的指针的变化，如图 11-2 所示。

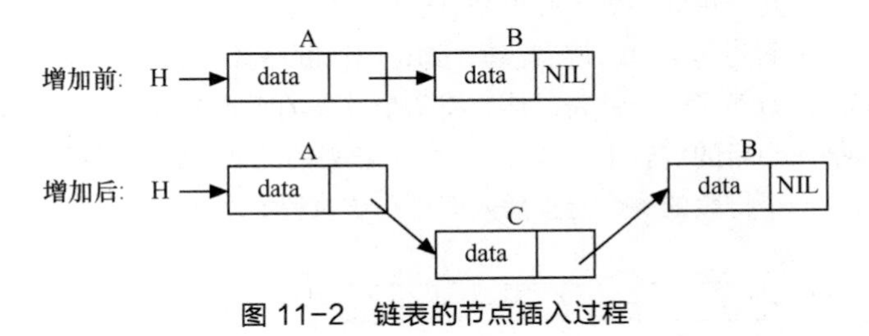

图 11-2　链表的节点插入过程

由图中可以看出，在链表中增加一个节点会依次完成如下操作。

① 创建新节点 C。

② 使 C 指向 B：C→next = A→next。

③ 使 A 指向 C：A→next = C。

```
int link_insert(link_list list, int i, element_type elem)
{
```

```
    /* list为带头节点的单链表的头指针 */
    /* i为要插入的元素位置，elem为要插入的元素*/
    link_list p = list, new_node;
    int j = 0;

    /* 找到第i位 */
    while ((j++ < i) && (p = p->next));
    if (!p || (j <= i))
    {
        return 0;
    }
    /* 初始化链表节点 */
    new_node = (link_list)malloc(sizeof(link_node));
    new_node->data = elem;
    /* 将C插入链表，并修改原先的指针 */
    new_node->next = p->next;
    p->next = new_node;
    return 1;
}
```

删除的过程也类似，如图 11-3 所示。

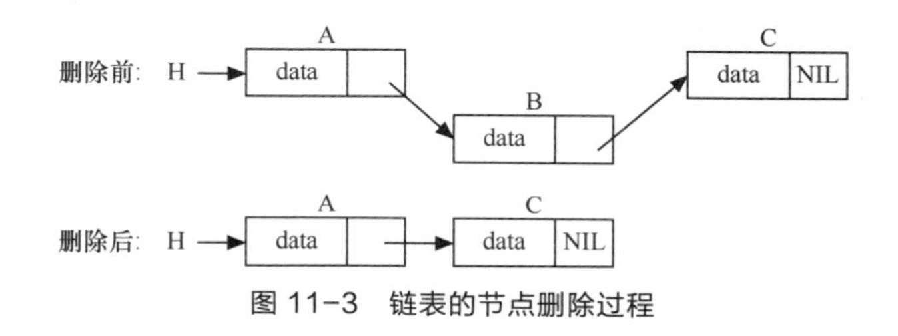

图 11-3　链表的节点删除过程

同样，链表中元素的指针会依次有以下变化。

① 使 A 指向 C：A→next = B→next。

② 使 B 指向 NULL：B→next = NULL 或（若不再需要该节点）释放节点 B。

单链表的基本操作

（4）其他操作

将几个单向链表合并也是链表操作中的常见操作。

下面将两个单向链表根据标识符 ID 顺序合并成一个单向链表。在合并的过程中，实际上新建了一个链表，然后将两个链表的元素依次进行比较，并且将 ID 较小的节点插入到新的链表中。如果其中一个链表的元素已经全部插入，则剩余操作只需顺序将另一个链表的剩余元素插入即可。该过程如图 11-4 所示。

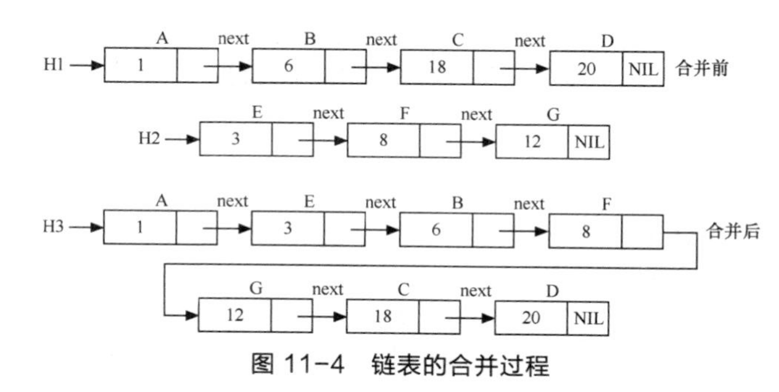

图 11-4　链表的合并过程

```
void merge_list(link_list list_a, link_list list_b, link_list *list_c)
{
    /* 合并单向链表list_a和list_b到list_c中 */
    link_list pa, pb, pc;

    /* 初始化pa、pb，指向链表的第一个元素 */
    pa = list_a->next;
    pb = list_b->next;
    *list_c = pc = list_a;
    /* 判断两个链表是否到达末尾 */
    while (pa && pb)
    {
        /*若链表list_a的元素小于链表list_b的元素*/
        /*则把链表list_a的元素插入到list_c中*/
        if (less_equal_list(&pa->data, &pb->data))
        {
            pc->next = pa;
            pc = pa;
            pa = pa->next;
        }
        /*若链表list_a的元素大于链表list_b的元素*/
        /*则把链表list_b的元素插入到list_c中*/
        else
        {
            pc->next = pb;
            pc = pb;
            pb = pb->next;
        }
    }
    /* 将还未到达末尾的链表链入list_c中，若两个链表都到达末尾，pc->next为NULL*/
    pc->next = pa?pa:pb;
}
```

11.1.2 双向链表

1. 双向链表的组织与存储

在单向链表中，每个节点中只包括一个指向下个节点的指针域，因此要在单向链表中插入一个新节点，就必须从链表头指针开始逐个遍历链表中的节点。双向链表与单向链表不同，它的每个节点中包括两个指针域，分别指向该节点的前一个节点和后一个节点，如图 11-5 所示。

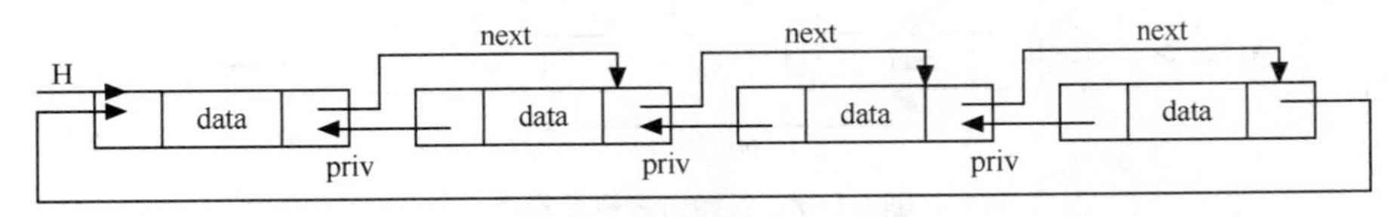

图 11-5 双向链表结构

这样在双向链表中，由任何一个节点都可以很容易地找到其前面的节点和后面的节点，而不需要在上述的插入（或删除）操作中由头节点开始寻找，定义双向链表的节点结构如下。

```
struct link_node
{
```

```
    element_type data; /*element_type为有效数据类型*/
    struct link_node *next;
    struct link_node *priv;
};
```

2. 双向链表的常见操作

（1）增加节点

在双向链表中增加一个节点要比在单向链表中操作复杂得多，因为在此处节点 next 指针和 priv 指针会同时变化，如图 11-6 所示。

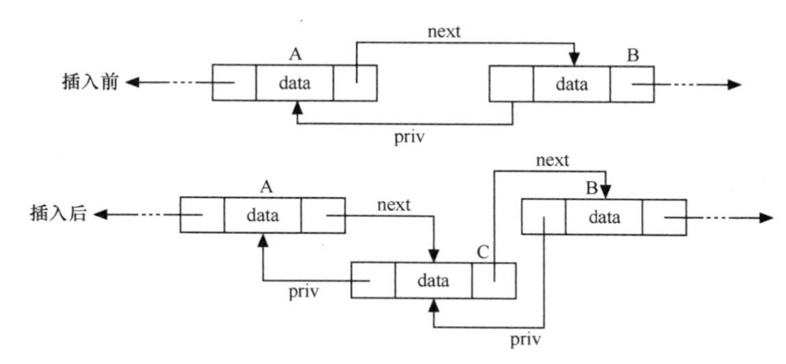

图 11-6　双向链表插入操作

由图 11-6 中可以看出，在双向链表中增加一个节点会依次完成以下操作。

双向链表和循环链表介绍

① 创建新节点 C。

② 使 B 前方指向 C：B→priv = C。

③ 使 C 后方指向 B：C→next = B。

④ 使 A 后方指向 C：A→next = C。

⑤ 使 C 前方指向 A：C→priv = A。

（2）删除节点

双向链表中删除节点与单向链表类似，也是增加节点过程的反操作，如图 11-7 所示。

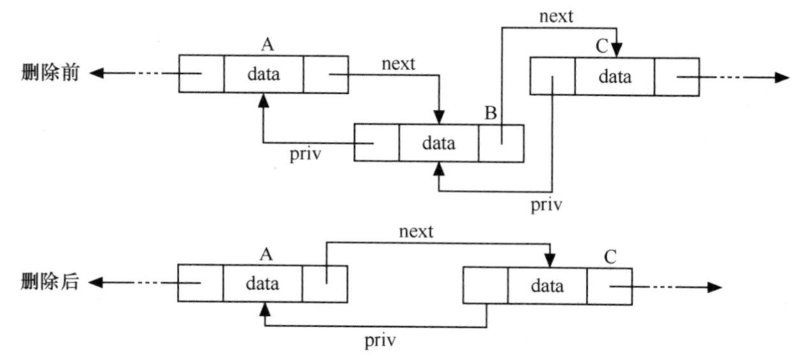

图 11-7　双向链表删除操作

由图 11-7 中可以看出，在双向链表中删除元素指针会依次有以下变化。

① 使 C 前方指向 A：C→priv = A。

② 使 A 后方指向 C：A→next = C。

③ 使 B 前后方指向 NULL：B→priv = NULL 和 B→next = NULL，或释放节点 B（若不再需要该节点）。

11.1.3 循环链表

单向链表的最后一个节点的指针域为空（NULL）。如果将这个指针利用起来，以指向单向链表的第一个节点，就能组成一个单向循环链表，如图 11-8 所示。

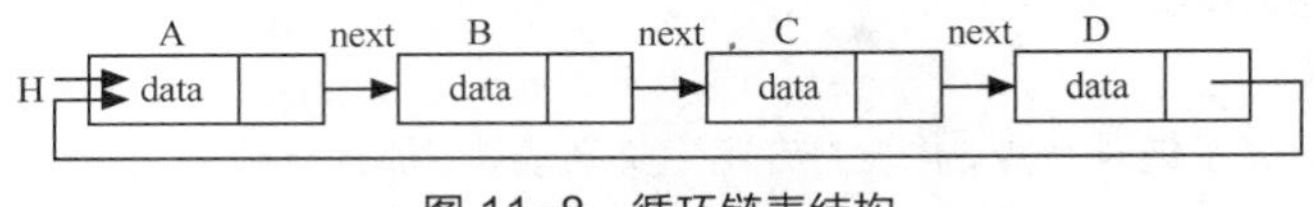

图 11-8 循环链表结构

可以看到，循环链表的组织结构与单向链表非常相似，因此其操作与单向链表也是一致的，唯一的差别仅在于在单向链表中，算法判断到达链表尾的条件是 p→next 为空，而在循环链表中，则是判断 p→next 等于头指针。

当然，读者可以为单向循环链表增加一个 priv 指针，从而可以将其转化为双向循环链表，这些都视具体的应用而定。

表 11-1 总结了各种链表的异同点。

表 11-1 各种链表的异同点

	单向链表	双向链表	单向循环链表	双向循环链表
指针域	next	next，priv	next	next，priv
结尾指针	NULL	NULL	头指针	头指针
内存占用	较少	较多	较少	较多
操作灵活性	较不灵活，每次搜索都必须从头指针开始，不能反向搜索	较为灵活，搜索时可以反向搜索，但也可从头指针开始搜索	较为灵活，搜索时可以不从头指针开始，但不能反向搜索	非常灵活，搜索时可以不从头指针开始，且可以反向搜索
时间复杂度	$O(N)$	$O(N)$	$O(N)$	$O(N)$
空间复杂度	$O(N)$	$O(N)$	$O(N)$	$O(N)$

11.1.4 ARM Linux 中链表使用实例

1. ARM Linux 内核链表概述

在 ARM Linux 中，链表是最为基本的数据结构，也是最为常用的数据结构。本书尽管使用 2.6 内核作为讲解的基础，但实际上 2.4 内核中的链表结构和 2.6 并没有太大区别。二者不同之处在于 2.6 扩充了两种链表数据结构：链表的读复制更新（rcu）和 HASH 链表（hlist）。这两种扩展都基于最基本的 list 结构。因此，在此处主要介绍基本链表结构。

链表数据结构的定义很简单（“include/linux/list.h”，以下所有代码除非加以说明，否则均取自该文件）。

```
struct list_head { struct list_head *next, *prev; };
```

list_head 结构包含两个指向 list_head 结构的指针 prev 和 next，由此可见，内核的链表具备双向链表功能，实际上，通常它都组织成双向循环链表。

和双向链表结构模型不同，这里的 list_head 没有数据域。在 Linux 内核链表中，不是在链表结构中包含数据，而是在数据结构中包含链表节点。由于链表数据类型差别很大，如果对每一种数据类型都定义各自的链表结构，不利于抽象成为公共的模板。

在 Linux 内核链表中，需要用链表组织起来的数据通常会包含一个 struct list_head 成员，例如在

“include/linux/netfilter.h” 中定义了一个 nf_sockopt_ ops 结构来描述 netfilter 为某一协议族准备的 getsockopt/setsockopt 接口，其中就有一个（struct list_head list）成员，各个协议族的 nf_sockopt_ops 结构都通过这个 list 成员组织在一个链表中，表头是定义在“net/core/netfilter.c”中的 nf_sockopts(struct list_head)。读者可以看到，Linux 的简捷实用、不求完美和标准的风格在这里体现得相当充分。

2. Linux 内核链表接口

（1）声明和初始化

实际上 Linux 只定义了链表节点，并没有专门定义链表头，那么一个链表结构是如何建立起来的呢？这里是使用 LIST_HEAD 这个宏来构建的。

```
#define LIST_HEAD_INIT(name) { &(name), &(name) }
#define LIST_HEAD(name) struct list_head name = LIST_HEAD_INIT(name)
```

这样，当需要用 LIST_HEAD(nf_sockopts)声明一个名为 nf_sockopts 的链表头时，它的 next、prev 指针都初始化为指向自己。这样就构建了一个空链表，因为 Linux 用头指针的 next 是否指向自己来判断链表是否为空。

```
static inline int list_empty(const struct list_head *head)
{ return head->next == head; }
```

除了用 LIST_HEAD 宏在声明的时候创建一个链表以外，Linux 还提供了一个 INIT_LIST_HEAD 宏用于运行时创建链表。

```
#define INIT_LIST_HEAD(ptr) do { (ptr)->next = (ptr);
(ptr)->prev = (ptr); } while (0)
```

（2）插入

对链表的插入操作有两种：在表头插入和在表尾插入。Linux 为此提供了两个接口。

```
static inline void list_add(struct list_head *new, struct list_head *head);
static inline void list_add_tail(struct list_head *new, struct list_head *head);
```

因为 Linux 链表是循环表，且表头的 next、prev 分别指向链表中的第一个和最末一个节点，所以，list_add 和 list_add_tail 的区别并不大，实际上，Linux 分别用以下两个函数来实现接口。

```
static inline void __list_add(struct list_head *new,
                              struct list_head *prev,
                              struct list_head *next)
{
    next->prev = new;
    new->next = next;
    new->prev = prev;
    prev->next = new;
}
static inline void list_add(struct list_head *new, struct list_head *head)
{
    __list_add(new, head, head->next);
}
static inline void list_add_tail(struct list_head *new, struct list_head *head)
{
    __list_add(new, head->prev, head);
}
```

（3）删除

Linux 中删除的代码也是类似的，通过__list_del 来实现 list_del 接口，读者可以自行分析以下代码段。

```
static inline void __list_del(struct list_head * prev, struct list_head * next)
{
        next->prev = prev;
        prev->next = next;
}
static inline void list_del(struct list_head *entry)
{
        __list_del(entry->prev, entry->next);
        entry->next = LIST_POSITION1;
        entry->prev = LIST_POSITION2;
}
```

从接口函数中可以看到，被删除下来的 prev、next 指针分别被设为 LIST_POSITION2 和 LIST_POSITION1 两个特殊值，这样设置是为了保证不在链表中的节点项不可访问，对 LIST_POSITION1 和 LIST_POSITION2 的访问都将引起页故障。与之相对应，list_del_init 函数将节点从链表中解下来之后，调用 LIST_INIT_HEAD 将节点置为空链状态。

11.2 树、二叉树、平衡树

11.2.1 树的定义

树是由 n ($n \geq 0$)个节点组成的有限集合。如果 $n=0$，称为空树；如果 $n>0$，则

① 有一个特定的称之为根的节点，它只有直接后继，但没有直接前驱；

② 除根以外的其他节点划分为 m ($m \geq 0$)个互不相交的有限集合 T_0，T_1，…，T_{m-1}，每个集合又是一棵树，并且称之为根的子树。每棵子树的根节点有且仅有一个直接前驱，但可以有 0 个或多个直接后继。

与树相关的定义如下。树结构形式如图 11-9 所示。

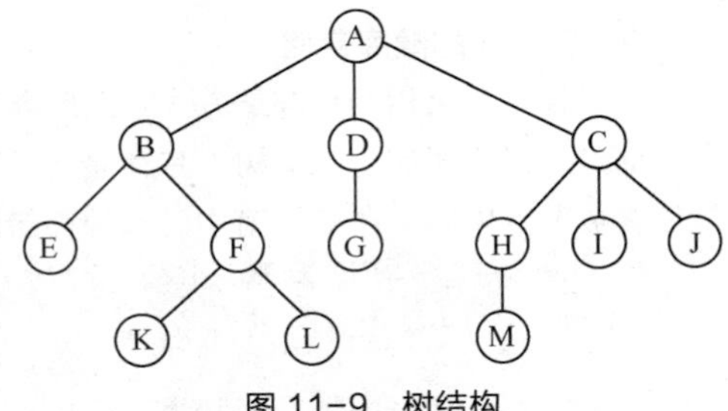

图 11-9 树结构

① 节点：表示树中的元素，包括数据元素的内容及其指向其子树的分支。

② 节点的度：节点的分支数。

③ 终端节点（叶子）：度为 0 的节点。

④ 非终端节点：度不为 0 的节点。

⑤ 节点的层次：树中根节点的层次为 1，根节点子树的根为第 2 层，依此类推。

⑥ 树的度：树中所有节点度的最大值。

⑦ 树的深度：树中所有节点层次的最大值。

⑧ 有序树、无序树：如果树中每棵子树从左向右的排列拥有一定的顺序，不得互换，则称为有序树，否则称为无序树。

⑨ 森林：是 m（$m \geq 0$）棵互不相交的树的集合。

在树结构中，节点之间的关系又可以用家族关系描述，定义如下。

① 孩子、双亲：某个节点的子树称为这个节点的孩子，而这个节点又被称为孩子的双亲。

② 子孙：以某节点为根的子树中的所有节点都被称为该节点的子孙。

③ 祖先：从根节点到该节点路径上的所有节点。

④ 兄弟：同一个双亲的孩子之间互为兄弟。

⑤ 堂兄弟：双亲在同一层的节点互为堂兄弟。

11.2.2 二叉树

1. 二叉树的定义

二叉树是一种有序树，它是节点的一个有限集合，该集合或者为空，或者是由一个根节点加上两棵分别称为左子树和右子树的、互不相交的二叉树组成。它的特点是每个节点至多只有两棵子树（即二叉树中不存在度大于 2 的节点），并且，二叉树的子树有左右之分，其次序不能任意颠倒。二叉树有图 11-10 所示的 5 种形态。

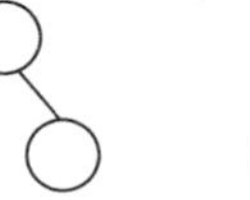
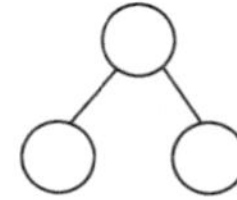

图 11-10 二叉树的 5 种形态

在实际使用中，有两种常见的特殊形态的二叉树。

（1）满二叉树

一棵深度为 k 且有 2^k-1 个节点的二叉树称为满二叉树，如图 11-11 所示。

（2）完全二叉树

若设二叉树的高度为 h，则共有 h 层。除第 h 层外，其他各层（$0\sim h-1$）的节点数都达到最大个数，第 h 层从右向左连续缺若干节点，这就是完全二叉树，如图 11-12 所示。

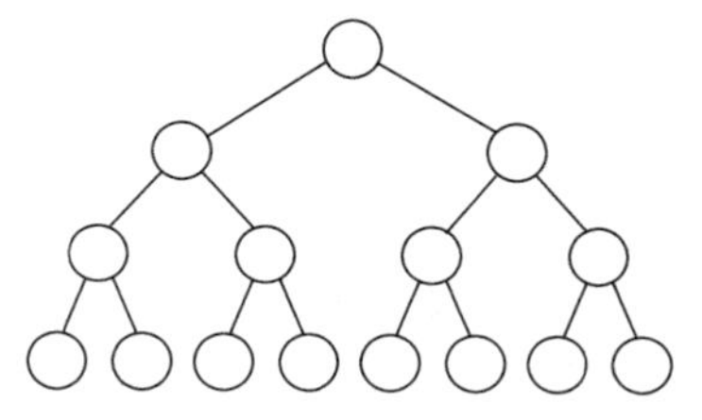

图 11-11 满二叉树

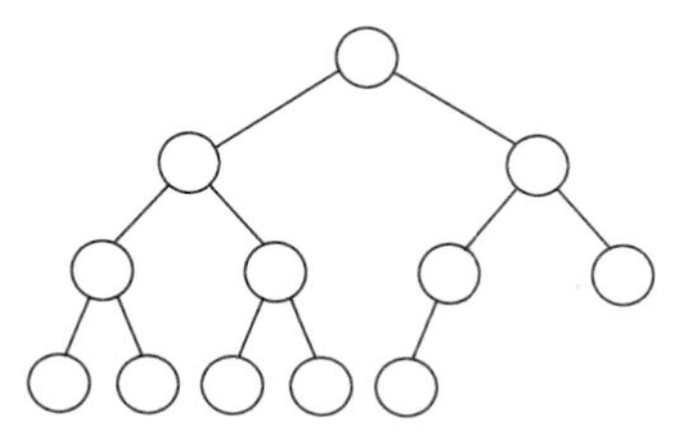

图 11-12 完全二叉树

2. 二叉树的顺序存储

二叉树可以采用两种存储方式：顺序存储结构和链式存储结构。在这里首先讲解顺序存储结构。这种存储结构适用于完全二叉树，其存储形式为用一组连续的存储单元按照完全二叉树的每个节点编号的顺序存放节点内容。在 C 语言中，这种存储形式的类型可以定义为如下形式。

```
#define MAX_TREE_NODE_SIZE   100
typedef   struct
{
    entry_type item[MAX_TREE_NODE_SIZE];         /* 根存储在下标为1的数组单元中 */
    int n;                                       /* 当前完全二叉树的节点个数 */
} qb_tree;
```

这种存储结构的特点是空间利用率高，寻找孩子和双亲比较容易，但是插入和删除节点不方便（需要整体移动数组）。顺序存储的二叉树在实际使用中并不是很常见，本书在此也不再详细展开讲解。

3. 二叉树的链式存储

（1）二叉树链式存储结构

在顺序存储结构中，利用编号表示元素的位置及元素之间孩子或双亲的关系，因此对于非完全二叉树，需要将空缺的位置用特定的符号填补，若空缺节点较多，势必造成空间利用率下降。在这种情况下，就应该考虑使用链式存储结构。常见的二叉树节点结构如图 11-13 所示。

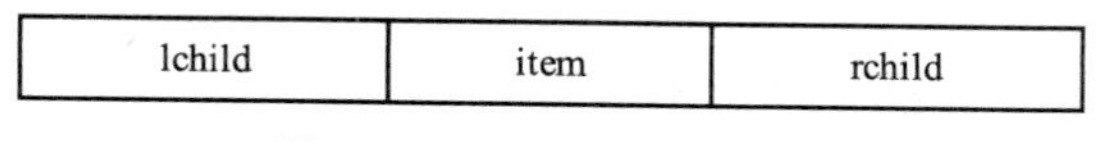

图 11-13 二叉树节点结构

其中，lchild 和 rchild 是分别指向该节点左孩子和右孩子的指针，item 是数据元素的内容，在 C 语言中的类型定义如下。

```
typedef struct _bt_node
{
    entry_type item;
    struct bt_node *lchild,*rchild;
} bt_node,*b_tree;
```

这种存储结构的特点是寻找孩子节点容易，寻找双亲节点比较困难。因此，若需要频繁地寻找双亲，可以给每个节点添加一个指向双亲节点的指针域，其节点结构如图 11-14 所示。

lchild	item	rchild	parent

图 11-14　包含双亲指针的二叉树节点结构

（2）二叉树链式构建实例

下面通过非递归的方式构建一个顺序二叉树。二叉树中每个节点都是一个 char 型的数据，这个二叉树遵循以下规则。

① 所有右孩子的数值大于根节点。

② 所有左孩子的数值小于根节点。

为了方便起见，先设定一个数据集合及构建顺序（数据的构建顺序自左向右）：e、f、h、g、a、c、b、d。

与此相对应的二叉树如图 11-15 所示。

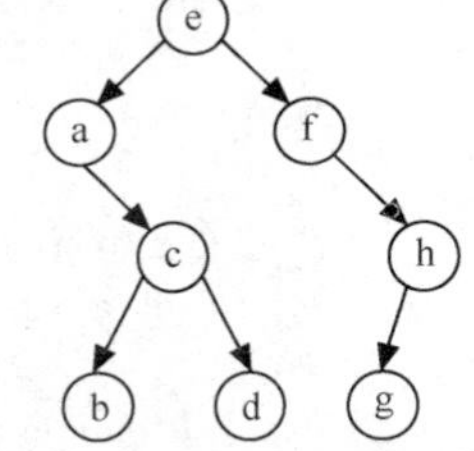

图 11-15　实例构建的二叉树

下面是构建这棵二叉树的源代码，使用非递归的形式来实现，感兴趣的读者可以考虑一下如何使用递归的方式来构建二叉树。

```
/*二叉树节点的结构体*/
struct _tree_node
{
        char data;
        struct tree_node *lchild;
        struct tree_node *rchild;
};
typedef struct _tree_node tree_node;
/* 初始化二叉树的每个节点，在此处要注意将该节点的左右孩子都赋值为NULL */
void tree_init(tree_node **node)
{
    *node = (tree_node *)malloc(sizeof(tree_node));
    (*node)->lchild = (*node)->rchild = NULL;
    (*node)->data = 0;
}
/* 二叉树构建函数，data是要构建的节点的数值，node是根节点 */
void construct(char data, tree_node **node)
{
    int i;
    tree_node *temp_node = *node;
    while(temp_node)
    {
        /*判断该节点数据是否为空，该情况只在插入根节点的时候出现*/
        if (!temp_node->data)
```

```
            {
                temp_node->data = data;
                break;
            }
            /* 若要插入的数据小于该节点，则进入循环体 */
            else if(data <= temp_node->data)
            {
                /* 若该节点的左孩子为空，则初始化其左孩子 */
                if (!temp_node->lchild)
                {
                    tree_init(&temp_node->lchild);
                    temp_node->lchild->data = data;
                    break;
                }
                /*若该节点的左孩子非空，则继续比较*/
                else
                {
                    temp_node = temp_node->lchild;
                    continue;
                }
            }
            /* 此处的情况与上一个else if类似 */
            else if (data > temp_node->data)
            {
                if (!temp_node->rchild)
                {
                    tree_init(&temp_node->rchild);
                    temp_node->rchild->data = data;
                    break;
                }
                else
                {
                    temp_node = temp_node->rchild;
                    continue;
                }
            }
        }
        return;
}

int main()
{
    int i;
    tree_node *root;
    char data[8] = {'e', 'f', 'h', 'g', 'a', 'c', 'b', 'd'};
    tree_init(&root);
    for(i = 0; i < 8; i++)
    {
        construct(data[i], &root);
    }
    return 0;
}
```

4. 二叉树的常见操作

（1）遍历二叉树

二叉树是一种非线性的数据结构，在对它进行操作时，总是需要逐一对每个数据元素实施操作，这样就存在一个操作顺序问题，由此提出了二叉树的遍历操作。

二叉树的遍历

所谓遍历二叉树就是按某种顺序访问二叉树中的每个节点一次且仅一次的过程。这里的访问可以是输出、比较、更新、查看元素内容等操作。

二叉树的遍历方式分为两大类：一类按根、左子树和右子树 3 个部分进行访问；另一类按层次访问。

遍历二叉树的顺序存在下面 6 种可能。

① TLR（根左右），TRL（根右左）。

② LTR（左根右），RTL（右根左）。

③ LRT（左右根），RLT（右左根）。

其中，TRL、RTL 和 RLT 3 种顺序在左右子树之间均是先右子树后左子树，这与人们先左后右的习惯不同，因此，往往不予采用。余下的 3 种顺序 TLR、LTR 和 LRT 根据根访问的位置不同分别被称为先序遍历、中序遍历和后序遍历。

① 先序遍历的流程：

a. 若二叉树为空，则结束遍历操作；

b. 访问根节点；

c. 先序遍历左子树；

d. 先序遍历右子树。

② 中序遍历的流程：

a. 若二叉树为空，则结束遍历操作；

b. 中序遍历左子树；

c. 访问根节点；

d. 中序遍历右子树。

③ 后序遍历的流程：

a. 若二叉树为空，则结束遍历操作；

b. 后序遍历左子树；

c. 后序遍历右子树；

d. 访问根节点。

本节前面部分构建起来的二叉树（见图 11-15），它经过 3 种遍历得到的相应序列如下。

① 先序序列：e a c b d f h g

② 中序序列：a b c d e f g h

③ 后序序列：b d c a g h f e

由此可以看出，遍历操作实际上是将非线性结构线性化的过程，其结果为线性序列，并根据采用的遍历顺序分别称为先序序列、中序序列和后序序列。遍历操作是一个递归的过程，因此，这 3 种遍历操作的算法可以用递归函数实现。

下面的代码是先序遍历函数。

```
int pre_order_traverse(tree_node *node)
{
    if (!node)
```

```
    {
        return 1;
    }

    /* 访问根节点 */
    printf("%c  ", node->data);
    /* 先序遍历左子树 */
    pre_order_traverse(node->lchild);
    /*先序遍历右子树*/
    pre_order_traverse(node->rchild);

     return 0;
}
```

读者可以在 main 函数中加入以下语句。

```
pre_order_traverse(root);
```

再运行该程序时，会有如下结果。

```
e  a  c  b  d  f  h  g
```

下面的代码是后序遍历函数。

```
int post_order_traverse(tree_node * node)
{
    if (!node)
    {
      return 1;
    }

    /* 后序遍历左子树 */
    post_order_traverse(node->lchild);
    /* 后序遍历右子树 */
    post_order_traverse(node->rchild);
    /* 访问根节点 */
    printf("%c  ", node->data);
    return 0;
}
```

与此相类似，中序遍历的函数如下所示。

```
int in_order_traverse(tree_node * node)
{
    if (!node)
    {
      return 1;
    }

    /* 中序遍历左子树 */
    in_order_traverse(node->lchild);
    /* 访问根节点 */
    printf("%c  ", node->data);
    /* 中序遍历右子树 */
    in_order_traverse(node->rchild);

    return 0;
}
```

同样，在主函数中加入以下语句后程序就会得出正确的结果。

```
post_order_traverse(root);
in_order_traverse(root);
```

该程序运行的结果如下所示。

```
b  d  c  a  g  h  f  e
a  b  c  d  e  f  g  h
```

（2）统计二叉树中的叶子节点

二叉树的遍历是操作二叉树的基础，二叉树的很多特性都可以通过遍历二叉树来得到。在实际应用中，统计二叉树叶子节点的个数是非常常见的一种操作。

这个操作可以使用 3 种遍历顺序中的任何一种，只是需要将访问操作变成判断该节点是否为叶子节点，如果是，叶子节点将累加器加 1。

```
/*二叉树叶子节点统计*/

int leaf_num(tree_node *node, int *count)
{
    if (!node)
    {
        return 1;
    }
    else
    {
        /* 访问根节点，判断该节点是否为叶子节点 */
        if (!node->lchild && !node->rchild)
        {
            (*count)++;
        }
        /* 先序遍历左子树 */
        if (leaf_num(node->lchild, count))
        {
            /*先序遍历右子树*/
            if (leaf_num(node->rchild, count))
            {
                return 1;
            }
        }
        return 0;
}
```

要注意的是，在该函数中，计数器 count 必须是一个指针，否则 count 的值无法传递回主函数。读者可以同样在主函数调用该函数，如下所示。

```
printf("\ncounting leaf_number\n");
leaf_num(root, &count);
printf("leaf number is %d\n", count);
```

这样，程序就会有正确的输出结果。

```
counting leaf_number
leaf number is 3
```

可以看到，这个输出结果与本节构建的二叉树相一致。

（3）统计二叉树中的高度

求二叉树的高度也是非常常见的一个操作。这个操作使用后序遍历比较符合人们求解二叉树高度的思维方式：首先分别求出左右子树的高度，在此基础上得出该棵树的高度，即左右子树较大的高度值加 1，其代码如下所示。

```
int tree_height(tree_node *node)
{
    int h1, h2;

    if (!node)
    {
      return -1;
    }
    else
    {
        /* 后序遍历左子树，求出左子树的高度 */
        h1 = tree_height(node->lchild);
        /* 后序遍历右子树，求出右子树的高度 */
        h2 = tree_height(node->rchild);
        return h1>h2? (h1+1): (h2+1);
    }
}
```

11.2.3 平衡树

二叉树是一种非平衡树，各个子树之间的高度可能相差很大，这样就会造成平均性能的下降。为了使各个子树的高度基本保持平衡，平衡树就应运而生了。

平衡树包括很多种类，常见的有 B 树、AVL 树、红黑树等。这些树都大致平衡，能保证最坏情况下为 O(log*N*)的性能，因此广受大家的欢迎。但是由于平衡机制的不同，这些树有着不同的应用场景和不同的统计性能，其中 B 树主要用于文件系统、数据库等方面，而 AVL 树和红黑树多用于检索领域。

由于红黑树在平衡机制上比较灵活，因此能取得最好的统计性能，在 Linux 内核、STL 源码中广为使用。

1. 红黑树的定义

红黑树是指满足下列条件的二叉搜索树。

性质 1：每个节点要么是红色，要么是黑色（后面将说明）。

性质 2：所有的叶节点都是空节点，并且是黑色的。

性质 3：如果一个节点是红色的，那么它的两个子节点都是黑色的。

性质 4：节点到其子孙节点的每条简单路径都包含相同数目的黑色节点。

性质 5：根节点永远是黑色的。

之所以称为红黑树的原因就在于它的每个节点都被着色为红色或黑色。这些节点颜色被用来检测树的平衡性。但需要注意的是，红黑树并不是严格意义上的平衡二叉树，恰恰相反，红黑树放松了平衡二叉树的某些要求，由于一定限度的不平衡，红黑树的性能得到了提升。

从根节点到叶节点的黑色节点数被称为树的黑色高度（black-height）。前面关于红黑树的性质保证了从根节点到叶节点的路径长度不会超过任何其他路径的两倍。因此，对于给定的黑色高度为 n 的红黑树，从根到叶节点的简单路径的最短长度为 $n-1$，最大长度为 $2\times(n-1)$。

红黑树在插入和删除操作中，节点可能需要被旋转以保持树的平衡。红黑树的平均和最差搜索时间都是 $O(\log_2 N)$。在实际应用中，红黑树的统计性能要好于严格平衡二叉树（如 AVL 树），但极端性能略差。

2．红黑树节点的插入过程

插入节点的过程如下。

① 在树中搜索插入点。

② 新节点将替代某个已经存在的空节点，并且将拥有两个作为子节点的空节点。

③ 新节点标记为红色，其父节点的颜色根据红黑树的定义确定，如果需要，对树作调整。

这里需要注意的是，空节点和 NULL 指针是不同的。在简单的实现中，可以使用监视哨，标记为黑色的公共节点作为前面提到的空节点。

给一个红色节点加入两个空的子节点符合性质 4，同时，也必须确保红色节点的两个子节点都是黑色的（根据性质 3）。尽管如此，当新节点的父节点是红色时，插入红色的子节点将是违反定义的。这时存在两种情况。

情形 1

红色父节点的兄弟节点也是红色的，如图 11-16 所示。

这时可以简单地对上级节点重新着色来解决冲突。当节点 B 被重新着色之后，应该重新检验更大范围内树节点的颜色，以确保整棵树符合定义的要求。结束时根节点应当是黑色的，如果它原先是红色的，则红黑树的黑色高度将递增 1。

情形 2

红色父节点的兄弟节点是黑色的，这种情形比较复杂，如图 11-17 所示。

这时，如果重新对节点着色将把节点 A 变成黑色，于是，树的平衡被破坏，因为左子树的黑色高度将增加，而右子树的黑色高度没有相应的改变。如果我们把节点 B 着上红色，那么左右子树的高度都将减少，树依然不平衡。此时，继续对节点 C 进行着色将导致更糟糕的情况，左子树黑色高度增加，右子树黑色高度减少。

为了解决问题，需要旋转并对树节点进行重新着色。这时算法将正常结束，因为子树的根节点（A）被着色为黑色，同时，不会引入新的红-红冲突。

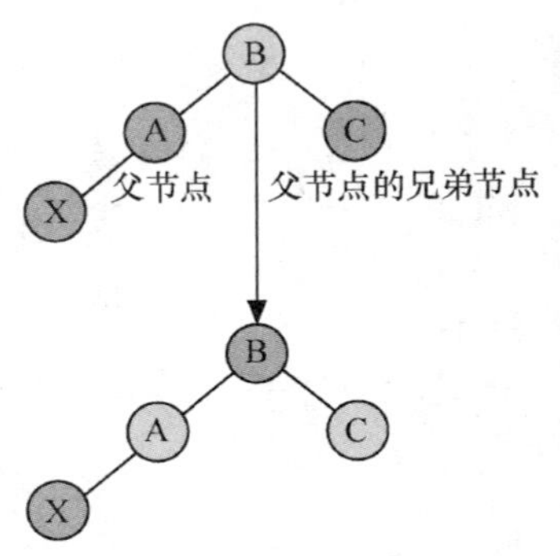

图 11-16　红黑树插入情形 1

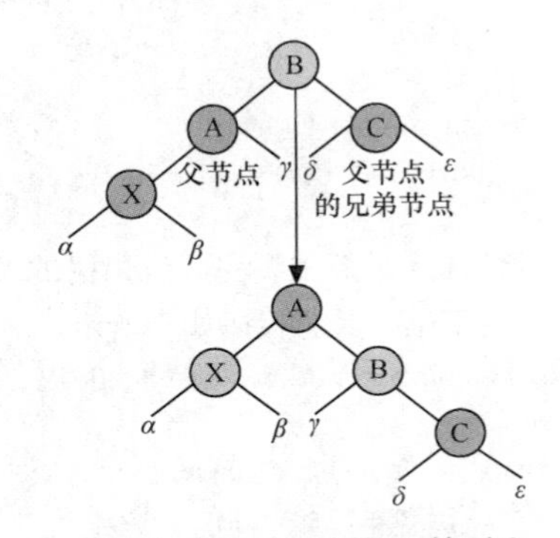

图 11-17　红黑树插入情形 2

3．红黑树节点的结束插入过程

插入节点时，可能会需要重新着色或者旋转来保持红黑树的性质。如果旋转完成，那么算法就结束了。对于重新着色来说，在子树的根节点留下一个红色节点时，就需要继续向上对树进行修整，以保持红黑树的性质。最坏情况下，将不得不对到树根的所有路径进行处理。

11.2.4　ARM Linux 中红黑树使用实例

红黑树是 Linux 内核中一个常见的数据结构，它优越的性能使其得到了广泛的应用。下面讲解 Linux

内核中红黑树的实现。

首先，以下是红黑树的定义，位于“include/linux/rbtree.h”中。

```
struct rb_node
{
    struct rb_node *rb_parent;
    int rb_color;
    #define     RB_RED          0
    #define     RB_BLACK        1
    struct rb_node *rb_right;
    struct rb_node *rb_left;
};
```

可以看到，红黑树包含一个 parent 的指针，此外还有标明颜色的域，用于指明节点的颜色。

下面是红黑树的旋转代码。

```
static void __rb_rotate_left(struct rb_node *node, struct rb_root *root)
{
    /*设置right*/
    struct rb_node *right = node->rb_right;
    /*把right的左子树赋给node的右子树*/
    if ((node->rb_right = right->rb_left))
        right->rb_left->rb_parent = node;
    right->rb_left = node;
    /*把node的父节点赋给right的父节点，并且判断是否为0/
    if ((right->rb_parent = node->rb_parent))
    {
        if (node == node->rb_parent->rb_left)
            node->rb_parent->rb_left = right;
        else
            node->rb_parent->rb_right = right;
    }
    else
        root->rb_node = right;
    node->rb_parent = right;
}
```

红黑树的颜色插入函数主要完成红黑树的颜色调整，从而保持红黑树的原始特性，这些特性是保持红黑树为平衡树的基础，其源代码如下所示。

```
void rb_insert_color(struct rb_node *node, struct rb_root *root)
{
    struct rb_node *parent, *gparent;
    /*检查父节点的颜色是否为红色*/
    while ((parent = node->rb_parent) && parent->rb_color == RB_RED)
    {
        gparent = parent->rb_parent;
        /*判断父节点是否是祖父节点的左节点*/
        if (parent == gparent->rb_left)
        {
            {
                register struct rb_node *uncle = gparent->rb_right;
                /*判断uncle节点是否为红色，并相应调整颜色*/
                if (uncle && uncle->rb_color == RB_RED)
```

```
            {
                uncle->rb_color = RB_BLACK;
                parent->rb_color = RB_BLACK;
                gparent->rb_color = RB_RED;
                node = gparent;
                continue;
            }
        }
        if (parent->rb_right == node)
        {
            register struct rb_node *tmp;
            /*左旋*/
            __rb_rotate_left(parent, root);
            tmp = parent;
            parent = node;
            node = tmp;
        }
        parent->rb_color = RB_BLACK;
        gparent->rb_color = RB_RED;
        __rb_rotate_right(gparent, root);
    }
    else
    { /*else部分与前面对称*/
        {
            register struct rb_node *uncle = gparent->rb_left;
            if (uncle && uncle->rb_color == RB_RED)
            {
                uncle->rb_color = RB_BLACK;
                parent->rb_color = RB_BLACK;
                gparent->rb_color = RB_RED;
                node = gparent;
                continue;
            }
        }
        if (parent->rb_left == node)
        {
            register struct rb_node *tmp;
            __rb_rotate_right(parent, root);
            tmp = parent;
            parent = node;
            node = tmp;
        }
        parent->rb_color = RB_BLACK;
        gparent->rb_color = RB_RED;
        __rb_rotate_left(gparent, root);
    }
  }
  root->rb_node->rb_color = RB_BLACK;
}
```

11.3 哈希表

11.3.1 哈希表的概念及作用

本书在前面两节中已经介绍了两种常见的数据结构：链表和树。在这些数据结构中，记录在结构中的相对位置是随机的，即其相对位置和记录的关键字（或者叫索引）之间不存在确定的关系，因此，在结构中查找记录时需依次与关键字进行比较。这一类查找方法是建立在比较的基础上，查找的效率依赖于查找过程中所进行的比较次数。

为了能够迅速找到所需要的记录，最为直接的方法是在记录的存储位置和它的关键字之间建立一个确定的对应关系 f，使每个关键字和结构中一个唯一的存储位置相对应。哈希表就是这样一种数据结构。下面通过一个具体的实例来讲解何为哈希表。

下面是以学生学号为关键字的成绩表，1 号学生的记录位置在第一条，10 号学生的记录位置在第 10 条，如表 11-2 所示。

表 11-2　学生成绩表

学生号	1	2	3	4	5	6	7	8	9	10
成绩	87	68	76	56	89	87	78	98	65	47

这是最简单的哈希表。那么如果以学生姓名为关键字，如何建立查找表，使得根据姓名可以直接找到相应记录呢？这里，可以首先建立一个字母和数字的映射表，如表 11-3 所示。

表 11-3　字母、数字映射表

a	b	c	d	e	f	g	h	i	j	k	l	m
1	2	3	4	5	6	7	8	9	10	11	12	13
n	o	p	q	r	s	t	u	v	w	x	y	z
14	15	16	17	18	19	20	21	22	23	24	25	26

接下来，可以将不同学生的姓名中名字拼音首字母记录下来，并将所有这些首字母编号值相加求和，如表 11-4 所示。

表 11-4　学生姓名首字母编号值累加

	刘丽	刘宏英	吴军	吴小艳	李秋梅	陈伟	……
姓名中名字拼音首字母	ll	lhy	wj	wxy	lqm	cw	……
用所有首字母编号值相加求和	24	45	33	72	42	26	……
最小值可能为 3，最大值可能为 78，可放 76 个学生							

通过这些值来作为关键字索引哈希表，就可以得到图 11-18 所示的哈希表。

哈希表的查找方式与构建过程非常类似，例如，若要查李秋梅的成绩，可以用上述方法求出该记录所在位置。李秋梅：lqm 12+17+13=42，取表中第 42 条记录即可。

如果两个同学分别叫“刘丽”和“刘兰”，那么该如何处理这两条记录？

正如问题中所提到的，哈希表有个不可避免的现象就是冲突现象，对不同的关键字可能得到同一哈希地址。这个问题在后续部分会详细讲解。

		成绩一	成绩二...
3	...		
24	刘丽	82	95
25	...		
26	陈伟		
...	...		
33	吴军		
...	...		
42	李秋梅		
...	...		
45	刘宏英		
...	...		
72	吴小艳		
...	...		
78	...		

图 11-18　姓名成绩哈希表

11.3.2　哈希表的构造方法

构造哈希表实际上也就是构造哈希函数以确定关键值的存储位置，并尽可能地减少哈希冲突的个数。上一小节中介绍的构建哈希表的方法是最为简单的一种，本小节将介绍几种最为常见的哈希表构造方法。

1. 直接定址法

直接定址法是一种最直接的构造哈希表的方法。此类方法取关键字的某个线性函数值作为哈希地址：Hash (key) $= a \times \text{key} + b$ { a，b 为常数 }。

这类哈希函数是一对一的映射，一般不会产生冲突。但是，它要求哈希地址空间的大小与关键字集合的大小相同。例如，有一个从1～100岁的人口数字统计表，其中，年龄作为关键字，哈希函数取关键字自身（$a = 1$，$b = 0$），其哈希表如表11-5所示。

表 11-5　直接定址法哈希表

地址	01	02	…	25	26	27	…	100
年龄	1	2	…	25	26	27	…	…
人数	3000	2000	…	1050	…	…	…	…
…								

2. 数字分析法

数字分析法是指分析已有的数据，尽量选取能够减少冲突的数字来构建哈希函数。

设有 n 个 d 位数，每一位可能有 r 种不同的符号。这 r 种不同的符号在各位上出现的频率不一定相同，可能在某些位上分布均匀些，在某些位上分布不均匀，只有某几种符号经常出现。可根据哈希表的大小，选取其中各种符号分布均匀的若干位作为哈希地址。

例如，学生的生日数据如表11-6所示。

表 11-6　生日数据表

年	月	日
1975	10	03
1975	11	23
1976	03	02

续表

年	月	日
1976	07	12
1975	04	21
1976	02	15

经过分析可知，第一位、第二位、第三位重复的可能性大，取这 3 位造成冲突的机会增加，所以尽量不取前 3 位，取后 3 位比较好。

3．除留余数法

设哈希表中允许的地址数为 m，取一个不大于 m 但最接近于或等于 m 的质数 p，或选取一个不含有小于 20 的质因数的合数作为除数，利用以下公式把关键字转换成哈希地址。哈希函数为：hash (key) = key % p，$p \leq m$，其中，“%”是整数除法取余的运算，要求这时的质数 p 不是接近 2 的幂。

示例：有一个关键码 key = 962148，哈希表大小 m = 25，即 HT[25]。取质数 p= 23。哈希函数 hash (key) = key % p。则哈希地址为 hash (962148) = 962148 % 23 = 12。

4．乘余取整法

使用此方法时，先让关键字 key 乘上一个常数 A $(0 < A < 1)$，提取乘积的小数部分。然后，再用整数 n 乘以这个值，对结果向下取整，把它作为哈希表地址。

5．平方取中法

此方法在词典处理中使用十分广泛。它先计算构成关键字的标识符的内码的平方，然后按照哈希表的大小取中间的若干位作为哈希地址。

在平方取中法中，一般取哈希地址为 2 的某次幂。例如，若哈希地址总数取为 $m = 2^r$，则对内码的平方数取中间的 r 位。

6．折叠法

此方法把关键字自左到右分成位数相等的几部分，每一部分的位数应与哈希表地址位数相同，只有最后一部分的位数可以短一些。把这些部分的数据叠加起来，就可以得到具有该关键字的记录的哈希地址。

例如，每一种西文图书都有一个国际标准图书编号，它是一个 10 位的十进制数字，若要以它作关键字建立一个哈希表，当馆藏书种类不到 10000 时，可采用此法构造一个 4 位数的哈希函数。则书的编号为 04-4220-5864 的哈希值可按图 11-19 的方法求得。

```
      5864              5864
      4220              0224
+)      04        +)      04
----------        ----------
     10088              6092
H(key)=0088      H(key)=6092
```

（a）移位叠加　　（b）间界叠加

图 11-19　折叠法举例

7．随机数法

随机数法是选择一个随机函数，取关键字的随机函数值作为它的哈希地址，即 H(key)= random(key)，其中 random 为随机函数，通常关键字长度不等时采用此法。

11.3.3　哈希表的处理冲突方法

正如本节前面提到，如果两个同学分别叫“刘丽”和“刘兰”，当加入刘兰时，地址 24 发生了冲突，我们可以以某种规律使用其他的存储位置，如果选择的一个其他位置仍有冲突，则再选下一个，直到找到没有冲突的位置。选择其他位置的方法有以下 4 种。

1．开放定址法

Hi=(H(key)+di) mod m i=1,2,…,k(k<=m−1)，这里的 m 为表长，di 为增量序列。

① 如果 di 值可能为 1,2,3,…, m−1，则称线性探测再散列。

② 如果 di 取值可能为 1, −1, 4, −4, 9, −9, 16, −16, …, $k\times k$, $-k\times k$ (k <= m/2)，则称二次探测再散列。

③ 如果 di 取值可能为伪随机数列，则称伪随机探测再散列。

哈希表的介绍

例如，在长度为 11（m = 11）的哈希表中已填有关键字分别为 17、60、29 的记录，现有第 4 个记录，其关键字为 38，由哈希函数得到地址为 5（H(38) = 5）。分别采用线性探测再散列、二次探测再散列、伪随机探测再散列时插入该记录的结果如图 11-20 所示。

0	1	2	3	4	5	6	7	8	9	10
					60	17	29			

插入前

0	1	2	3	4	5	6	7	8	9	10
					60	17	29	38		

线性探测再散列 (di = 3，H_4 = (H (38) +3) mod11 = 8)

0	1	2	3	4	5	6	7	8	9	10
				38	60	17	29			

二次探测再散列 (di = −1，H_4 = (H (38) -1) mod 11=4)

0	1	2	3	4	5	6	7	8	9	10
			38		60	17	29			

伪随机探测再散列 (伪随机为di=9，H_4 = (H (38) +9)mod 11=3)

图 11-20 开放定址法实例

2. 再哈希法

再哈希法是指当发生冲突时，使用第二个、第三个哈希函数计算地址，直到无冲突为止，这种方法的缺点是计算时间会显著增加。

3. 链地址法

链地址法是将所有发生冲突的关键字链接在同一位置的线性链表中，如图 11-21 所示。

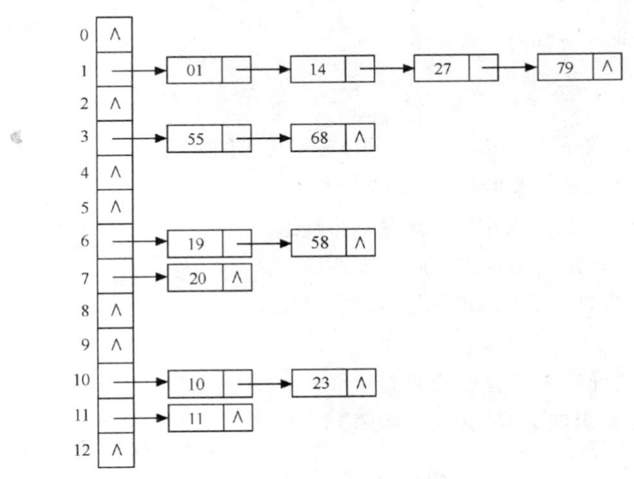

图 11-21 链地址法实例

4. 建立一个公共溢出区

公共溢出区是指另外设立存储空间来处理哈希冲突。假设哈希函数的值域为[0, m−1]，则设向量

HashTable[0⋯m−1]为基本表，另外设立存储空间向量 OverTable[0⋯v]用以存储发生冲突的记录。

11.3.4 ARM Linux 中哈希表使用实例

在 Linux 内核中，需要从进程的 PID 推导出对应的进程描述符指针。当然，顺序扫描进程链表并检查进程描述符的 PID 字段是可行的，但是相当低效。为了加快查找，Linux 内核引入了 pidhash 哈希表来进行快速定位。

内核初始化期间（在 pidhash_init 函数中）动态地为哈希表分配 pid_hash 数组。这个哈希表的长度依赖于系统内存的容量，如下所示。

```
unsigned long megabytes = nr_kernel_pages >> (20 - PAGE_SHIFT);
pidhash_shift = max(4, fls(megabytes * 4));
pidhash_shift = min(12, pidhash_shift);
pidhash_size = 1 << pidhash_shift;
```

变量 pidhash_size 表示哈希表索引的长度，pidhash_shift 是 pidhash_ size 值所占的位数。这两个变量值在内核启动日志信息（例如“/var/ log/messages”文件）中 3 查到，以下是笔者计算机上打印的消息。

```
PID hash table entries: 2048 (order: 11, 8192 bytes)
```

通过日志信息，可知本系统的 pidhash_shift 值为 11，pidhash_size 值为 2^{11}=2048，即哈希表的长度为 2048（个元素）。每个元素是链表头指针，一个元素占 4 个字节，因此整个哈希表占用 8192 字节的内存空间。

Linux 用 pid_hashfn 宏把 PID 转化为哈希表索引。

```
#define pid_hashfn(nr, ns)\
        hash_long((unsigned long)nr + (unsigned long)ns, pidhash_shift)
```

其中 hash_long 宏在 32 位体系结构中的定义如下所示。

```
#define GOLDEN_RATIO_PRIME_32 0x9e370001UL
#define hash_long(val, bits) hash_32(val, bits)
static inline u32 hash_32(u32 val, unsigned int bits)
{
    /* On some cpus multiply is faster, on others gcc will do shifts */
    u32 hash = val * GOLDEN_RATIO_PRIME_32;

    /* High bits are more random, so use them. */
    return hash >> (32 - bits);
}
```

从代码中可知该哈希函数是基于表索引的，乘以一个适当的大数，于是结果溢出，就用 32 位变量中的值进行模数运算（使用移位操作来实现）。据有位专家分析，如果想得到满意的结果，这个大乘数应该是一个接近黄金比例的 2^{32} 数量级的素数。0x9e370001 就是接近 $2^{32}\times(\sqrt{5}-1)/2$ 的素数，这个数可以通过加法运算和移位运算得到，$0x9e370001 = 2^{31}+2^{29}-2^{25}+2^{22}-2^{19}-2^{16}+1$。

在 Linux 中采用链地址法来处理哈希冲突，每一个表项是由冲突的进程描述符组成的双向链表，如图 11-22 所示。

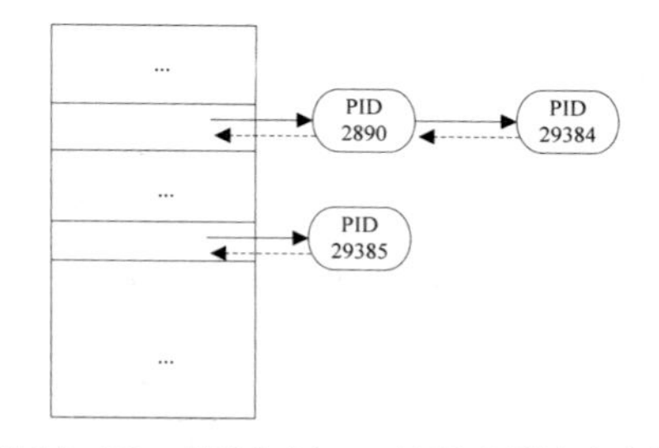

图 11-22 ARM-Linux 处理哈希冲突方法

通过哈希表查找进程描述符的函数 find_pid_ns 如下所示。

```
struct pid *find_pid_ns(int nr, struct pid_namespace *ns)
{
    struct hlist_node *elem;
```

```
        struct upid *pnr;

        hlist_for_each_entry_rcu(pnr, elem,
                &pid_hash[pid_hashfn(nr, ns)], pid_chain)
        {
            if (pnr->nr == nr && pnr->ns == ns)
                return container_of(pnr, struct pid, numbers[ns->level]);
        }
        return NULL;
}
```

小 结

本章讲解嵌入式 Linux 内核中常见的数据结构，包括链表、树和哈希表。

思考与练习

1．分析 Linux 内核的链表机制，并编写一个实现简单链表功能的模块，包括链表的创建、插入、删除、查询、修改操作。

2．查找并分析在 Linux 内核中使用树和哈希表的功能。